浙江省普通高校"十三五"新形态教材

DESIGN PRINCIPLE OF STEEL STRUCTURE

孙德发◎主编

李　刚　刘俊英◎副主编

钢结构设计原理

ZHEJIANG UNIVERSITY PRESS
浙江大学出版社

图书在版编目（CIP）数据

钢结构设计原理 / 孙德发主编. —杭州：浙江大
学出版社，2021.5
ISBN 978-7-308-21359-2

Ⅰ. ①钢… Ⅱ. ①孙… Ⅲ. ①钢结构－结构设计－高
等学校－教材 Ⅳ. ①TU391.04

中国版本图书馆 CIP 数据核字（2021）第 089458 号

钢结构设计原理

主编　孙德发

责任编辑	王　波	
责任校对	吴昌雷	
封面设计	续设计	
出版发行	浙江大学出版社	
	（杭州市天目山路 148 号　邮政编码 310007）	
	（网址：http://www.zjupress.com）	
排　　版	杭州好友排版工作室	
印　　刷	杭州杭新印务有限公司	
开　　本	787mm×1092mm　1/16	
印　　张	17.25	
字　　数	427 千	
版 印 次	2021 年 5 月第 1 版　2021 年 5 月第 1 次印刷	
书　　号	ISBN 978-7-308-21359-2	
定　　价	49.00 元	

前　　言

本书根据教育部《普通高等学校本科专业目录》所规定的土木工程专业业务培养目标，以及高等学校土木工程学科专业指导委员会编制的《高等学校土木工程本科指导性专业规范》和行业发展趋势，结合《钢结构设计标准》(GB 50017—2017)等现行国家标准而编写，以"道术阐明、概念清晰、突出应用"为基本原则，是专门为高等院校土木工程专业培养工程应用型和技术管理型人才编写的教材。

本书以新形态形式呈现，配套浙江省高等学校精品在线开放课程暨省级线上一流课程（钢结构设计原理，https://www.zjooc.cn/）。

全书共分七章，第1章介绍钢结构的特点、应用和钢结构采用的设计方法；第2章介绍钢结构所用的材料、性能及选用；第3～5章分别介绍轴心受拉和受压构件、受弯构件、拉弯和压弯构件的工作原理和设计方法；第6章介绍钢结构连接的工作原理和节点设计方法；第7章介绍疲劳计算及防脆断设计。

参加本书编写的有孙德发(第3章、第5章、第6章)、李刚(第4章、第7章)、刘俊英(第1章、第2章、附录)，全书由孙德发主编。

本书的完成得到了吴建华和赵根田的指导，在此一并表达衷心的感谢。

书中不当之处，谨请使用本书的师生及其他读者批评指正。

编者

2021 年 3 月

目　　录

第1章 绪 论

1.1 钢结构的特点和应用范围

1.1.1 钢结构的特点

钢结构是用钢板、角钢、工字钢、槽钢、H型钢、钢管和圆钢等热轧钢材或冷加工成型的薄壁型钢制造而成的结构,是土木工程的主要结构种类之一。它和其他材料建造的结构相比有如下特点:

(1)轻质高强

钢与混凝土相比,虽然密度大,但强度高,做成的结构比较轻。结构的轻质性可以用材料的强度 f 和质量密度 ρ 的比值来衡量,$\dfrac{f}{\rho}$ 比值越大,结构相对越轻。显然,钢的强度与密度比值要比混凝土的强度与密度比值大得多,钢强度效率高,如图1-1所示。在同样受力的

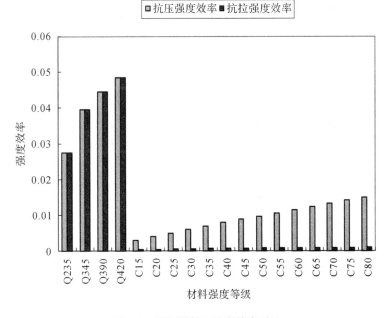

图 1-1 钢和混凝土强度效率对比

情况下,钢结构与钢筋混凝土结构相比,构件截面面积较小,重量较轻(一般情况下,钢屋架的重量最多不过为钢筋混凝土屋架的 1/3~1/4,冷弯薄壁型钢屋架甚至接近 1/10)。

(2)塑性和韧性好

良好的塑性可使结构或构件破坏前变形比较明显且易于被发现,在一般条件下不会因超载而突然断裂。此外,良好的塑性可调整结构或构件局部的高峰应力,使应力变化趋于平缓。

良好的韧性可使结构或构件在动力荷载作用下破坏时要吸收比较多的能量,具有良好的动力工作性能。

(3)材质均匀,与力学假定符合较好

钢材由于冶炼和轧制过程的科学控制,材质比较稳定,其内部组织比较均匀,接近各向同性,比较符合各向同性弹塑性材料的理想状态,因此目前采用的计算方法和基本理论能够较好地反映钢结构的实际工作性能,可靠性高。

(4)工业化程度高,工期短

钢结构生产具备成批大件生产和高度准确性的特点,可以采用工厂制作、工地安装的施工方法,所以其生产作业面多,可缩短施工周期,进而为降低造价、提高效益创造条件。

(5)密闭性好

钢结构采用焊接连接后可以做到安全密封,能够满足气密性和水密性要求高的高压容器、大型油库、气柜油罐和管道等的要求。

(6)抗震性能好

钢结构由于自重轻和结构体系相对较柔,受到的地震作用较小,加之具有较高的抗拉和抗压强度以及较好的塑性和韧性,因此在国内外的历次地震中,钢结构是损坏最轻的结构,已公认为是抗震设防地区特别是强震区的最合适结构。

(7)耐腐蚀性差

钢材容易锈蚀,对钢结构必须注意防护,特别是薄壁构件更要注意,因此处于较强腐蚀介质内的建筑物不宜采用钢结构。钢结构在涂装前应彻底除锈,油漆质量和涂层厚度均应符合要求。在使用中应避免使结构受潮,设计上应尽量避免出现难于检查、维修的死角。

(8)耐热但不耐火

钢材长期经受辐射热,当温度在 100℃ 以内时,其主要性能(屈服强度和弹性模量)几乎没有变化,具有一定的耐热性能。温度超过 200℃ 后,材质变化较大,强度逐步降低。达 600℃ 时钢材进入塑性状态已不能承载。因此,设计规定钢材表面温度超过 150℃ 后即需加以隔热防护,对有防火要求者,更需按相应规定采取隔热保护措施。

1.1.2　钢结构的应用范围

钢结构的合理应用范围不仅取决于钢结构本身的特性,还受到钢材品种、产量和经济水平的制约。过去由于我国钢产量不能满足国民经济各部门的需要,钢结构的应用受到一定的限制。近些年来我国钢材产量大幅增加,新型结构形式不断推出,使得钢结构的应用得到了很大的发展。

根据实践经验和技术要求,钢结构的合理应用范围大致如下:

（1）工业厂房

钢铁企业和重型机械制造企业中，起重机起重量较大或其工作较繁重的车间多采用钢骨架。如冶金厂房的转炉炼钢车间、混铁炉车间、连铸连轧车间；重型机械厂的铸钢车间、水压机车间、锻压车间等。

（2）大跨结构

大跨结构最能体现钢结构轻质高强的特点，如飞机装配车间、飞机库、大会堂、体育馆、展览馆、大跨桥梁等，其结构体系可为平板网架、网壳、空间桁架、斜拉、悬索和拱架等。

（3）高耸结构

高耸结构包括塔架和桅杆结构，如广播或电视的发射塔、发射桅杆、高压输电线塔、环境大气监测塔等。

（4）多层和高层建筑

由于钢结构具有优越的抗震性能，多层和高层建筑的骨架可采用钢结构或钢和混凝土组合成的组合结构。如框架—支撑结构、框架—核心筒结构、筒体结构、钢管混凝土结构、型钢混凝土组合结构等。

（5）承受振动荷载影响及地震作用的结构

钢材具有良好的韧性，设有较大锻锤的车间，其骨架直接承受的动力尽管不大，但间接的振动却极为强烈，所以对于承受振动荷载影响及抵抗地震作用要求高的结构宜采用钢结构。

（6）板壳结构

如油罐、煤气柜、高炉炉壳、热风炉、漏斗、烟囱、水塔以及各种管道等。

（7）其他特种结构

如栈桥、管道支架、井架和海上采油平台等。

（8）可拆卸或移动的结构

建筑工地的生产、生活附属用房、临时展览馆等，这些结构是可拆卸的。移动结构如塔式起重机、履带式起重机的吊臂、龙门起重机等。

（9）轻型钢结构

轻型钢结构包括轻型门式刚架房屋钢结构、冷弯薄壁型钢结构以及钢管结构。这些结构可用于使用荷载较轻或跨度较小的建筑。

随着我国钢材品种和产量的进一步增加以及新型钢结构研究的不断深入，钢结构的应用范围将更加广泛。

1.2 钢结构的设计方法

结构设计的目的既要保证所设计的结构和构件在施工和使用过程中能满足预期的安全性和使用性要求，还要保证其经济的合理性。因此，钢结构的设计原则要求做到技术先进、经济合理、安全适用、确保质量。为确保安全适用，结构由各种作用所产生的效应（内力和变形）不应大于结构（包括连接）由材料性能和几何因素等所决定的抗力或规定限值。然而，影响结构功能的各种因素（如作用、材料性能、几何尺寸、计算模式、施工质量等）都具有不确定性，作用和抗力的变异可能使作用效应大于结构抗力，结构不可能百分之百的可靠，而只能对其做出一定的概率保证。这种以概率论和数理统计为基础,对作用和抗力进行定量分析的方法称为概率极限状态设计法。

1.2.1 概率极限状态设计方法

概率极限状态设计方法的前提是必须明确结构或构件的极限状态。当结构或组成部分超过某一特定状态就不能满足设计规定的某一功能要求时,此特定状态就称为该功能的极限状态。结构的极限状态可以分为以下两类:

(1)承载能力极限状态

承载能力极限状态是指结构或构件达到最大承载能力或出现不适于继续承载的变形,包括倾覆、强度破坏、脆性断裂、丧失稳定、结构变为机动体系或出现过度的塑性变形等。

(2)正常使用极限状态

正常使用极限状态是指结构或构件达到正常使用或耐久性能的某项规定限值,包括出现影响正常使用或影响外观的变形,出现影响正常使用或耐久性能的局部损坏以及影响正常使用的振动等。

结构的工作性能可用结构的功能函数来描述。若结构设计时需要考虑影响结构可靠度的随机变量有 n 个,即 $x_1,x_2,\cdots,x_n$,则在这 n 个随机变量间通常可建立函数关系:

$$Z=g(x_1,x_2,\cdots,x_n) \tag{1-1}$$

式(1-1)即称为结构的功能函数。

结构的可靠度通常受荷载、材料性能、几何参数和计算公式精确性等因素的影响。这些具有随机性的因素称为"基本变量"。对于一般建筑结构,可以归并为两个基本变量,即荷载效应 S 和结构抗力 R,并设这两者都服从正态分布。因此,结构的功能函数为:

$$Z=R-S \tag{1-2}$$

函数 Z 也是一个随机变量,并服从正态分布。在实际工程中,可能出现下列三种情况:

1)$Z>0$,结构处于可靠状态;

2)$Z=0$,结构达到临界状态,即极限状态;

3)$Z<0$,结构处于失效状态。

由于基本变量具有不定性,作用于结构的荷载有出现高值的可能,材料性能也有出现低值的可能,即使设计者采用了相当保守的设计方案,但在结构投入使用后,谁也不能保证它绝对可靠,因而对所设计的结构的功能只能做出一定概率的保证。这和进行其他有风险的工作一样,只要可靠的概率足够大,或者说,失效概率足够小,便可认为所设计的结构是安全的。

按照概率极限状态设计方法,结构的可靠度定义为:结构在规定的时间内,在规定的条件下,完成预定功能的概率。这里所说的"完成预定功能"就是对于规定的某种功能来说结构不失效($Z\geqslant0$)。这样,若以 p_s 表示结构的可靠度,则上述定义可表达为:

$$p_s=P(Z\geqslant0) \tag{1-3}$$

结构的失效概率以 p_f 表示,则:

$$p_f=P(Z<0) \tag{1-4}$$

由于事件($Z<0$)与事件($Z\geqslant0$)是对立的,所以结构可靠度 p_s 与结构的失效概率 p_f 符合下式:

$$p_s=1-p_f \tag{1-5}$$

因此,结构可靠度的计算可以转换为结构失效概率的计算。可靠的结构设计指的是使失效概率小到人们可以接受的程度。

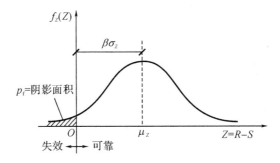

图 1-2　Z 的概率密度 $f_Z(Z)$ 曲线

为了计算结构的失效概率 p_f,最好是求得功能函数 Z 的分布。图 1-2 中 $f_Z(Z)$ 为功能函数 Z 的概率密度曲线,图中横坐标 $Z=0$ 处,结构处于极限状态;纵坐标以左 $Z<0$,结构处于失效状态;纵坐标以右 $Z>0$,结构处于可靠状态。图中阴影面积表示事件 $(Z<0)$ 的概率,就是失效概率,可用积分求得:

$$p_f = P(Z<0) = \int_{-\infty}^{0} f_Z(Z)\mathrm{d}Z \tag{1-6}$$

但一般来说,Z 的分布很难求出。因此失效概率的计算仅仅在理论上可以解决,实际上很难求出,这使得概率设计法一直不能付诸实用。20 世纪 60 年代末期,美国学者康奈尔(Cornell C. A.)提出比较系统的一次二阶矩的设计方法,才使得概率设计法进入了实用阶段。

一次二阶矩法不直接计算结构的失效概率 p_f,以 μ 代表平均值,以 σ 代表标准差,将图 1-2 中 Z 的平均值 μ_Z 用 Z 的标准差 σ_Z 来度量,根据平均值和标准差的性质可知:

$$\mu_Z = \mu_R - \mu_S \tag{1-7}$$
$$\sigma_Z^2 = \sigma_R^2 + \sigma_S^2 \tag{1-8}$$

由于标准差都取正值,式(1-4)可改写成:

$$p_f = P\left(\frac{Z}{\sigma_Z}\right) < 0$$

和

$$p_f = P\left(\frac{Z-\mu_Z}{\sigma_Z} < \frac{-\mu_Z}{\sigma_Z}\right)$$

因为 $\dfrac{Z-\mu_Z}{\sigma_Z}$ 服从标准正态分布,所以又可写成:

$$p_f = \Phi\left(-\frac{\mu_Z}{\sigma_Z}\right) \tag{1-9}$$

式中:$\Phi(\cdot)$ 为标准正态分布函数。

令 $\beta = \dfrac{\mu_Z}{\sigma_Z}$,并用式(1-7)和式(1-8)的值代入,则有:

$$\beta = \frac{\mu_R - \mu_S}{\sqrt{\sigma_R^2 + \sigma_S^2}} \tag{1-10}$$

式(1-9)成为:

$$p_f = \Phi(-\beta) \tag{1-11}$$

因为是正态分布,所以

$$p_s = 1 - p_f = \Phi(\beta) \tag{1-12}$$

由式(1-11)、式(1-12)可见,β 和 p_f(或 p_s)具有数值上的一一对应关系。已知 β 后即可由标准正态分布函数值的表中查得 p_f。图 1-2 和表 1-1 都给出了 β 和 p_f 之间的对应关系,β 越大 p_f 就越小,结构也就越可靠,所以称 β 为可靠指标。

表 1-1　正态分布时 β 与 p_f 的对应值

可靠指标 β	4.5	4.2	4.0	3.7	3.5	3.2	3.0	2.7	2.5	2.0
失效概率 p_f	3.4×10^{-6}	1.34×10^{-5}	3.17×10^{-5}	1.08×10^{-4}	2.33×10^{-4}	6.87×10^{-4}	1.35×10^{-3}	3.47×10^{-3}	6.21×10^{-3}	2.28×10^{-2}

以上推算均假定 R 和 S 都服从正态分布。实际上结构的荷载效应多数不服从正态分布,结构的抗力一般也不服从正态分布。然而对于非正态的随机变量可以作当量正态变换,找出它的当量正态分布的平均值和标准差,然后就可以按照正态随机变量一样对待。

为了使不同结构能够具有相同的可靠度,《建筑结构可靠度设计统一标准》(GB 50068—2018)规定了各类构件按承载能力极限状态设计时的可靠指标,即目标可靠指标(见表 1-2)。目标可靠指标的取值从理论上说应根据各种结构构件的重要性、破坏性质及失效后果,以优化方法确定。但是,实际上这些因素还难以找到合理的定量分析方法。因此,目前各个国家在确定目标可靠指标时都采用"校准法",通过对原有规范作反演算,找出隐含在现有工程结构中相应的可靠指标值,经过综合分析后确定设计规范中相应的可靠指标值。这种方法的实质是从整体上继承原有的可靠度水准,是一种稳妥可行的办法。对钢结构各类主要构件校准的结果,β 一般在 3.16~3.62 之间。一般的工业与民用建筑的安全等级属于二级。钢结构的强度破坏和大多数失稳破坏都具有延性破坏性质,所以钢结构构件设计的目标可靠指标一般为 3.2。但是也有少数情况,主要是某些壳体结构和圆管压杆及一部分方管压杆失稳时具有脆性破坏特征。对这些构件,可靠指标按表 1-2 应取 3.7。疲劳破坏也具有脆性特征,但我国现行设计规范对疲劳计算仍然采用容许应力法。钢结构连接的承载能力极限状态经常是强度破坏而不是屈服,可靠指标应比构件为高,一般推荐用 4.5。

表 1-2　目标可靠指标

破坏类型	安全等级		
	一级	二级	三级
延性破坏	3.7	3.2	2.7
脆性破坏	4.2	3.7	3.2

1.2.2　设计表达式

现行《钢结构设计规范》(GB 50017—2017)规定,除疲劳计算和抗震设计外,应采用以概率理论为基础的极限状态设计方法,用分项系数设计表达式进行计算。这是考虑到用概率法的设计式,广大设计人员不熟悉也不习惯,同时许多基本统计参数还不完善,不能列出。因此,《建筑结构可靠度设计统一标准》(GB 50068—2018)建议采用广大设计人员熟悉的分项系数设计表达式。但这与以往的设计方法不同,分项系数不是凭经验确定,而是以可靠指标 β 为基础用概率设计法求出。

现以简单的荷载情况为例,分项系数表达式可写成:

$$\frac{R_K}{\gamma_R} \geqslant \gamma_G S_{GK} + \gamma_Q S_{QK} \tag{1-13}$$

式中:R_K——抗力标准值(由材料强度标准值和截面公称尺寸计算而得);

　　　S_{GK}——按标准值计算的永久荷载(G)效应值;

　　　S_{QK}——按标准值计算的可变荷载(Q)效应值;

　　　γ_R、γ_G、γ_Q——抗力分项系数、永久荷载分项系数和可变荷载分项系数。

三个分项系数都与目标可靠指标 β 有关,而可靠度又和所有的基本变量有关。为了方便设计,《建筑结构可靠度设计统一标准》(GB 50068—2018)系统地提高结构设计荷载分项系数,永久荷载分项系数 γ_G 由原来的 1.2 调整为 1.3,可变荷载分项系数 γ_Q 由原来的 1.4 调整为 1.5。这表达了国家建设行政主管部门适当提高建筑结构可靠性的意志。

在荷载分项系数统一规定的条件下,现行钢结构设计规范对钢结构构件抗力分项系数 γ_R 进行分析,使所设计的结构构件的实际 β 值与预期的 β 值差值最小,并考虑设计使用方便,最终确定钢材的抗力分项系数值,见表 1-3。

表 1-3　钢材的抗力分项系数 γ_R

厚度分组/mm		6~40	>40,≤100	原规范值
钢材牌号	Q235 钢	1.090		1.087
	Q345(Q355)钢	1.125		1.111
	Q390 钢			
	Q420 钢	1.125	1.180	
	Q460 钢			—

钢结构设计习惯用应力表达,采用钢材强度设计值。钢材强度设计值 f 等于钢材屈服强度 f_y 除以抗力分项系数 γ_R 的商,即 $f = f_y/\gamma_R$;但对于端面承压和连接则为极限强度 f_u 除以抗力分项系数 γ_R,即 $f = f_u/\gamma_R$。

结构或构件的破坏或过度变形的承载能力极限状态设计,应符合下式要求:

$$\gamma_0 S_d \leqslant R_d \tag{1-14}$$

式中:γ_0——结构重要性系数,其值按《建筑结构可靠度设计统一标准》(GB 50068—2018)
　　　　　采用;

　　　S_d——作用组合的效应设计值;

　　　R_d——结构或构件的抗力设计值。

钢结构按承载能力极限状态设计应考虑荷载效应的基本组合,必要时还应考虑荷载效应的偶然组合。

基本组合的效应设计值应按式(1-15)中最不利确定:

$$S_d = S\left(\sum_{i>1} \gamma_{Gi} G_{ik} + \gamma_P P + \gamma_{Q1} \gamma_{L1} Q_{1k} + \sum_{j>1} \gamma_{Qj} \psi_{cj} \gamma_{Lj} Q_{jk} \right) \tag{1-15}$$

式中:$S(\cdot)$——作用组合的效应函数;

G_{ik}——第 i 个永久作用的标准值;

P——预应力作用的有关代表值;

Q_{1k}——第 1 个可变作用的标准值;

Q_{jk}——第 j 个可变作用的标准值;

γ_{Gi}——第 i 个永久作用的分项系数,应按表 1-4 采用;

γ_{P}——预应力作用的分项系数,应按表 1-4 采用;

γ_{Q1}——第 1 个可变作用的分项系数,应按表 1-4 采用;

γ_{Qj}——第 j 个可变作用的分项系数,应按表 1-4 采用;

γ_{L1}、γ_{Lj}——第 1 个和第 j 个考虑结构设计使用年限的荷载调整系数,应按表 1-5 采用;

ψ_{cj}——第 j 个可变作用的组合值系数,应按有关规范的规定采用。

表 1-4　建筑结构的作用分项系数

作用分项系数	适用情况			
	当作用效应对承载力不利时	原规范值	当作用效应对承载力有利时	原规范值
γ_G	1.3	1.2(1.35 起控制作用)	≤1.0	≤1.0
γ_P	1.3	—	1.0	—
γ_Q	1.5	1.4(1.3 楼面活荷载>4.0kN/m²)	0	0

表 1-5　考虑建筑结构设计使用年限的荷载调整系数

结构的设计使用年限/年	γ_L	原规范值
5	0.9	—
25	0.95	—
50	1.0	—
100	1.1	—

当作用与作用效应按线性关系考虑时,基本组合的效应设计值应按式(1-16)中最不利确定:

$$S_d = \sum_{i \geq 1} \gamma_{Gi} S_{Gik} + \gamma_P S_P + \gamma_{Q1} \gamma_{L1} S_{Q1k} + \sum_{j > 1} \gamma_{Qj} \psi_{cj} \gamma_{Lj} S_{Qjk} \qquad (1\text{-}16)$$

式中:S_{Gik}——第 i 个永久作用标准值的效应;

S_P——预应力作用有关代表值的效应;

S_{Q1k}——第 1 个可变作用标准值的效应;

S_{Qjk}——第 j 个可变作用标准值的效应。

其他符号的含义同式(1-15)。

对于偶然组合,极限状态设计表达式宜按下列原则确定:偶然作用的代表值不乘分项系数;与偶然作用同时出现的可变荷载,应根据观测资料和工程经验采用适当的代表值,具体的设计表达式及各种系数应符合专门规范的规定。

钢结构按正常使用极限状态设计应考虑荷载效应的标准组合,其设计式为:

$$\upsilon_{GK} + \upsilon_{Q1K} + \sum_{i=2}^{n} \psi_{ci}\upsilon_{QiK} \leqslant [\upsilon] \tag{1-17}$$

式中：υ_{GK}——永久荷载的标准值在结构或构件中产生的变形值；

  υ_{Q1K}——起控制作用的第 1 个可变荷载的标准值在结构或构件中产生的变形值（该值使计算结果为最大）；

  υ_{QiK}——其他第 i 个可变荷载标准值在结构或构件中产生的变形值；

  $[\upsilon]$——结构或构件的容许变形值。

1.3　钢结构的发展

钢结构所用的材料，由原来的铸铁、锻铁，发展到钢和合金钢。钢结构的连接方式，在铸铁和锻铁时代是销钉连接，19 世纪初采用铆钉连接，20 世纪初有了焊接连接，随后则发展了高强度螺栓连接。钢结构的应用，也是从桥梁、塔，发展到土木工程的各个领域。与其他结构相比，钢结构是一种具有较大优势和发展潜力的土木工程结构，近年来随着我国钢材产量的提高和品种的增加，钢结构得到了迅速发展，并体现在以下四个方面：

（1）高强度钢材与连接材料的开发与应用

目前土木工程结构普遍采用的钢材有 Q235、Q345、Q390、Q420、Q460 和 Q345GJ 钢，其中 Q235 钢是普通碳素结构钢，其余为低合金高强度结构钢。Q460 和 Q345GJ 钢是《钢结构设计规范》(GB 50017—2017)新增加的钢种。从发展趋势来看，高强度结构钢的研制和开发还将不断进行。在强度增加的同时，还应具有优良的塑性性能和韧性性能。另外，改进钢材的耐腐蚀和耐火性能，也是今后的发展方向。

配合高强度钢材的连接材料，焊条由原来的 E43 型、E50 型、E55 型，新增加了 E60 型。

（2）计算方法的持续改进

现代钢结构已广泛应用新的计算技术和测试技术，这对深入了解结构和构件的实际工作性能提供了有利条件，促进了材料的更合理使用，提高了经济效益，为改进钢结构设计方法提供了必要条件。目前采用考虑分布类型的二阶矩概率法计算结构可靠度，制定了以概率理论为基础的极限状态设计法（简称概率极限状态设计法）。这个方法的特点是根据各种不定性分析所得的失效概率（或可靠指标）去度量结构可靠性，并使所计算的结构构件的可靠度达到预期的一致性和可比性。但是这个方法还有待发展，因为它计算的可靠度还只是构件或某一截面的可靠度，而不是结构体系的可靠度，也不适用于疲劳计算的循环荷载或动力荷载作用下的结构。另外，连接的极限状态及整体结构的极限状态还需要做大量的工作。

（3）结构形式的改进和创新

高强度钢材和新结构形式的应用是提高钢结构综合效应的重要因素，新的结构形式有薄壁型钢结构、悬索结构、悬挂结构、网架结构和预应力钢结构等，超高层结构近年来得到很大发展和应用。

索和拱配合使用，常被称为杂交结构，这是结构形式的杂交。钢和混凝土组合结构，可以认为是不同材料的杂交。相信今后还会有其他方式的杂交结构出现。

(4)BIM 技术应用

结构设计的优化与计算机辅助设计都得到很大发展,钢结构制造工业的机械化水平方面也有进一步提高,在钢结构制造、施工上更多采用新设备、新工艺、新技术,并借助仿真建造,融合 BIM、P-BIM、IM 等方法与工具,才有可能不断创造出性能更加优异的钢结构。

1.4　钢结构课程的特点和学习建议

钢材具有轻质、高强、力学性能良好的优点,是制造结构物的一种极好的建筑材料。钢结构与在建筑结构中应用广泛的钢筋混凝土结构相比,对于充任相同受力功能的构件,具有截面轮廓尺寸小、构件细长和板件薄柔的特点。对于因受压、受弯和受剪等存在受压区的构件或板件,如果技术上处理不当,可能使钢结构出现整体失稳或局部失稳。失稳前结构物的变形可能很微小,突然失稳使结构物的几何形状急剧改变而导致结构物完全丧失抵抗能力,以致整体坍塌,因此,稳定问题在钢结构设计中尤为突出。

"钢结构设计原理"是土木工程专业学生一门必修的主要专业基础课(核心课)。课程教学的目的是使学生掌握钢结构材料、构件和连接的基础知识,熟悉一些常用钢结构构件的计算原理和设计方法。

课程内容涵盖材料选择、构件设计和连接设计。其重点内容为对基本构件进行设计原理分析和钢结构连接的设计。基本构件分析设计原理的核心内容是稳定分析,包括整体稳定和局部稳定,首先必须明确

绪论

失稳概念和屈曲模式,然后考虑合适的分析思路。稳定分析相对而言难度较高,虽然材料力学、结构力学已涉及结构稳定分析的概念和方法,但远远不能满足钢结构设计原理的需要。由于习惯于线性思维,多数同学会感到理论性强,理解困难,具有"难而不繁"的特点,而梁的局部稳定和腹板加劲肋部分感觉"既难又繁"。对于难度较大的部分,主要应采取"明确概念、理清思路、抓住要点、对照实际"的策略,重在理解和领会物理概念、本质特征和解决问题的思路,而不受个别数学理论较难的干扰。对较繁的部分,应加强归纳总结(可采用思维导图),注重挖掘内在联系,做到提纲挈领,抓住要害。钢结构连接需要解决的主要问题是连接强度标准和分析设计思路,它以材料力学为主要基础,难度不高,但连接形式多样,初学者往往感到头绪多,不易掌握要点,感觉"繁而不难",只要及时复习材料力学有关内容,切实加强归纳总结便可起到事半功倍的效果。

强度与整体稳定

思考题

1-1　黑龙江电视塔背景资料:黑龙江电视塔位于哈尔滨市,我国东北边陲的淞辽平原,气候干燥寒冷,年最低温度在−40℃以下,最大冻土深度2.05m,每年十月开始结冰,次年五月方能解冻,加上风季,施工期极短。

请同学们回答以下问题:①为什么采用钢结构?②概述钢结构的特点和合理应用范围。

1-2 钢结构的设计方法是什么?

1-3 根据钢结构课程的特点,你准备采取什么样的学习策略?

第 2 章　钢结构的材料

要深入了解钢结构的特性,必须从钢结构的材料开始,掌握钢材在各种应力状态、不同生产过程和不同使用条件下的工作性能,从而能够选择合适的钢材,既使结构安全可靠和满足使用要求,又能最大限度地节约钢材和降低造价。

根据用途的不同,钢材可分为多种类别,性能也有很大差别,适用于钢结构的钢材必须符合下列要求:

(1)较高的抗拉强度 f_u 和屈服强度 f_y

f_y 是衡量结构承载能力和确定强度设计值的重要指标,f_y 高则可减轻结构自重,节约钢材和降低造价。f_u 是衡量钢材经过较大变形后抵抗拉断的性能指标,它直接反映钢材内部组织的优劣,而且与疲劳强度有着比较密切的关系,同时 f_u 高可以增加结构的安全保障。

(2)较好的塑性和韧性

塑性好,结构在静载作用下有足够的应变能力,破坏前变形明显,可减轻或避免结构脆性破坏的发生;塑性好,又可通过较大的变形调整局部应力,提高构件的延性,使其具有较好的抵抗重复荷载作用的能力,有利于结构的抗震。冲击韧性好,可在动力荷载作用下破坏时吸收较多的能量,提高结构抵抗动力荷载的能力,避免发生裂纹和脆性断裂。

(3)良好的加工性能(包括冷加工、热加工和可焊性能)

钢材经常在常温下进行加工,良好的加工性能不但可保证钢材在加工过程中不发生裂纹或脆断,而且不致因加工而对结构的强度、塑性、韧性等造成较大的不利影响。

此外,在符合上述要求的条件下,根据结构的具体工作条件,有时还要求钢材具有适应低温、高温和腐蚀性环境的能力。

按以上要求,《钢结构设计标准》(GB 50017—2017)规定:承重结构采用的钢材应具有抗拉强度、伸长率、屈服强度和硫、磷含量的合格保证,对焊接结构尚应具有碳含量的合格保证;焊接承重结构以及重要的非焊接承重结构采用的钢材还应具有冷弯试验的合格保证。对某些承受动力荷载的结构以及重要的受拉或受弯的焊接结构尚应具有常温或负温冲击韧性的合格保证。

2.1　钢材的主要性能

钢材的主要性能包括力学性能和工艺性能。前者指承受外力和作用的能力,后者指经受冷加工、热加工和焊接时的性能表现。

2.1.1 单向受拉时的性能

在常温静载情况下,钢材标准试件单向均匀受拉时的应力-应变($\sigma\varepsilon$)曲线如图 2-1 所示。由此曲线获得的有关钢材力学性能指标如下:

(1)强度性能

1)比例极限 f_p 图 2-1 中 $\sigma\varepsilon$ 曲线的 OP 段为直线,表示钢材具有完全弹性性质,称为线弹性阶段,这时应力可由弹性模量 E 定义,即 $\sigma = E\varepsilon$,而 $E = \tan\alpha$,P 点应力 f_p 称为比例极限。钢材的弹性模量 $E = 2.06 \times 10^5 \, \text{N/mm}^2$。

曲线的 PE 段称为非线性弹性阶段,这时的模量叫作切线模量 E_t,$E_t = \mathrm{d}\sigma/\mathrm{d}\varepsilon$。此段上限 E 点的应力 f_e 称为弹性极限。弹性极限和比例极限相距很近,实际上很难区分,故通常只提比例极限。

2)屈服点 f_y 随着荷载的增加,曲线出现 ES 段,这时任一点的变形都包括弹性变形和塑性变形,其中的塑性变形在卸载后不能恢复,即卸载曲线成为与 OP 平行的直线(见图 2-1 中的虚线),留下永久性的残余变形。此段上限 S 点的应力 f_y 称为屈服点。对于低碳钢,出现明显的屈服台阶 SC 段,即在应力保持不变的情况下,应变继续增加。

在开始进入塑性流动范围时,曲线波动较大,以后逐渐趋于平稳,其最高点和最低点分别称为上屈服点和下屈服点。上屈服点和试验条件(加载速率、试件形状、试件对中的准确性)有关,下屈服点则对此不太敏感。以前设计中以下屈服点为依据,目前已与国际标准协调一致,以上屈服点作为钢材屈服强度代表值。

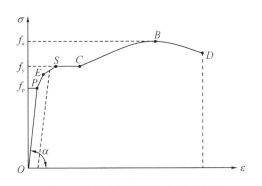

图 2-1   碳素结构钢的应力-应变曲线

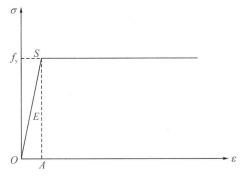

图 2-2   弹-塑性体的应力-应变曲线

对于没有缺陷和残余应力影响的试件,比例极限和屈服点比较接近,且屈服点前的应变很小(对低碳钢约为 0.15%)。为了简化计算,通常假定屈服点以前钢材为完全弹性的,屈服点以后则为完全塑性的,这样就可把钢材视为理想的弹-塑性体,其应力-应变曲线表现为双直线,如图 2-2 所示。当应力达到屈服点后,将使结构产生很大的在使用上不容许的残余变形(此时,对低碳钢 $\varepsilon_c = 2.5\%$),表明钢材的承载能力达到了最大限度。因此,在设计时取屈服点为钢材可以达到的最大应力的代表值。

高强度钢没有明显的屈服点和屈服台阶。这类钢的屈服条件是根据试验分析结果而人为规定的,故称为条件屈服点(或屈服强度)。条件屈服点是以卸荷后试件中残余应变为 0.2% 所对应的应力定义的(有时用 $f_{0.2}$ 表示),见图 2-3。由于这类钢材不具有明显的塑性平台,设计中不宜利用它的塑性。

碳素结构钢和低合金结构钢在受力到达屈服强度以后,应变急剧增长,从而使结构的变形迅速增加以致不能继续使用。所以,钢结构的强度设计值一般都是以钢材屈服强度为依据而确定的。

3)抗拉强度 f_u 超过屈服台阶,材料出现应变硬化,曲线上升,直至曲线最高处的 B 点(见图2-1),这点的应力 f_u 称为抗拉强度或极限强度。当应力达到 B 点时,试件发生颈缩现象至 D 点而断裂。因此钢材的抗拉强度是衡量钢材抵抗拉断的性能指标,它不仅是一般的强度指标,而且直接反映钢材内部组织的优劣。当以屈服点的应力 f_y 作为强度限值时,抗拉强度 f_u 成为材料的强度储备。

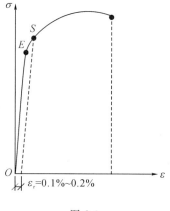

图 2-3

(2)塑性性能

试件被拉断时的绝对变形值与试件原标距之比的百分数,称为断后伸长率。当试件标距长度与试件直径 d(圆形试件)之比为10时,以 δ_{10} 表示;当该比值为5时,以 δ_5 表示。钢材的断后伸长率是衡量钢材塑性性能的指标。钢材的塑性是在外力作用下产生永久变形时抵抗断裂的能力。因此,承重结构用的钢材,不论在静力荷载还是动力荷载作用下,以及在加工制作过程中,除了应具有较高的强度外,尚应要求具有足够的断后伸长率。

以上讨论的是钢材在单向拉伸时的性能,钢材在单向受压(粗而短的试件)时,受力性能基本上和单向受拉时相同。受剪的情况也相似,但屈服点 τ_y 及抗剪强度 τ_u 均较受拉时为低;剪变模量 G 也低于弹性模量 E。钢材和铸钢件的物理性能指标见表2-1。

表 2-1 钢材和铸钢件的物理性能指标

弹性模量 (N/mm²)	剪变模量 (N/mm²)	线膨胀系数 α (以每℃记)	质量密度 ρ (kg/m³)
2.06×10^5	7.9×10^4	1.2×10^{-5}	7850

2.1.2 冷弯性能

钢材的冷弯性能是塑性指标之一,同时也是衡量钢材质量的一个综合性指标。冷弯性能由冷弯试验来确定(见图2-4)。试验时按照规定的弯心直径在试验机上用冲头加压,使试件弯成180°,如试件外表面不出现裂纹和分层,即为合格。冷弯试验不仅能直接检验钢材的弯曲变形能力或塑性性能,还能暴露钢材内部的冶金缺陷,如硫、磷偏析和硫化物与氧化物的掺杂情况,在一定程度

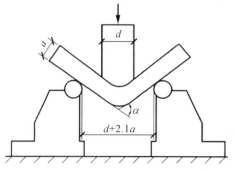

图 2-4 钢材冷弯试验示意图

上也是鉴定焊接性能的一种方法。结构在制作、安装过程中要进行冷加工,尤其是焊接结构焊后变形的调直等工序,都需要钢材有较好的冷弯性能。因此,冷弯性能是衡量钢材在弯曲状态下的塑性变形能力和钢材质量的综合指标。

2.1.3　冲击韧性

拉伸试验所表现的是钢材的静力性能,而冲击韧性是钢材的一种动力性能。冲击韧性是衡量钢材断裂时所做功的指标,是钢材抵抗冲击荷载的能力,它用材料在断裂时所吸收的总能量(包括弹性能和非弹性能)来量度,其值为应力-应变曲线与横坐标所包围的面积。冲击韧性随钢材金属组织和结晶状态的改变而急剧变化,是钢材强度和塑性的综合指标。钢中的非金属夹杂物、带状组织、脱氧不良等都将给钢材的冲击韧性带来不良影响。冲击韧性是钢材在冲击荷载或多向拉应力下具有可靠性能的保证,可间接反映钢材抵抗低温、应力集中、多向拉应力、加载速率(冲击)和重复荷载等因素导致脆断的能力。

材料的冲击韧性数值随试件缺口形式和使用试验机不同而异。由于夏比(Charpy)试件具有尖锐的 V 形缺口,接近构件中可能出现的严重缺陷,近年来用 C_v 能量来表示材料冲击韧性的方法日趋普遍。2006 年发布的《碳素结构钢》(GB 700—2006)规定,采用夏比 V 形缺口试件(见图 2-5)在夏比试验机上进行,冲击韧性以所消耗的功 C_v 表示,单位为 J。

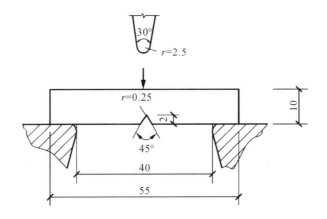

图 2-5　冲击韧性试验

由于低温对钢材的脆性破坏有显著影响,在寒冷地区建造的结构不但要求钢材具有常温(20℃)冲击韧性指标,还要求具有负温(0℃、−20℃或−40℃)冲击韧性指标,以保证结构具有足够的抗脆性破坏能力。

2.1.4　可焊性和碳当量

在焊接结构中,建筑钢的焊接性能主要取决于碳当量,碳当量宜控制在 0.45% 以下,超出该范围的幅度愈多,焊接性能变差的程度愈大。《钢结构焊接规范》(GB 50661)根据碳当量的高低等指标确定了焊接难度等级。因此,对焊接承重结构尚应具有碳当量的合格保证。

2.2 影响钢材性能的主要因素

2.2.1 化学成分

建筑结构中所用的钢材为碳素结构钢和低合金结构钢,铁(Fe)是钢材的基本元素。在碳素结构钢中铁(Fe)约占 99%,碳(C)和其他元素约占 1%,其他元素包括硅(Si)、锰(Mn)、硫(S)、磷(P)、氮(N)、氧(O)等。低合金结构钢中除上述元素外,还含有总量通常不超过 5%的合金元素,如铜(Cu)、钒(V)、钛(Ti)、铌(Nb)、铬(Cr)、镍(Ni)等。组成钢材的化学成分及其含量对钢材的性能特别是力学性能有着重要的影响。

(1)碳

在碳素结构钢中,碳是仅次于纯铁的主要元素。碳含量虽然很低,但直接影响钢材的强度、塑性、韧性和焊接性能等。碳含量增加,钢的强度提高,而塑性和韧性下降,同时恶化钢的焊接性能和抗腐蚀性。因此,尽管碳是使钢材获得足够强度的主要元素,但在钢结构所用的钢材中,对碳的含量要加以限制,一般不应超过 0.22%,在焊接结构中还应低于 0.20%。钢结构采用低合金高强度结构钢时,一般以其碳当量评估钢材的焊接性能。

(2)硫和磷

硫是钢中的有害成分,对钢材的力学性能和焊接接头的裂纹敏感性有较大影响,它可降低钢材的塑性、韧性、焊接性能和疲劳强度。在高温时,硫使钢材变脆,可能出现裂纹,称为"热脆"。因此,对硫的含量必须严格控制,一般硫的含量不应超过 0.045%。磷既是杂质元素,也是可利用的合金元素。在低温时,磷使钢变脆,称为"冷脆"。在碳素结构钢中,磷的含量也应严格控制在 0.045%以下。磷作为可利用的合金元素,能够提高钢材的强度和抗锈蚀能力。若使用磷含量在 0.05%~0.12%的高磷钢,则应减少钢材中的含碳量,以保持一定的塑性和韧性。

(3)氧和氮

氧和氮也是钢中的有害杂质。氧的作用和硫类似,使钢"热脆";氮的作用和磷类似,使钢"冷脆"。由于氧、氮容易在熔炼过程中逸出,一般不会超过极限含量(氧 0.05%和氮 0.008%),故通常不要求作含量分析。

(4)硅和锰

硅和锰是钢中的有益元素,它们都是炼钢的脱氧剂。它们使钢材的强度提高,含量不过高时,对塑性和韧性无显著的不良影响。在碳素结构钢中,硅的含量应控制在 0.3%以下,锰的含量为 0.3%~0.8%。对于低合金高强度结构钢,锰的含量为 1.0%~1.6%,硅的含量应控制在 0.55%以下。

(5)铬、镍、钒、铌和钛

铬、镍、钒、铌和钛是钢中的合金元素,既能提高钢的强度,又不显著降低钢的塑性和韧性。

(6)铜

铜在碳素结构钢中属于杂质成分。它可以显著地提高钢的抗腐蚀性能,也可以提高钢的强度,但对可焊性有不利影响。

化学成分对碳素结构钢性能影响汇总见表 2-2。

表 2-2　化学成分对碳素结构钢性能影响汇总

成分	性能						
	强度	塑性	冷弯性能	冲击韧性	可焊性	抗锈性	含量控制
碳 C	+	−	−	−	−	−	0.22%(0.2%)
硫 S		−		−	−		0.05%(0.045%)
磷 P	+	−	−	−	−	+	0.05%(0.045%)
氧 O							0.05%
氮 N	+	−	−	−	−	−	0.008%
硅 Si	+						0.1%～0.3%
锰 Mn	+						0.3%～0.8%
钒 V	+					+	

2.2.2　冶金缺陷

常见的冶金缺陷有偏析、非金属夹杂、气孔、裂纹及分层等。偏析是钢中化学成分分布不均匀,如硫、磷偏析会严重恶化钢材的性能。非金属夹杂是钢中含有硫化物与氧化物等杂质。气孔是浇注钢锭时,由氧化铁与碳作用所生成的一氧化碳气体不能充分逸出而形成的。这些缺陷都将影响钢材的力学性能。浇注时的非金属夹杂物在轧制后能造成钢材的分层,会严重降低钢材的冷弯性能。钢材的轧制过程可使气泡、裂纹等焊合,辊轧次数多的薄板的强度比厚板的强度略高。钢材一般以热轧状态交货,热处理的目的在于取得高强度的同时能够保持良好的塑性和韧性,所以对新型高强度钢材可提出进行热处理后交货。

冶金缺陷对钢材性能的影响,不仅在结构或构件受力工作时表现出来,有时在加工制作过程中也可表现出来。

2.2.3　钢材硬化

钢材的性能和各种力学指标,除受化学成分和冶金过程影响外,制作和使用过程对其也有影响。如制作过程中的冷拉、冷弯、冲孔、机械剪切等冷加工可使钢材产生很大塑性变形,从而提高钢的屈服强度,同时降低了钢的塑性和韧性,这种现象被称为冷加工硬化(或应变硬化)。在一般钢结构中,不利用硬化所提高的强度,应将局部硬化部分用刨边或扩钻的方式予以消除。但用于冷弯薄壁型钢结构的冷弯型钢,可以利用在冷轧成型或弯曲成型时提高的屈服强度和抗拉强度。

在使用过程中,随着时间的延长高温时熔化于铁中的少量碳和氮,逐渐从纯铁中析出,形成自由碳化物和氮化物,对纯铁体的塑性变形起遏制作用,从而使钢材的强度提高,塑性、韧性下降,这种现象被称为时效硬化。时效硬化的过程一般很长,若在材料塑性变形后加热,可加速时效硬化发展,这种方法称为人工时效。有些重要结构要求对钢材进行人工时效后检验其冲击韧性,以保证结构具有足够的抗脆性破坏能力。

此外还有应变时效,是应变硬化后又加自然时效。

2.2.4 温度

随着温度的升高或降低,钢材性能变化很大。一般来说,温度升高,钢材强度降低,应变增大;温度降低,钢材强度略有增加,却降低了塑性和韧性,材料因此而呈现脆性(见图 2-6)。

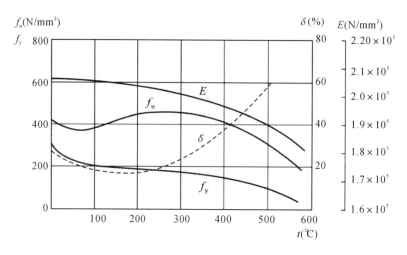

图 2-6　温度对钢材力学性能的影响

(1)正温范围

温度约在 200℃ 以内时钢材性能没有很大变化,430～540℃ 之间强度急剧下降,600℃ 时强度很低不能承担荷载。但在 250℃ 左右,钢材的强度反而略有提高,同时塑性和韧性均下降,材料有转脆的倾向,钢材表面氧化膜呈现蓝色,称为"蓝脆"现象。钢材应避免在"蓝脆"温度范围内进行热加工。温度在 260～320℃ 范围时,钢材会产生徐变,即在应力持续不变的情况下,钢材以很缓慢的速度继续变形。

(2)负温范围

当温度处在负温范围时,钢材强度有一定提高,但其塑性和韧性降低,材料逐渐变脆,这种性质称为低温冷脆。图 2-7 是钢材冲击韧性与温度的关系曲线。由图可见,随着温度的降低,C_v 值迅速下降,材料将由塑性破坏转变为脆性破坏,同时可见这一转变是在一个温度区间 $T_1 T_2$ 内完成的,此温度区称为钢材的脆性转变温度区,在此区内曲线的反弯点(最陡点)所对应的温度 T_0 称为转变温度。如果把低于 T_0 完全脆性破坏的

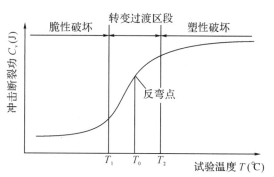

图 2-7　冲击韧性与温度的关系曲线

最高温度 T_1 作为钢材的脆断设计温度,即可保证钢结构低温工作的安全。每种钢材的脆性转变温度区及脆断设计温度需要由大量破坏或不破坏的使用经验和实验资料统计分析确定。

2.2.5　应力集中

钢结构构件中经常存在的孔洞、槽口、凹角、截面突然改变以及裂纹等缺陷,常常使截面的完整性遭到破坏。此时,构件中的应力分布将变得很不均匀,在缺陷和截面改变处产生局部高峰应力,形成所谓应力集中现象(见图 2-8)。高峰区的最大应力与净截面的平均应力之比称为应力集中系数。研究表明,在应力高峰区域总是存在着同号的双向或三向应力,这是因为由高峰拉应力引起的截面横向收缩受到附近低应力区的阻碍而引起垂直于内力方向的拉应力 σ_y,在较厚的构件里还产生 σ_z,使材料处于复杂受力状态,由能量强度理论得知,这种同号的平面或立体应力场有使钢材变脆的趋势。应力集中系数愈大,变脆的倾向亦愈严重。但由于建筑钢材塑性较好,在一定程度上能促使应力进行重分配,使应力分布严重不均的现象趋于平缓。故受静力荷载作用的构件在常温下工作时,在计算中可不考虑应力集中的影响。但在负温下或动力荷载作用下工作的结构,应力集中的不利影响将十分突出,往往是引起脆性破坏的根源,故在设计中应采取措施避免或减小应力集中,并选用质量优良的钢材。

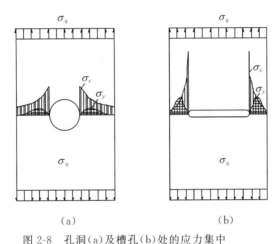

图 2-8　孔洞(a)及槽孔(b)处的应力集中

2.3　钢材的效应分析

2.3.1　塑性破坏和脆性破坏

钢材有两种性质完全不同的破坏形式,即塑性破坏和脆性破坏。钢结构所用的材料虽然有较高的塑性和韧性,一般为塑性破坏,但在一定的条件下,仍然有脆性破坏的可能性。

塑性破坏是由于变形过大,超过了材料或构件可能的应变变形能力而产生的,而且仅在构件的应力达到了钢材的抗拉强度 f_u 后才发生。破坏前构件产生较大的塑性变形,断裂后的断口呈纤维状,色泽发暗。在塑性破坏前,由于总有较大的塑性变形发生,且变形持续的时间较长,很容易及时发现而采取措施予以补救,不致引起严重后果。另外,塑性变形后出现内力重分布,使结构中原先受力不等的部分应力趋于均匀,因而可以提高结构的承载能力。

脆性破坏前塑性变形很小,甚至没有塑性变形,计算应力可能小于钢材的屈服点 f_y,断裂从应力集中处开始。冶金和机械加工过程中产生的缺陷,特别是缺口和裂纹,常是断裂的发源地。破坏前没有任何预兆,破坏是突然发生的,断口平直并呈有光泽的晶粒状。由于脆性破坏前没有明显的预兆,无法及时觉察和采取补救措施,而且个别构件的断裂常引起整个结构塌毁,危及人民生命财产的安全,后果严重,损失较大。在设计、施工和使用钢结构时,要特别注意防止出现脆性破坏。

塑性破坏和脆性破坏对比汇总见表 2-3。

表 2-3　塑性破坏和脆性破坏对比汇总

对比内容	塑性破坏	脆性破坏
破坏应力	f_u	f_y
破坏前变形	明显	不明显
断口外形	杯形	平直
断口色泽	暗淡	有光泽
断口细部	纤维状	晶粒状
破坏过程	延续较长时间	突然
破坏机理	剪应力超过晶粒抗剪能力	拉应力超过晶粒抗拉能力
危害性	便于发现和补救,较小	大
对策	合理设计结构强度	考虑疲劳和冲击作用,合理选择材料种类、构造形式、施工工艺

2.3.2　循环荷载的效应

钢材在循环荷载作用下,结构的抗力和性能都会发生重要变化,甚至发生疲劳破坏。在直接的连续反复的动力荷载作用下,根据试验,钢材的强度将降低,即低于一次静力荷载作用下的拉伸试验的极限强度 f_u,这种现象称为钢的疲劳。疲劳破坏表现为突然发生的脆性断裂。

但是,实际上疲劳破坏乃是累积损伤的结果。材料总是有“缺陷”的,在循环荷载作用下,先在其缺陷处发生塑性变形和硬化而生成一些极小的裂纹,此后这种微观裂纹逐渐发展成宏观裂纹,试件截面削弱,而在裂纹根部出现应力集中现象,使材料处于三向拉伸应力状态,塑性变形受到限制,当循环荷载达到一定的循环次数时,材料终于破坏,并表现为突然的脆性断裂。

关于钢材的疲劳性能,本书第 7 章会有较详细阐述。

实践证明,构件的应力水平不高或反复次数不多的钢材一般不会发生疲劳破坏,计算中不必考虑疲劳的影响。但是,长期承受频繁的反复荷载的结构构件及其连接,例如承受重级工作制起重机的吊车梁等,在设计中就必须考虑结构的疲劳问题。

钢材的脆性破坏往往是多种因素影响的结果,例如当温度降低,荷载速度增大,使用应力较高,特别是这些因素同时存在时,材料或构件就有可能发生脆性断裂。根据现阶段研究情况来看,在建筑钢材中脆性断裂还不是一个单纯由设计计算或者加工制造某一个方面来控制的问题,而是一个必须由设计、制造及使用等多方面来共同加以防止的事情。

为了防止脆性破坏的发生,一般需要在设计、制造及使用中注意以下几点:

(1)合理的设计

构造应力求合理,使其能均匀、连续地传递应力,避免构件截面急剧变化。对于焊接结构,可参考第 6 章有关焊接连接的内容。低温下工作,受动力作用的钢结构应选择合适的钢材,使所用钢材的脆性转变温度低于结构的工作温度,并尽量使用较薄的材料。

(2)正确的制造

应严格遵守设计对制造所提出的技术要求,例如尽量避免使材料出现应变硬化,因剪切、冲孔而造成的局部硬化区,要通过扩钻或刨边等手段来除掉;要正确地选择焊接工艺,保证焊接质量,不在构件上任意起弧、打火和锤击,必要时可用热处理的方法消除重要构件中的焊接残余应力,重要部位的焊接,要由经过考试挑选的有经验的焊工操作。

(3)正确的使用

例如,不在主要结构上任意焊接附加的零件,不任意悬挂重物,不任意超负荷使用结构;要注意检查维护,及时油漆防锈,避免任何撞击和机械损伤;原设计在室温工作的结构,在冬季停产检修时要注意保暖等。

对设计工作者来说,不仅要注意适当选择材料和正确处理细部构造设计,对制造工艺的影响也不能忽视,对使用也应提出在使用期中应注意的主要问题。

2.4 钢材的种类、规格和选用原则

2.4.1 钢材的种类

根据钢结构对材料的要求,用于钢结构的钢材主要有碳素结构钢、低合金高强度结构钢、优质碳素结构钢和建筑结构用钢板。目前主要采用氧气顶吹转炉进行冶炼,如没有特殊要求,一般钢结构用材不对冶炼方法提出要求。钢的牌号由代表屈服强度的字母 Q、屈服强度数值(N/mm²)、质量等级符号(A、B、C、D、E)、脱氧程度符号(F、Z、TZ)等四个部分按顺序组成。根据钢水在浇铸过程中脱氧程度的不同,分为沸腾钢(代号为 F)、镇静钢(代号为 Z)和特殊镇静钢(代号为 TZ),镇静钢和特殊镇静钢的代号可以省去。镇静钢脱氧充分,沸腾钢脱氧较差。目前轧制钢材的钢坯多采用连续铸锭法生产,钢材必然为镇静钢,所以推荐采用镇静钢。下面分别对碳素结构钢、低合金高强度结构钢、优质碳素结构钢和建筑结构用钢板的牌号和性能介绍如下:

(1)碳素结构钢

《碳素结构钢》(GB/T 700—2006)按质量等级将碳素结构钢分为 A、B、C、D 四级,A 级只保证抗拉强度、屈服强度、伸长率,必要时尚可附加冷弯试验的要求,化学成分对碳、锰可以不作为交货条件。B、C、D 级均保证抗拉强度、屈服强度、伸长率、冷弯和冲击韧性等力学性能。其中,B 级要求常温(20℃)冲击韧性冲击值不小于 27J,C 级和 D 级则分别要求 0℃和 −20℃的冲击值不小于 27J。另外对碳、硫、磷等化学成分的极限含量也有严格要求。

碳素结构钢的牌号有 Q195、Q215、Q235 和 Q275,其中 Q235 在使用、加工和焊接方面

的性能都比较好,是钢结构常用钢材品种之一。现将 Q235 钢表示法举例如下:

Q235A——屈服强度为 235N/mm² ,A 级镇静钢;

Q235AF——屈服强度为 235N/mm² ,A 级沸腾钢;

Q235B——屈服强度为 235N/mm² ,B 级镇静钢;

Q235C——屈服强度为 235N/mm² ,C 级镇静钢;

Q235D——屈服强度为 235N/mm² ,D 级特殊镇静钢。

冶炼方法一般由供方自行决定,设计者不再另行提出,如需方有特殊要求时可在合同中加以注明。根据钢材厚度(或直径)的不同,钢材强度设计值有所不同,应用时参见附表 1-1。

(2)低合金高强度结构钢

《低合金高强度结构钢》(GB/T 1591)标准采用与碳素结构钢相同的钢的牌号表示方法,根据钢材厚度(或直径)≤16mm 时的屈服强度大小,分为 Q295、Q345、Q390、Q420 和 Q460。其中 Q345、Q390、Q420 和 Q460 是钢结构设计标准规定采用的钢种。钢的牌号仍有质量等级符号,除与碳素结构钢 A、B、C、D 四个等级相同外增加一个等级 E,主要是要求 -40℃ 的冲击韧性。钢的牌号如:Q345B、Q390C 等。低合金高强度结构钢一般为镇静钢,因此钢的牌号中不需要注明脱氧方法。

国家标准《低合金高强度结构钢》(GB/T 1591—2018)替代 2008 版 GB/T 1591—2008,于 2019 年 2 月 1 日实施。根据国内结构钢的统计资料,同一牌号的上屈服强度比其下屈服强度值高约 10N/mm²。2008 版《低合金高强度结构钢》以下屈服强度标识的 Q345 钢,在 2018 版《低合金高强度结构钢》以上屈服强度标识规则下,表达改为 Q355。并非 Q345 钢是一种牌号,Q355 钢又是另一种牌号。

(3)优质碳素结构钢

优质碳素结构钢主要用于钢结构某些节点或用作连接件。例如用于制造高强度螺栓的 45 号优质碳素结构钢,需要经过热处理,其强度较高,而塑性、韧性又未受到显著影响。

(4)建筑结构用钢板

高性能建筑结构钢材(GJ 钢),适用于建造高层建筑结构、大跨度结构以及其他重要建筑结构,建筑结构用钢板的设计用强度指标,可根据钢材牌号、厚度或直径按附表 1-1 采用。

2.4.2 钢材的规格

钢结构采用的型材有热轧成型的钢板和型钢以及冷弯(或冷压)成型的薄壁型钢。

(1)热轧钢板

热轧钢板有厚钢板(厚度 4.5~60mm)和薄钢板(厚度为 0.35~4mm),还有扁钢(厚度为 4~60mm,宽度为 30~200mm,此钢板宽度小)。钢板的表示方法为,在符号"一"后加"宽度×厚度×长度",单位为毫米,如—450×12×1200。

(2)热轧型钢

热轧型钢有角钢、工字钢、槽钢和钢管(见图 2-9)。

角钢分等边和不等边两种。不等边角钢的表示方法为,在符号"∟"后加"长边宽×短边宽×厚度",如 ∟ 100×80×8,对于等边角钢则以边宽和厚度表示,如 ∟ 100×8,单位皆为毫米。

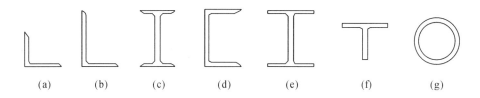

图 2-9　热轧型钢截面

工字钢有普通工字钢、轻型工字钢和 H 型钢。普通工字钢和轻型工字钢用号数表示，号数即为其截面高度的厘米数。20 号以上的工字钢，同一号数有三种腹板厚度，分别为 a、b、c 三类。如 I30a、I30b、I30c，a 类腹板较薄，用作受弯构件较为经济。轻型工字钢的腹板和翼缘均较普通工字钢薄，因而在相同重量下其截面模量和回转半径均较大。H 型钢是世界各国使用很广泛的热轧型钢，与普通工字钢相比，其翼缘内外两侧平行，便于与其他构件相连。它可分为宽翼缘 H 型钢，代号 HW，翼缘宽度 B 与截面高度 H 相等；中翼缘 H 型钢，代号 HM，$B=(1/2\sim2/3)H$；窄翼缘 H 型钢，代号 HN，$B=(1/3\sim1/2)H$。各种 H 型钢均可剖分为 T 型钢供应，代号分别为 TW、TM 和 TN。H 型钢和剖分 T 型钢的规格标记均采用：高度 $H\times$宽度 $B\times$腹板厚度 $t_1\times$翼缘厚度 t_2 表示。例如 HM340×250×9×14，其剖分 T 型钢为 TM170×250×9×14，单位均为毫米。

槽钢有普通槽钢和轻型槽钢两种，也以其截面高度的厘米数编号，如[30a。号码相同的轻型槽钢，其翼缘较普通槽钢宽而薄，腹板也较薄，回转半径较大，质量较轻。

钢管有无缝钢管和焊接钢管两种，用符号"ϕ"后面加"外径×厚度"表示，如 $\phi400\times6$，单位为毫米。

（3）薄壁型钢

薄壁型钢（图 2-10）是用薄钢板（一般采用 Q235 或 Q345（Q355）钢），经模压或弯曲而制成，其壁厚一般为 1.5～5mm，在国外薄壁型钢厚度有加大范围的趋势，如美国可用到 1 in（25.4mm）厚。有防锈涂层的彩色压型钢板（见图 2-10(j)），所用钢板厚度为 0.4～1.6mm，可用作轻型屋面及墙面等构件。

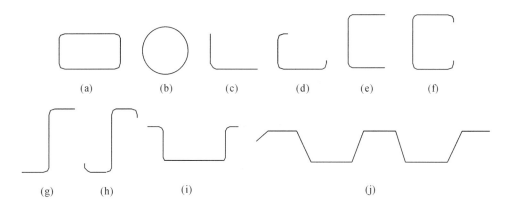

图 2-10　薄壁型钢截面

23

2.4.3 钢材的选用原则

为保证承重结构的承载能力,防止在一定条件下出现脆性破坏,做到安全可靠和经济合理,应根据下列因素综合考虑,选择合适的钢材牌号和材料性能。

(1)结构的重要性

按照《建筑结构可靠度设计统一标准》(GB 50068)的规定,建筑结构及其构件依其破坏可能产生的后果(危及人的生命、造成经济损失、产生社会影响等)的严重性,把建筑物分为一级(重要的)、二级(一般的)和三级(次要的)。安全等级不同,要求的钢材质量也应不同。对重要结构,如重型厂房结构、大跨度结构、高层或超高层的民用建筑结构或构筑物等,应考虑选用质量好的钢材,对一般工业与民用建筑结构,可按工作性质分别选用普通质量的钢材。

(2)荷载特征

荷载可分为静态荷载和动态荷载两种。直接承受动态荷载的结构和强烈地震区的结构,应选用综合性能好的钢材;一般承受静态荷载的结构则可选用价格较低的 Q235 钢。

(3)连接方法

钢结构的连接方法有焊接和非焊接两种。焊接的不均匀加热和冷却产生的焊接变形、焊接应力以及其他焊接缺陷,会导致结构产生裂纹或脆性断裂。因此,焊接结构钢材的材质要求应高于同样情况非焊接结构钢材。例如,在化学成分方面,焊接结构必须严格控制碳、硫、磷的极限含量;而非焊接结构对含碳量可降低要求。

(4)结构的工作环境

结构的工作环境包括温度和腐蚀性介质。钢材的塑性和韧性随温度的降低而降低,处于低温时容易冷脆,因此在低温条件下工作的结构,尤其是焊接结构,应选用具有良好抗低温脆断性能的镇静钢。对处于露天环境,且对耐腐蚀有特殊要求的结构以及在腐蚀性气态或固态介质作用下的承重结构的钢材,应加以区别选择不同材质的钢材。

(5)钢材厚度

薄钢材辊轧次数多,轧制的压缩比大,厚度大的钢材压缩比小;所以厚度大的钢材不但强度较小,而且塑性、冲击韧性和焊接性能也较差。因此,厚度大的焊接结构应采用材质较好的钢材。

综合考虑上述因素,承重结构的钢材宜选用 Q235 钢、Q345 钢、Q390 钢、Q420 钢和 Q460 钢,其质量要求应保证屈服强度、抗拉强度、断后伸长率和硫磷的极限含量,焊接结构尚应保证碳的极限含量。

焊接承重结构以及重要的非焊接承重结构的钢材应具有冷弯试验的合格保证。

对于需要验算疲劳的焊接结构的钢材,应具有常温冲击韧性的合格保证。当结构工作温度等于或低于 0℃ 但高于 −20℃ 时,Q235 钢和 Q345 钢应具有 0℃ 冲击韧性的合格保证;对 Q390 钢、Q420 钢和 Q460 钢应具有 −20℃ 冲击韧性的合格保证。当结构工作温度等于或低于 −20℃ 时,对 Q235 钢和 Q345 钢应具有 −20℃ 冲击韧性的合格保证;对 Q390 钢、Q420 钢和 Q460 钢应具有 −40℃ 冲击韧性的合格保证。

对于需要验算疲劳的非焊接结构的钢材亦应具有常温冲击韧性的合格保证。当结构工作温度等于或低于 −20℃ 时,Q235 钢和 Q345 钢应具有 0℃ 冲击韧性的合格保证;对 Q390

钢、Q420 钢和 Q460 钢应具有－20℃冲击韧性的合格保证。吊车起重量不小于 50t 的中级工作制吊车梁,其质量等级要求应与需要验算疲劳的构件相同。

思考题

钢结构材料

2-1　衡量钢材力学性能的常用指标有哪些? 解释它们的作用和意义。

2-2　影响钢材性能的主要化学成分有哪些? 碳、硫、磷对钢材的性能有哪些影响?

2-3　什么情况下会产生应力集中,应力集中对钢材性能有何影响?

2-4　钢材中常见的冶金缺陷有哪些?

2-5　什么是冷加工硬化、时效? 其对钢材性能有何影响?

2-6　选择钢材应考虑的因素有哪些?

2-7　温度变化对钢材力学性能有哪些影响?

2-8　简述建筑钢结构对钢材的要求、指标,规范推荐使用的钢材有哪些?

2-9　某小作坊生产的地条钢,通过非法途径流入建筑市场,牌号 Q235,在材料进场检验时,试验人员发现该批钢材极限抗拉强度远远超出 Q235 钢材的标准,但没有明显屈服台阶,伸长率远远低于标准要求。试判断是否可以用于钢结构工程,并分析其原因。

第3章 轴心受力构件

轴心受力构件主要用于承重钢结构,如桁架和网架等。轴心受压构件常用于工业建筑的平台和其他结构的支柱以及各种支撑。

轴心受力构件的截面形式较多(见图 3-1),依据截面的组成情况可以分为三种。第一种是热轧型钢截面(见图 3-1(a)),包括圆钢、圆管、方管、角钢、工字钢、T 型钢和槽钢等;第二种是冷弯薄壁型钢截面(见图 3-1(b)),包括带卷边或不带卷边的角形、槽形截面和方管等;第三种是用型钢和钢板连接而成的组合截面,有实腹式组合截面(见图 3-1(c))和格构式组合截面(见图 3-1(d))。

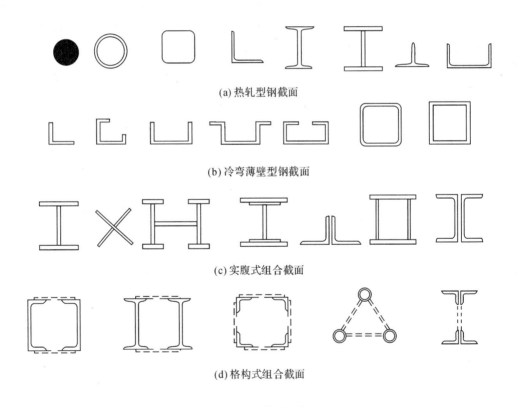

(a) 热轧型钢截面

(b) 冷弯薄壁型钢截面

(c) 实腹式组合截面

(d) 格构式组合截面

图 3-1 轴心受力构件的截面形式

3.1　轴心受力构件的强度和刚度

3.1.1　强度计算

轴心受力构件的强度承载力是以截面的平均应力达到钢材的屈服应力为极限。但当构件的截面有局部削弱时,截面上的应力分布不再是均匀的,在孔洞附近有如图 3-2(a)所示的应力集中现象,在弹性阶段,孔壁边缘的最大应力 $\sigma_{\max}$ 可能达到构件毛截面平均应力 σ_0 的 3 倍。

构件的强度
和刚度

若拉力继续增加,当孔壁边缘的最大应力达到材料的屈服强度以后,应力不再继续增加而只发展塑性变形,截面上的应力产生塑性重分布,最后达到均匀分布(见图 3-2(b))。因此,对于有孔洞削弱的轴心受力构件,仍以其净截面的平均应力达到其强度限值作为设计时的控制值。这就要求在设计时应选用具有良好塑性性能的材料。

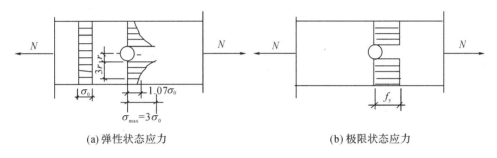

(a) 弹性状态应力　　　　　　　　(b) 极限状态应力

图 3-2　孔洞处截面应力分布

《钢结构设计标准》要求,对轴心受拉构件,当端部连接及中部拼接处组成截面的各板件都由连接件直接传力时,其截面强度计算应符合下列规定:

(1)除采用高强度螺栓摩擦型连接外,其截面强度应采用下列公式计算:

毛截面屈服:

$$\sigma = \frac{N}{A} \leqslant f \tag{3-1-1}$$

净截面断裂:

$$\sigma = \frac{N}{A_n} \leqslant 0.7 f_u \tag{3-1-2}$$

(2)采用高强度螺栓摩擦型连接的构件,考虑截面上每个螺栓所传之力的一部分已经由摩擦力在孔前传走,其毛截面强度计算仍采用式(3-1-1),净截面断裂应按下式计算:

$$\sigma = \left(1 - 0.5\frac{n_1}{n}\right)\frac{N}{A_n} \leqslant 0.7 f_u \tag{3-1-3}$$

(3)当构件为沿全长都有排列较密螺栓的组合构件时,其截面强度应按下式计算:

$$\sigma = \frac{N}{A_n} \leqslant f \tag{3-1-4}$$

式中:N——构件计算截面处的轴心拉力设计值;

f——钢材的抗拉强度设计值,见附表 1-1;

A——构件的毛截面面积;

A_n——构件的净截面面积,当构件多个截面有孔时,取最不利的截面;

f_u——钢材的抗拉强度最小值,见附表 1-1;

n——在节点或拼接处,构件一端连接的高强度螺栓数目;

n_1——所计算截面(最外列螺栓处)高强度螺栓数目。

轴心受压构件,当端部连接及中部拼接处组成截面的各板件都由连接件直接传力时,截面强度应按式(3-1-1)计算。但含有虚孔的构件尚需在孔心所在截面按式(3-1-2)计算。

轴心受拉构件和轴心受压构件,当其组成板件在节点或拼接处并非全部直接传力时,应将危险截面的面积乘以有效截面系数 η,不同构件截面形式和连接方式的 η 值见表 3-1。

表 3-1　轴心受力构件节点或拼接处危险截面有效截面系数 η

构件截面形式	连接形式	η	图例
角钢	单边连接	0.85	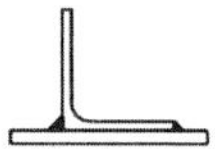
工字形、H 形	翼缘连接	0.90	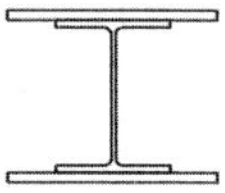
	腹板连接	0.70	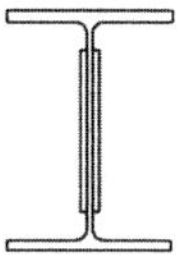

3.1.2　刚度计算

为满足结构的正常使用要求,轴心受力构件不应做得过分柔细,以免产生过度的变形。轴心受拉和受压构件的刚度是以保证其长细比限值 λ 来实现的。即:

$$\lambda = \frac{l_0}{i} \leqslant [\lambda] \qquad (3-2)$$

式中:λ——构件的最大长细比;

l_0——构件的计算长度;

i——截面的回转半径;

$[\lambda]$——构件的容许长细比,见表 3-2～表 3-3。

当构件的长细比太大时,会产生下列不利影响:

①在运输和安装过程中产生弯曲或过大的变形;

②使用期间因其自重而明显下挠;

③在动力荷载作用下发生较大的振动;

④压杆的长细比过大时,除具有前述各种不利因素外,还使得构件的极限承载力显著降低,同时,初弯曲和自重产生的挠度也将对构件的整体稳定带来不利影响。

《钢结构设计标准》在总结了钢结构长期使用经验的基础上,根据构件的重要性和荷载情况,对受拉和受压构件的容许长细比规定了不同的要求和数值,分别见表 3-2 和表 3-3。比较表 3-2 和表 3-3 可发现,标准对压杆容许长细比的规定更为严格。

表 3-2　受拉构件的容许长细比

构件名称	承受静力荷载或间接承受动力荷载的结构			直接承受动力荷载的结构
	一般建筑结构	对腹杆提供平面外支点的弦杆	有重级工作制起重机的厂房	
桁架的杆件	350	250	250	250
吊车梁或吊车桁架以下的柱间支撑	300	—	200	
除张紧的圆钢外的其他拉杆、支撑、系杆等	400	—	350	—

注:①在直接或间接承受动力荷载的结构中,计算单角钢受拉构件的长细比时,应采用角钢的最小回转半径,但计算在交叉点相互连接的交叉杆件平面外的长细比时,可采用与角钢肢边平行轴的回转半径。

②除对腹杆提供平面外支点的弦杆外,承受静力荷载的结构受拉构件,可仅计算竖向平面内的长细比。

③中级、重级工作制吊车桁架下弦杆的长细比不宜超过 200。

④在设有夹钳或刚性料耙等硬钩起重机的厂房中,支撑的长细比不宜超过 300。

⑤受拉构件在永久荷载与风荷载组合作用下受压时,其长细比不宜超过 250。

⑥跨度等于或大于 60m 的桁架,其受拉弦杆和腹杆的长细比值,承受静力荷载或间接承受动力荷载时不宜超过 300,直接承受动力荷载时不宜超过 250。

表 3-3　受压构件的容许长细比

构件名称	容许长细比
轴心受压柱、桁架和天窗架中的压杆	150
柱的缀条、吊车梁或吊车桁架以下的柱间支撑	150
支撑	200
用以减少受压构件计算长度的杆件	200

注:①验算容许长细比时,可不考虑扭转效应,计算单角钢受压构件的长细比时,应采用角钢的最小回转半径,但计算在交叉点相互连接的交叉杆件平面外的长细比时,可采用与角钢肢边平行轴的回转半径。

②跨度等于或大于 60m 的桁架,其受压弦杆、端压杆和直接承受动力荷载的受压腹杆的长细比不宜大于 120。

③当杆件内力设计值不大于承载能力的 50% 时,容许长细比值可取 200。

3.1.3　轴心拉杆的设计

受拉构件没有整体稳定和局部稳定问题,极限承载力一般由强度控制,所以,设计时只考虑强度和刚度。

钢材比其他材料更适合于受拉,所以钢拉杆不但用于钢结构,还用于钢与钢筋混凝土或木材的组合结构中。此种组合结构的受压构件用钢筋混凝土或木材制作,而拉杆用钢材做成。

【例 3-1】图 3-3 所示为一中级工作制起重机的厂房屋架的双角钢拉杆,钢材为 Q235B。截面为 $2 \llcorner 100 \times 10$,填板厚度为 10mm,角钢上有交错排列的普通螺栓孔,孔径 $d_0 = 20$mm。

试计算此拉杆所能承受的最大拉力及容许达到的最大计算长度。

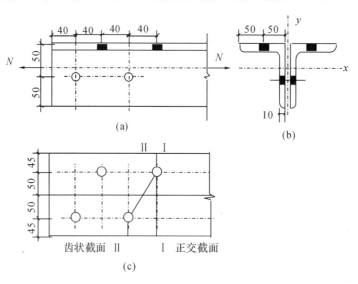

图 3-3　例 3-1 图

【解】查附表 6-4 可知,2 $\llcorner$ 100×10 角钢,$A=38.52 \mathrm{cm}^2$,$i_x=3.05 \mathrm{cm}$,$i_y=4.52 \mathrm{cm}$;查附表 1-1 可知,Q235B,$f=215 \mathrm{~N/mm^2}$,$f_u=370 \mathrm{~N/mm^2}$。

角钢的厚度为 10mm,在确定危险截面之前先把它按中面展开,如图 3-3(c)所示。

正交净截面(Ⅰ—Ⅰ)的面积为:
$$A_{nI}=2\times(45+100+45-20)\times10=3400(\mathrm{mm}^2)$$

齿状净截面(Ⅱ—Ⅱ)的面积为:
$$A_{nII}=2\times(45+\sqrt{100^2+40^2}+45-20\times2)\times10=3154(\mathrm{mm}^2)<A_{nI}$$

则危险截面是齿状截面(Ⅱ—Ⅱ)。

(1)承载力计算

①毛截面屈服

根据式(3-1-1)可得毛截面屈服承载力为:
$$N=Af=38.52\times10^2\times215=828180(\mathrm{N})\approx828.2(\mathrm{kN})$$

②净截面断裂

根据式(3-1-2)可得净截面断裂承载力为:
$$N=0.7A_{nII}f_u=0.7\times3154\times370=816886(\mathrm{N})\approx816.9(\mathrm{kN})$$

综上所述,此拉杆承载力由净截面断裂承载力控制,所能承受的最大拉力为 816.9kN。

(2)最大计算长度计算

查表 3-2 可知,该拉杆的容许长细比为[λ]=350,根据式(3-2)可得:

对 x 轴,$l_{0x}=[\lambda]\cdot i_x=350\times3.05\times10=10675(\mathrm{mm})$

对 y 轴,$l_{0y}=[\lambda]\cdot i_y=350\times4.52\times10=15820(\mathrm{mm})$

综上所述,此拉杆最大容许计算长度为 10675mm。

3.2　轴心受压构件的整体稳定

当轴心受压构件的长细比较大且截面没有孔洞削弱时,一般不会因截面的平均应力达到抗压强度设计值而丧失承载能力,因而不必进行强度计算。近年来,由于结构形式的不断发展和高强度钢材的广泛应用,构件更趋于轻型薄壁,以致更易出现失稳。在钢结构工程事故中,因失稳而导致破坏的情况时有发生,轴心受压构件丧失整体稳定常常是突发性的,容易造成严重后果,应予以特别重视。

3.2.1　理想轴心压杆的失稳形式

所谓理想轴心压杆就是假定杆件完全挺直、荷载沿杆件形心轴作用,杆件在受荷之前没有初始应力,也没有初弯曲和初偏心等缺陷,截面沿杆件是均匀的。如果出现此种杆件失稳,可叫作发生屈曲。屈曲形式可分为三种:

（1）弯曲屈曲

只发生弯曲变形,杆件的截面只绕一个主轴旋转,杆的纵轴由直线变为曲线,这是双轴对称截面最常见的屈曲形式。图 3-4(a)所示就是两端铰接工字形截面压杆发生绕弱轴(y 轴)的弯曲屈曲情况。

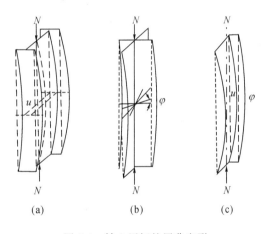

（2）扭转屈曲

失稳时杆件除支承端外的各截面均绕纵轴扭转,这是某些双轴对称截面压杆可能发生的屈曲形式。图 3-4(b)所示为长度较小的十字形截面杆件可能发生的扭转屈曲情况。

（3）弯扭屈曲

图 3-4　轴心压杆的屈曲变形

单轴对称截面绕对称轴屈曲时,杆件在发生弯曲变形的同时必然伴随着扭转。图 3-4(c)所示即为 T 形截面的弯扭屈曲情况。

3.2.2　理想轴心压杆的弯曲屈曲

如图 3-5 所示的两端铰接的理想细长压杆,当压力 N 较小时,杆件只有轴心压缩变形,杆轴保持平直。如有干扰使之微弯,干扰撤去后,杆件就恢复原来的直线状态,这表示荷载对微弯杆各截面的外力矩小于各截面的抵抗力矩,直线状态的平衡是稳定的(A 稳定平衡状态);当逐渐加大压力 N 到某一数值时,如有干扰,杆件就可能微弯,而撤去此

双轴对称截面轴心压杆整体稳定

干扰后,杆件仍然保持微弯状态不再恢复其原有的直线状态,这时除直线形式的平衡外,还存在微弯状态下的平衡位置。这种现象称为平衡的"分枝",而且此时外力和内力的平衡是随遇的,叫作随遇平衡或中性平衡(B 随遇平衡状态);当外力 N 超过此数值时,微小的干扰

将使杆件产生很大的弯曲变形随即破坏,此时的平衡是不稳定的,即杆件"屈曲"。中性平衡状态是从稳定平衡过渡到不稳定平衡的一个临界状态(C 临界状态),所以称此时的外力 N 值为临界力。此临界力可定义为理想轴心压杆呈微弯状态的轴心压力。

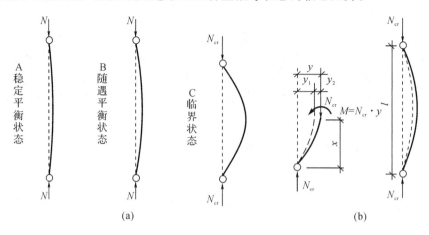

图 3-5　两端铰接轴心压杆的临界状态和计算简图

根据压杆屈曲时存在微小弯曲变形的条件,采用静力平衡法 $M=N_{cr} \cdot y$,先建立平衡微分方程,而后求解临界力。在建立弯曲平衡方程时作如下基本假定:

(1)构件是理想的等截面直杆(实腹式和格构式截面);

(2)压力沿构件原来的轴线作用;

(3)材料符合胡克定律,即应力和应变呈线性关系;

(4)构件变形之前的平截面在弯曲变形之后仍为平面;

(5)构件的弯曲变形是微小的,曲率可以近似地用变形的二次微分表示,即 $\Phi = \dfrac{-y''}{[1+(y')^2]^{3/2}} \approx -y''$。

设 M 作用下引起的变形为 y_1,剪力 V(由于弯曲变形所引起的)作用下引起的变形为 y_2,总变形 $y=y_1+y_2$,见图 3-5(b)。

由材料力学知:

$$\frac{\mathrm{d}^2 y_1}{\mathrm{d}x^2} = -\frac{M}{EI} \tag{3-3-1}$$

剪力 V 产生的轴线转角为:

$$\gamma = \frac{\mathrm{d}y_2}{\mathrm{d}x} = \frac{\beta}{GA} \cdot V = \frac{\beta}{GA} \cdot \frac{\mathrm{d}M}{\mathrm{d}x} \tag{3-3-2}$$

式中:A、I——杆件截面面积和惯性矩;

E、G——材料弹性模量和剪变模量;

β——与截面形状有关的系数。

因为:$\dfrac{\mathrm{d}^2 y_2}{\mathrm{d}x^2} = \dfrac{\beta}{GA} \cdot \dfrac{\mathrm{d}^2 M}{\mathrm{d}x^2}$,所以:$\dfrac{\mathrm{d}^2 y}{\mathrm{d}x^2} = \dfrac{\mathrm{d}^2 y_1}{\mathrm{d}x^2} + \dfrac{\mathrm{d}^2 y_2}{\mathrm{d}x^2} = -\dfrac{M}{EI} + \dfrac{\beta}{GA} \cdot \dfrac{\mathrm{d}^2 M}{\mathrm{d}x^2}$

由于 $M=N_{cr} \cdot y$,得:

$$\frac{\mathrm{d}^2 y}{\mathrm{d}x^2} = -\frac{N_{cr}}{EI} \cdot y + \frac{\beta N_{cr}}{GA} \cdot \frac{\mathrm{d}^2 y}{\mathrm{d}x^2} \tag{3-3-3}$$

即
$$y''\left(1-\frac{\beta N_{cr}}{GA}\right)+\frac{N_{cr}}{EI}\cdot y=0 \qquad (3\text{-}3\text{-}4)$$

令
$$k^2=\frac{N_{cr}}{EI\left(1-\dfrac{\beta N_{cr}}{GA}\right)} \qquad (3\text{-}3\text{-}5)$$

则
$$y''+k^2 y=0 \qquad (3\text{-}3\text{-}6)$$

式(3-3-6)为常系数线性二阶齐次方程,其通解为:
$$y=A\sin kx+B\cos kx \qquad (3\text{-}3\text{-}7)$$

引入边界条件:$x=0,y=0$,得 $B=0$,从而:
$$y=A\sin kx \qquad (3\text{-}3\text{-}8)$$

再引入边界条件:$x=l,y=0$,得:
$$A\sin kl=0 \qquad (3\text{-}3\text{-}9)$$

解式(3-3-9),得:$A=0\rightarrow$不符合杆件微弯的前提条件,舍去。因此只有:
$\sin kl=0\rightarrow kl=n\pi(n=1,2,3\cdots)$,取 $n=1$,得:$kl=\pi$,即:
$$k^2=\pi^2/l^2 \qquad (3\text{-}3\text{-}10)$$

将式(3-3-10)代入式(3-3-5),可得:
$$k^2=\frac{N_{cr}}{EI\left(1-\dfrac{\beta N_{cr}}{GA}\right)}=\frac{\pi^2}{l^2} \qquad (3\text{-}3\text{-}11)$$

故,临界力为:
$$N_{cr}=\frac{\pi^2 EI}{l^2}\cdot\frac{1}{1+\dfrac{\pi^2 EI}{l^2}\cdot\gamma_1}=\frac{\pi^2 EA}{\lambda^2}\cdot\frac{1}{1+\dfrac{\pi^2 EA}{\lambda^2}\cdot\gamma_1} \qquad (3\text{-}3\text{-}12)$$

临界应力则为:
$$\sigma_{cr}=\frac{N_{cr}}{A}=\frac{\pi^2 E}{\lambda^2}\cdot\frac{1}{1+\dfrac{\pi^2 EA}{\lambda^2}\cdot\gamma_1} \qquad (3\text{-}3\text{-}13)$$

式中:γ_1——单位剪力 $V=1$ 作用时的轴线转角,$\gamma_1=\beta/GA$。

对于实腹式截面,因 γ_1 很小,可以忽略不计其影响,取 $\gamma_1=0$。欧拉(Euler)早在 18 世纪就对理想轴心压杆的整体稳定问题进行了研究,并得到了著名的欧拉临界力,即:
$$N_E=\frac{\pi^2 EI}{l^2}=\frac{\pi^2 EA}{\lambda^2} \qquad (3\text{-}4)$$

$$\lambda=\frac{l}{i}\qquad i=\sqrt{\frac{I}{A}} \qquad (3\text{-}5)$$

式中:N_E——欧拉临界力;

　　　λ——压杆的长细比;

　　　i——截面的回转半径;

　　　其他符号含义同前。

当轴心压力 $N<N_E$ 时,压杆维持直线平衡,不发生弯曲;当 $N=N_E$ 时,压杆发生弯曲并处于曲线平衡状态。

欧拉临界力只适用于弹性范围。弹塑性阶段发生弯曲屈曲的轴心受压杆件可以采用切线模量理论来解决。

切线模量理论认为,在非弹性应力状态,应当取应力应变关系曲线上相应应力点的切线斜率 E_t(称为切线模量)代替线弹性模量 E。因此,图 3-5 所示轴心压杆的非弹性临界力为:

$$N_t = \frac{\pi^2 E_t A}{\lambda^2} \tag{3-6}$$

切线模量公式提出后,曾经过试验验证,被认为比较符合压杆的实际临界应力,但仅适用于材料有明确的应力-应变曲线时。

建立在屈曲准则上的稳定计算方法,弹性阶段以欧拉临界力为基础,弹塑性阶段以切线模量临界力为基础,通过提高安全系数来考虑初偏心、初弯曲等不利影响。

3.2.3　实际轴心压杆的弯曲屈曲及计算

在钢结构中实际的轴心受压柱和上述理想柱的受力性能之间是有很大差别的。实际上,轴心受压柱的受力性能受许多因素的影响,主要有截面中的残余应力、杆轴的初弯曲、荷载作用点的初偏心以及杆端的约束条件等。这些因素的影响是错综复杂的,其中残余应力、初弯曲和初偏心都是不利的因素,并被看作是轴心压杆的缺陷;而杆端约束往往是有利因素,能提高轴心压杆的承载能力。

因此,目前世界各国在研究钢结构轴心压杆的整体稳定时,基本上都摒弃了理想轴心压杆的假定,而以具有初始缺陷的实际轴心压杆作为研究的力学模型。

1. 柱子缺陷对压杆承载能力的影响

图 3-6(a)所示为有初始弯曲的受压杆件,它和理想轴心受压杆不同,荷载一作用就发生弯曲,属于偏心受压,显然临界力要比理想轴心受压杆低。初始弯曲越大,对临界力的影响也越大。

图 3-6(b)为荷载有初始偏心 e_0 的受压杆件,和有初始弯曲的受压杆件一样,荷载一作用就发生弯曲。如将杆件的挠度曲线由两端向外延伸到和荷载作用线相交,此偏心受压杆就相当于杆长加大为 l_1 的轴心受压杆,显然其临界力必然低于杆长为 l 的轴心受压杆,且偏心 e_0 越大,临界力降低也越多。

总之,设计中的轴心受压杆件不可避免地具有一定的初始弯曲和初始偏心,它们都将影响轴心受压杆件的临界应力,使轴心受压杆的稳定承载力降低。

残余应力是杆件截面内存在的自相平衡的初始应力。其产生原因有:①焊接时的不均匀加热和不均匀冷却;②型钢热轧后的不均匀冷却;③板边缘经火焰切割后的热塑性收缩;④构件经冷校正产生的塑性变形。

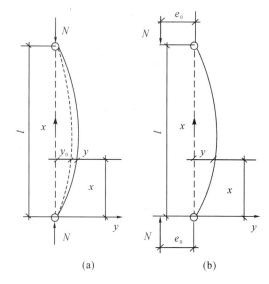

图 3-6　有初始弯曲和初始偏心的轴压杆件

残余应力有平行于杆轴方向的纵向残余应力和垂直于杆轴方向的横向残余应力两种。横向残余应力的绝对值一般很小,而且对杆件承载力的影响甚微,故通常只考虑纵向残余应力。

为了考察残余应力对压杆承载能力的影响,图 3-7 列举了几种典型截面的残余应力分布,其数值都是经过实测得到数据稍作整理和概括后确定的,应力都是与杆轴线方向一致的纵向应力,压应力取负值,拉应力取正值。

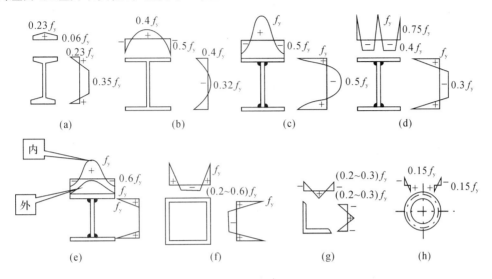

图 3-7　典型截面的残余应力

残余应力使构件的刚度降低,对压杆的承载能力有不利影响,残余应力的分布情况不同,影响的程度也不同。此外,残余应力对两端铰接的等截面挺直柱的影响和对有初始弯曲柱的影响也是不同的。柱的长度不同,残余应力的影响也不相同。

残余应力对构件的静力强度承载力并无影响,因它本身自相平衡。但对稳定承载力是有不利影响的,现分析如下。

图 3-8 所示为一工字形截面轴心受压构件。为了便于分析,略去腹板不计。图 3-8 中实线表示翼缘板中的残余应力分布,翼缘板中部受拉,两端受压。

当此构件承受外加压力达到临界状态时,截面应力分布如图中虚线所示。荷载引起的压应力和翼缘板两端的残余应力同号,叠加后该部分翼缘板达到屈服强度,发展塑性,荷载引起的压应力和翼缘板中部

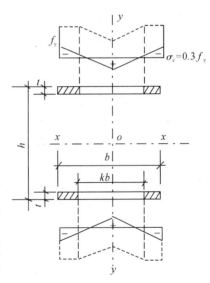

图 3-8　焊接工字钢的残余应力

的残余应力异号,叠加后该部分翼缘板保持弹性(kb 部分)。因此,此轴心受压构件达到临界状态时,截面由变形模量不同的两部分组成:翼缘板中部为弹性区,模量为 E,翼缘板两端为塑性区,模量 $E=0$。显然只有弹性区才能继续有效承载,因而,构件的临界力可按弹性有效截面的惯性矩 I_e 近似地来确定,即:

$$N_{cr} = \frac{\pi^2 E I_e}{l^2} = \frac{\pi^2 E I}{l^2} m$$

相应的临界应力为:

$$\sigma_{cr} = \frac{\pi^2 E}{\lambda^2} m$$

式中:$m = I_e / I$。

对 y-y 轴(弱轴)屈曲时:

$$m = \frac{I_e}{I} = \frac{\dfrac{2t(kb)^3}{12}}{\dfrac{2tb^3}{12}} = k^3$$

$$\sigma_{cry} = \frac{\pi^2 E}{\lambda_y^2} k^3$$

对 x-x 轴(强轴)屈曲时:

$$m = \frac{I_e}{I} \approx \frac{2t(kb) \times \left(\dfrac{h-t}{2}\right)^2}{2tb \times \left(\dfrac{h-t}{2}\right)^2} = k$$

$$\sigma_{crx} = \frac{\pi^2 E}{\lambda_x^2} k$$

因 $k<1$,所以残余应力降低了构件的临界应力,其不利影响对弱轴(y-y)要比对强轴(x-x)严重得多。因此,残余应力对轴心受压构件临界应力的影响随截面上残余应力分布的不同而不同,对不同截面和不同的轴也不同。

2. 轴心压杆的极限承载力

以上介绍了理想轴心受压直杆和分别考虑各种缺陷压杆的临界力或临界应力。对理想的轴心受压杆,其弹性弯曲屈曲临界力为欧拉临界力 N_E(图 3-9 中的曲线 a),弹塑性弯曲屈曲临界力为切线模量临界力 N_{crt}(图 3-9 中的曲线 b),这些都属于分枝屈曲,即杆件屈曲时才产生挠度。但实际的轴心受压构件不可避免地都存在几何缺陷和残余应力,所以,实际的轴心受压构件一经压力作用就产生挠度,其压力-挠度曲线如图 3-9 中的曲线 c。图 3-9 中的 A 点表示压杆跨中截面边缘屈服。

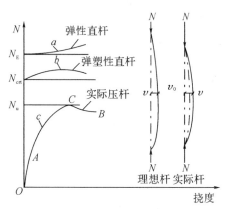

图 3-9 轴心压杆的压力-挠度曲线

边缘屈服准则就是以 N_A 作为最大承载力。但从极限状态设计来说,压力还可增加,只是压力超过 N_A 后,构件进入弹塑性阶段,随着截面塑性区的不断扩展,挠度 v 值增加得更快,到达 C 点之后,压杆的抵抗能力开始小于外力的作用,不能维持稳定平衡。曲线的最高点 C 处的压力 N_u,才是实际的轴心受压构件真正的极限承载力,以此为准则计算压杆稳定,称为"最大强度准则"。

实际压杆中往往各种初始缺陷同时存在,但从概率统计观点,各种缺陷同时达到最不利的可能性极小。由热轧钢板和型钢组成的普通钢结构,通常只考虑影响最大的残余应力和初弯曲两种缺陷。

　　采用最大强度准则计算时,如果同时考虑残余应力和初弯曲缺陷,则沿横截面的各点以及沿杆长方向各截面,其应力—应变关系都是变数,很难列出临界力的解析式,只能借助计算机用数值方法求解。

　　3. 轴心受压构件的稳定系数

　　由于各类钢构件截面上的残余应力分布情况和大小有很大差异(见图 3-7),其影响又随压杆屈曲方向而不同。另外初弯曲的影响也与截面形式和屈曲方向有关。这样,各种不同截面形式和不同屈曲方向都有各自不同的柱子曲线,即无量纲化的 φ-$\bar{\lambda}$ 曲线。这些柱子曲线形成有一定宽度的分布带,图 3-10 的虚线之间就表示此分布带的范围。为了便于在设计中应用,必须适当归并为代表曲线。如果用一条曲线来代表这个分布带,则变异系数太大,必然降低轴压杆的可靠度。所以,国际上多数国家和地区都采用几条柱子曲线来代表这个分布带。我国经重庆建筑大学和西安建筑科技大学等单位的研究,取为 a、b、c、d 等四条柱子曲线(见图 3-10)。a、b、c、d 四类截面的轴心受压构件的稳定系数见附录 4,其 φ-$\bar{\lambda}$ 曲线的数学表达式见《钢结构设计标准》(GB 50017—2017)。

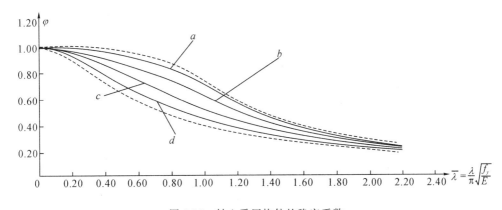

图 3-10　轴心受压构件的稳定系数

　　组成板件厚度 $t < 40\text{mm}$ 的轴心受压构件的截面分类见表 3-4,而 $t \geqslant 40\text{mm}$ 的截面分类见表 3-5。一般的截面情况属于 b 类。

　　轧制圆管以及轧制普通工字钢绕 x 轴失稳时其残余应力影响较小,故属 a 类。

　　格构式构件绕虚轴的稳定计算,由于此时不宜采用塑性深入截面的最大强度准则,参考《冷弯薄壁型钢结构设计规范》(GB 50018—2016),采用边缘屈服准则确定的 φ 值与曲线 b 接近,故取用曲线 b。

　　当槽形截面用于格构式柱的分肢时,由于分肢的扭转变形受到缀材的牵制,所以计算分肢绕其自身对称轴的稳定时,可用曲线 b。翼缘为轧制或剪切边的焊接工字形截面,绕弱轴失稳时边缘为残余压应力,使承载能力降低,故将其归入曲线 c。

　　另外,国内外针对高强钢轴心受压构件的稳定研究表明:热轧型钢的残余应力峰值和钢材强度无关,它的不利影响随钢材强度的提高而减弱。因此,对屈服强度达到和超过 355N/mm^2、$b/h > 0.8$ 的 H 型钢和等边角钢,系数 φ 可比 Q235 钢提高一类采用。

　　板件厚度大于 40mm 的轧制工字形截面和焊接实腹截面,残余应力不但沿板件宽度方向变化,在厚度方向的变化也比较显著,另外厚板质量较差也会对稳定带来不利影响,故应按照表 3-5 进行分类。

表 3-4 轴心受压构件的截面分类(板厚 $t<40\text{mm}$)

截面形式		对 x 轴	对 y 轴
		a 类	a 类
	$b/h\leqslant 0.8$	a 类	b 类
	$b/h>0.8$	a^* 类	b^* 类
		a^* 类	a^* 类
		b 类	b 类
		b 类	c 类
		c 类	c 类

注:①a^* 类含义为 Q235 钢取 b 类,Q345、Q390、Q420 和 Q460 钢取 a 类;b^* 类含义为 Q235 钢取 c 类,Q345、Q390、Q420 和 Q460 钢取 b 类。

②无对称轴且剪心和形心不重合的截面,其截面分类可按有对称轴的类似截面确定,如不等边角钢采用等边角钢的类别;当无类似截面时,可取 c 类。

表 3-5　轴心受压构件的截面分类(板厚 $t \geqslant 40mm$)

截面形式		对 x 轴	对 y 轴
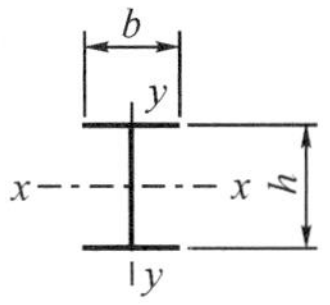	$t < 80mm$	b 类	c 类
	$t \geqslant 80mm$	c 类	d 类
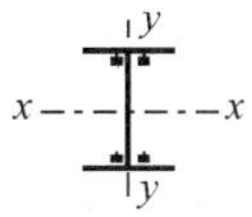	翼缘为焰切边	b 类	b 类
	翼缘为轧制或剪切边	c 类	d 类
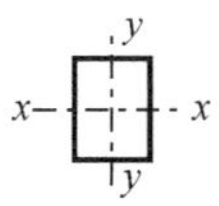	板件宽厚比 > 20	b 类	b 类
	板件宽厚比 $\leqslant 20$	c 类	c 类

4. 轴心受压构件的整体稳定计算

轴心受压构件所受应力应不大于整体稳定的临界应力,考虑抗力分项系数 γ_R 后,即为:

$$\sigma = \frac{N}{A} \leqslant \frac{\sigma_{cr}}{\gamma_R} = \frac{\sigma_{cr}}{f_y} \cdot \frac{f_y}{\gamma_R} = \varphi f$$

轴心受压构件应按下式计算整体稳定:

$$\sigma = \frac{N}{\varphi A f} \leqslant 1.0 \qquad (3-7)$$

式中:N——轴心受压构件的压力设计值;

　　A——构件的毛截面面积;

　　φ——轴心受压构件的稳定系数,主要与长细比(或换算长细比)和截面类别(与残余应力分布有关)有关;

　　f——钢材的抗压强度设计值,见附表 1-1。

轴心受压构件的稳定系数 φ 值应根据表 3-4、表 3-5 的截面分类和构件的相应长细比,按附录 4 附表 4-1～附表 4-4 查得。

【例 3-2】验算如图 3-11(a)所示结构中两端铰接的轴心受压柱 AB 的整体稳定。柱所承受的压力设计值 $N = 1000kN$,柱的长度为 4.2m。在柱截面的强轴平面内有支撑系统以阻止柱的中点在 ABCD 的平面内产生侧向位移,见图 3-11(a)。柱截面为焊接工字形,具有轧制边翼缘,其尺寸为翼缘 2—220×10,腹板 1—200×6,见图 3-11(b)。柱由 Q235 A 钢制作。

【解】已知 $N = 1000kN$,由支撑体系知对截面强轴(x-x)弯曲的计算长度 $l_{0x} = 420$(cm),

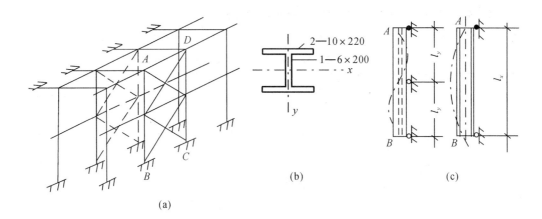

图 3-11 例 3-2 图

对截面弱轴(y-y)的计算长度 $l_{0y}=0.5\times420=210(\text{cm})$。抗压强度设计值 $f=215(\text{N}/\text{mm}^2)$。

（1）计算截面特性

毛截面面积 $A=2\times22\times1+20\times0.6=56(\text{cm}^2)$

截面惯性矩 $I_x=\dfrac{1}{12}\times0.6\times20^3+2\times\dfrac{1}{12}\times22\times1^3+2\times1\times22\times10.5^2=5825(\text{cm}^4)$

$$I_y=\dfrac{1}{12}\times20\times0.6^3+2\times\dfrac{1}{12}\times1\times22^3=1775(\text{cm}^4)$$

截面回转半径 $\quad i_x=\sqrt{\dfrac{I_x}{A}}=\sqrt{\dfrac{5828}{56}}=10.19(\text{cm})$

$$i_y=\sqrt{\dfrac{I_y}{A}}=\sqrt{\dfrac{1775}{56}}=5.63(\text{cm})$$

（2）柱的长细比

$$\lambda_x=\dfrac{l_{0x}}{i_x}=\dfrac{420}{10.19}=41.2<[\lambda]=150$$

$$\lambda_y=\dfrac{l_{0y}}{i_y}=\dfrac{210}{5.63}=37.3<[\lambda]=150$$

（3）整体稳定验算

由表 3-3 可知，此柱对截面的强轴（x-x）屈曲时属于 b 类截面，由附表 4-2 得到 $\varphi_x=0.894$，对弱轴（y-y）屈曲时属于 c 类截面，由附表 4-3 得到，$\varphi_y=0.856$，稳定系数取小。

$$\dfrac{N}{\varphi Af}=\dfrac{1000\times10^3}{0.856\times56\times10^2\times215}=0.97<1.0$$

经验算截面后可知，此柱满足整体稳定和刚度要求。同时 φ_x 和 φ_y 值比较接近，说明材料在截面上的分布比较合理。对具有 $\varphi_x=\varphi_y$ 的构件，可以称为对两个主轴等稳定的轴心压杆，这种杆的材料消耗最少。

3.2.4 轴心压杆的扭转屈曲和弯扭屈曲

上述轴心受压构件的屈曲形态都只涉及弯曲屈曲（见图 3-4(a)），然而，轴心受压构件亦可呈扭转屈曲和弯扭屈曲。一般而言,当截面的形心和剪切中心重合时,弯曲屈曲和扭转屈曲不会耦合;单轴对称截面(见图 3-13)的构件在绕非对称主轴失稳时亦不会出现弯扭屈曲,而呈弯曲屈曲,但当其绕对称轴失稳时通常呈弯扭屈曲。

1. 扭转屈曲

根据弹性稳定理论,两端铰支且翘曲无约束的杆件,其扭转屈曲临界力,可由下式计算:

$$N_z = \frac{1}{i_0^2}\left(GI_t + \frac{\pi^2 EI_w}{l^2}\right) \tag{3-8}$$

式中:G——材料的剪切模量;

i_0——截面关于剪心的极回转半径;

I_w——扇性惯性矩;

I_t——自由扭转常数。

对于薄壁组合开口截面,可以近似取:

$$I_t = \frac{1}{3}\sum_{i=1}^{n} b_i t_i^3 \tag{3-9}$$

式中:b_i——第 i 个板件的宽度;

t_i——第 i 个板件的厚度。

对于热轧型钢截面,板件交接处的圆角使厚度局部增大,扭转常数为

$$I_t = \frac{1}{3}k\sum_{i=1}^{n} b_i t_i^3 \tag{3-10}$$

式中:k 为依截面形状而定的常数,可参照表 3-6 取用。

对于薄板组成的闭合截面箱形梁的扭转常数为

$$I_t = \frac{4A^2}{\oint \frac{\mathrm{d}s}{t}} \tag{3-11}$$

式中:A——闭合截面板件中线所围成的面积;

$\oint \frac{\mathrm{d}s}{t}$——沿壁板中线一周的积分。

表 3-6 系数 k

截面形状					
k	1.0	1.15	1.12	1.31	1.29

需要指出,这里的铰支座应能保证杆端不发生扭转,否则临界力将低于式(3-8)算得的值。引进如下定义的扭转屈曲换算长细比 λ_z

$$N_z = \frac{\pi^2 EA}{\lambda_z^2} = \frac{1}{i_0^2}\left(GI_t + \frac{\pi^2 EI_w}{l_w^2}\right) \tag{3-12}$$

则

$$\lambda_z^2 = \frac{i_0^2 A}{\dfrac{I_t}{25.7} + \dfrac{I_w}{l_w^2}} \tag{3-13}$$

对热轧型钢和钢板焊接而成的截面来说,由于板件厚度比较大,因而自由扭转刚度 GI_t 也比较大,失稳通常几乎都是以弯曲形式发生的。具体地说,工字形和 H 形截面无论是热轧或是焊接,都是绕弱轴弯曲屈曲的临界力 N_{Ey} 低于扭转屈曲临界力 N_z。

对于图 3-12 所示的十字形截面,计算扭转屈曲时,长细比应按下式计算:

$$\lambda_z = \sqrt{\frac{I_0}{\frac{I_t}{25.7} + \frac{I_w}{l_w^2}}} \tag{3-14}$$

式中:I_0、I_t、I_w——构件毛截面对剪心的极惯性矩(mm^4)、自由扭转常数(mm^4)和扇性惯性矩(mm^6),对十字形截面可近似取 $I_w=0$;

l_w——扭转屈曲的计算长度,两端铰支且端截面可自由翘曲者,取几何长度 l;两端嵌固且端截面的翘曲完全受到约束者,取 $0.5l$(mm)。

双轴对称十字形截面板件宽厚比不超过 $15\varepsilon_k$(ε_k 为钢号调整系数,$\varepsilon_k = \sqrt{\frac{235}{f_y}}$)时,可不计算扭转屈曲。

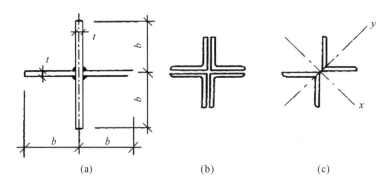

图 3-12 十字形截面

2. 弯扭屈曲

单轴对称截面轴心压杆整体稳定

当单轴对称截面绕对称轴失稳时必然呈弯扭屈曲,可以从图 3-13(b)中获得解释。当 T 形截面绕通过腹板轴线的对称轴弯曲时,截面上必然有剪力 V,此力通过形心 C 而和剪切中心 S 相距 e_0,从而产生绕 S 点的扭转。实际上除了绕垂直于对称轴的主轴外,绕其他轴屈曲时都要伴随扭转变形。如图 3-13(c)所示的单个卷边角钢,如果绕平行于边的轴 y_0 屈曲,也是既弯又扭。设 y 轴为对称轴,根据弹性稳定理论,开口截面的弯扭屈曲临界力 N_{yz},可由下式计算:

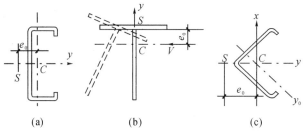

图 3-13 单轴对称截面

$$i_0^2 (N_{Ey} - N_{yz})(N_z - N_{yz}) - N_{yz}^2 e_0^2 = 0 \tag{3-15}$$

式中：N_{Ey} 为关于对称轴 y 的欧拉临界力。

引进如下定义的弯扭屈曲换算长细比 λ_{yz}，则

$$N_{yz} = \frac{\pi^2 EA}{\lambda_{yz}^2} \tag{3-16}$$

代入式(3-15)，得：

$$\lambda_{yz} = \left[\frac{(\lambda_y^2 + \lambda_z^2) + \sqrt{(\lambda_y^2 + \lambda_z^2)^2 - 4\left(1 - \frac{e_0^2}{i_0^2}\right)\lambda_y^2 \lambda_z^2}}{2} \right]^{\frac{1}{2}} \tag{3-17}$$

式中：e_0——截面形心至剪心的距离(mm)；

i_0——截面对剪心的极回转半径(mm)，单轴对称截面 $i_0^2 = e_0^2 + i_x^2 + i_y^2$；

λ_y——构件对对称轴的长细比；

λ_z——扭转屈曲的换算长细比，按式(3-14)计算。

虽然由式(3-16)引入 λ_{yz} 是按弹性弯曲屈曲的换算入手的，但是由 λ_{yz} 进而求得的系数 φ 则考虑了非弹性和初始缺陷。因此，《钢结构设计标准》规定：对于单轴对称截面绕对称轴的整体稳定的校核，要由式(3-17)计算换算长细比 λ_{yz}，然后由换算长细比求得相应的系数 φ，再由式(3-7)进行整体稳定性校核。

单轴对称截面轴心压杆在绕对称轴屈曲时，出现既弯又扭的情况，此力比单纯弯曲的 N_{Ey} 和单纯扭转的 N_z 都低，所以 T 形截面轴心压杆当弯扭屈曲而失稳时，稳定性较差。截面无对称轴的构件总是发生弯扭屈曲，其临界荷载总是既低于相应的弯曲屈曲临界荷载，又低于扭转屈曲临界荷载。由以上分析不难理解，没有对称轴的截面比单轴对称截面的性能更差，一般不宜用作轴心压杆。

双角钢组合 T 形截面(见图 3-14)绕对称轴的换算长细比 λ_{yz} 可采用下列简化方法计算。

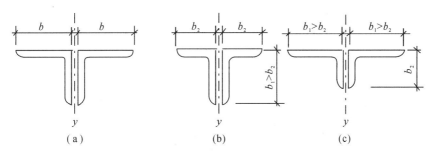

图 3-14 双角钢组合 T 形截面

(1)等边双角钢截面(见图 3-14(a))

当 $\lambda_y \geqslant \lambda_z$ 时：

$$\lambda_{yz} = \lambda_y \left[1 + 0.16\left(\frac{\lambda_z}{\lambda_y}\right)^2 \right] \tag{3-18-1}$$

当 $\lambda_y < \lambda_z$ 时：

$$\lambda_{yz} = \lambda_z \left[1 + 0.16\left(\frac{\lambda_y}{\lambda_z}\right)^2 \right] \tag{3-18-2}$$

$$\lambda_z = 3.9 \frac{b}{t} \qquad (3-18-3)$$

(2)长肢相并的不等边双角钢截面(见图 3-14(b))

当 $\lambda_y \geqslant \lambda_z$ 时:

$$\lambda_{yz} = \lambda_y \left[1 + 0.25 \left(\frac{\lambda_z}{\lambda_y} \right)^2 \right] \qquad (3-19-1)$$

当 $\lambda_y < \lambda_z$ 时:

$$\lambda_{yz} = \lambda_z \left[1 + 0.25 \left(\frac{\lambda_y}{\lambda_z} \right)^2 \right] \qquad (3-19-2)$$

$$\lambda_z = 5.1 \frac{b_2}{t} \qquad (3-19-3)$$

(3)短肢相并的不等边双角钢截面(见图 3-14(c))

当 $\lambda_y \geqslant \lambda_z$ 时:

$$\lambda_{yz} = \lambda_y \left[1 + 0.06 \left(\frac{\lambda_z}{\lambda_y} \right)^2 \right] \qquad (3-20-1)$$

当 $\lambda_y < \lambda_z$ 时:

$$\lambda_{yz} = \lambda_z \left[1 + 0.06 \left(\frac{\lambda_y}{\lambda_z} \right)^2 \right] \qquad (3-20-2)$$

$$\lambda_z = 3.7 \frac{b_1}{t} \qquad (3-20-3)$$

(4)单角钢截面,(见图 3-15)

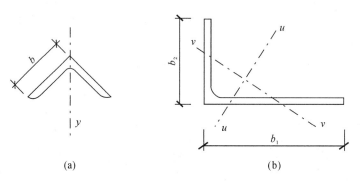

(a)   (b)

图 3-15　双角钢组合 T 形截面

①等边单角钢(见图 3-15(a))轴心受压构件当绕两主轴弯曲的计算长度相等时,可不计算弯扭屈曲。塔架单角钢压杆应符合钢结构设计标准(GB 50017—2017)第 7.6 节的相关规定。

②不等边单角钢(见图 3-15(b))轴心受压构件的换算长细比可按下列简化公式确定(这里 v 轴为角钢的弱轴,b_1 为角钢长肢宽度):

当 $\lambda_v \geqslant \lambda_z$ 时:

$$\lambda_{xyz} = \lambda_v \left[1 + 0.25 \left(\frac{\lambda_z}{\lambda_v} \right)^2 \right] \qquad (3-21-1)$$

当 $\lambda_v < \lambda_z$ 时:

$$\lambda_{xyz}=\lambda_z\left[1+0.25\left(\frac{\lambda_v}{\lambda_z}\right)^2\right] \tag{3-21-2}$$

$$\lambda_z=4.21\frac{b_1}{t} \tag{3-21-3}$$

无任何对称轴且又非极对称的截面(单面连接的不等边单角钢除外)不宜用作轴心受压构件。

对单面连接的单角钢轴心受压构件,考虑折减系数(附表1-4)后,可不考虑弯扭效应。

当槽形截面用于格构式构件的分肢,计算分肢绕对称轴(y轴)的稳定性时,不必考虑扭转效应,直接用λ_y查出φ_y值。

3.3　轴心受压构件的局部稳定

柱的局部稳定

3.3.1　均匀受压板件的屈曲现象

轴心受压构件不仅有丧失整体稳定的可能性,而且也有丧失局部稳定的可能性。组成构件的板件,如工字形截面构件的翼缘和腹板,它们的厚度与板其他两个尺寸相比很小。在均匀压力的作用下,当压力到达某一数值时,板件不能继续维持平面平衡状态而产生凸曲现象(见图3-16)。因为板件只是构件的一部分,所以把这种屈曲现象称为丧失局部稳定。丧失局部稳定的构件还可能继续维持着整体稳定的平衡状态,但因为有部分板件已经屈曲,所以会降低构件的刚度并影响其承载力。

图 3-16　轴心受压构件的局部屈曲

3.3.2　均匀受压板件的屈曲应力

图3-17(a)与(b)分别画出了一根双轴对称工字形截面轴心受压柱的腹板和一块翼缘在均匀压应力作用下板件屈曲后的变形状态。当板端的压应力到达翼缘产生凸曲现象的临界值时,图3-17(a)所示的腹板由屈曲前的平面状态变形为曲面状态,板的中轴线AG由直线变为曲线$ABCDEFG$。变形后的板件形成两个向前的凸曲面和一个向后的凹曲面。这时腹板在纵向出现ABC、CDE和EFG三个屈曲半波。对于更长的板件,屈曲可能使它出现m个半波。在板件的横向每个波段都只出现一个半波。对于如图3-17(b)所示的翼缘,它的支承边是直线OP,如果这是简支边,在板件屈曲以后在纵向只会出现一个半波;如果支承边有一定约束作用,也可能会出现多个半波。实际上,组成压杆的板件在屈曲时有相关性,使临界应力和屈曲波长与单板有所不同。

1. 板件的弹性屈曲应力

在图3-18中虚线表示一块四边简支的均匀受压平板的屈曲变形。在弹性状态屈曲时,由弹性力学可知,单位宽度板的力平衡方程是:

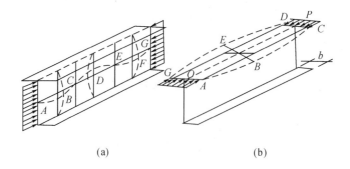

图 3-17　均匀受压板件的局部屈曲变形

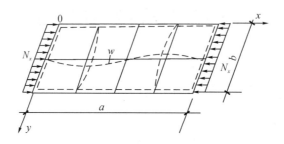

图 3-18　四边简支的均匀受压板屈曲

$$D\left(\frac{\partial^4 w}{\partial^4 x}+2\,\frac{\partial^4 w}{\partial^2 x\partial^2 y}+\frac{\partial^4 w}{\partial^4 y}\right)+N_x\,\frac{\partial^2 w}{\partial^2 x}=0 \tag{3-22}$$

式中：w——板件屈曲以后任一点的挠度；

$\quad\quad$ N_x——单位宽度板所承受的压力；

$\quad\quad$ D——板的柱面刚度，$D=Et^3/[12(1-\nu^2)]$，其中 t 是板的厚度，ν 是钢材的泊松比。

对于四边简支的板，其边界条件是板边缘的挠度和弯矩均为零，板的挠度可以用下列两重三角级数表示：

$$w=\sum_{m=1}^{\infty}\sum_{n=1}^{\infty}A_{mn}\sin\frac{m\pi x}{a}\sin\frac{m\pi y}{b} \tag{3-23}$$

把式（3-23）代入式（3-22）后可以得到板的屈曲力为：

$$N_{crx}=\pi^2 D\left(\frac{m}{a}+\frac{a}{m}\times\frac{n^2}{b^2}\right)^2 \tag{3-24}$$

式中：a、b——受压方向板的长度和板的宽度；

$\quad\quad$ m、n——板屈曲后纵向和横向的半波数。

当 $n=l$ 时，可以得到 N_{crx} 的最小值。用 $n=l$ 代入式（3-24）后把它写成 N_{crx} 的下列两种表达式：

$$N_{crx}=\frac{\pi^2 D}{a^2}\left(m+\frac{1}{m}\times\frac{a^2}{b^2}\right)^2 \tag{3-25}$$

$$N_{crx}=\frac{\pi^2 D}{b^2}\left(m\,\frac{b}{a}+\frac{a}{mb}\right)^2=K\,\frac{\pi^2 D}{b^2} \tag{3-26}$$

把式（3-25）右边的平方展开后由三项组成，前一项和推导两端铰接的轴心压杆的临界力时所得到的结果是一致的。而后两项则表示板的两侧边支承对板变形的约束作用提高了板的临界力。比值 b/a 愈小,则侧边支承的约束作用愈大,$N_{\text{cr}x}$ 提高得也愈多。

式(3-26)中的系数 K 称为板的屈曲系数(或凸曲系数)。$K=(mb/a+a/mb)^2$,可以按照 $m=1$、2、3 和 4 等画成一组如图 3-19 所示的曲线。各条曲线都在 $a/b=m$ 为整数值处出现最低点。K 的最小值是 $K_{\min}=4$。几条曲线的较低部分组成了图中的实线,表示在 $a/b=1$ 以后屈曲系数虽略有变化,但变化的幅度不大。通常板的长度 a 比宽度 b 大得多,因此可以认为当 $a/b>1$ 以后 K 值为一常数 4。所以一般情况减小板的长度并不能提高板的临界力,这和轴心压杆是不同的。但是,如果减小板的宽度则能十分明显地提高板的临界力。

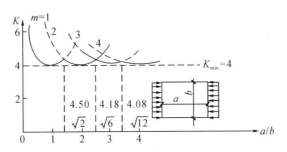

图 3-19　四边简支均匀受压板的屈曲系数

从式(3-26)可以得到板的弹性屈曲应力为:

$$\sigma_{\text{cr}x}=\frac{N_{\text{cr}x}}{A}=\frac{N_{\text{cr}x}}{t}=\frac{K\pi^2 E}{12(1-\nu^2)}\left(\frac{t}{b}\right)^2 \tag{3-27}$$

式(3-27)虽然是根据四边简支的板得到的,但是对于其他支承条件的板,用相同的方法也可以得到和式(3-27)相同的表达式,只是屈曲系数 K 不相同而已。对于工字形截面的翼缘,与作用压力平行的外侧,即图 3-17(b)中 AC 边为自由边,而其他三条边 OP、OA 和 PC 看作为简支边(三边简支一边自由)时屈曲系数为:

$$K=0.425+\frac{b_1^2}{a^2} \tag{3-28}$$

通常翼缘板的长度 a 比它的外伸宽度 b_1 大很多倍,因此可取最小值 $K_{\min}=0.425$。

轴心受压构件总是由几块板件连接而成的。这样,板件与板件之间常常不能像简支板约束那样可以自由转动,而是强者对弱者起约束作用,这种受到约束的板边缘称为弹性嵌固边缘。弹性嵌固板的屈曲应力比简支板的高,可以用大于 1 的弹性约束系数 χ 对式(3-27)进行修正,这样板的弹性屈曲应力是:

$$\sigma_{\text{cr}x}=\frac{\chi K\pi^2 E}{12(1-\nu^2)}\left(\frac{t}{b}\right)^2 \tag{3-29}$$

弹性嵌固的程度取决于相互连接的板件的刚度。对于图 3-17(b)中工字形截面的轴心压杆,一个翼缘的面积可能接近于腹板面积的两倍,翼缘的厚度比腹板大得多,而宽度又小得多,因此常常是翼缘对腹板有嵌固作用,计算腹板的屈曲应力时考虑了残余应力的影响后可用弹性约束系数 $\chi=1.3$。相反,腹板对翼缘板几乎没有嵌固作用,可用弹性约束系数 $\chi=1.0$。

2. 板件的弹塑性屈曲应力

处理板件的非弹性屈曲可以不具体分析残余应力的效应,只是把钢材的比例极限作为进入非弹性状态的判据。板件受力方向的变形应遵循切线模量 E_t 的变化规律,而 $E_t = \eta E$。但是,在与压应力相垂直的方向,材料的弹性性质没有变化,因此仍用弹性模量 E。这样,在弹塑性状态受力的板是正交异性板,它的屈曲应力可以用下式表示:

$$\sigma_{crx} = \frac{\chi \sqrt{\eta} K \pi^2 E}{12(1-\nu^2)} \left(\frac{t}{b}\right)^2 \tag{3-30}$$

利用一系列对轴心压杆的试验资料可以概括出弹性模量修正系数 η,即:

$$\eta = 0.1013\lambda^2 (1-0.0248\lambda^2 f_y/E) f_y/E \leqslant 1.0 \tag{3-31}$$

3.3.3 板件的宽厚比

对于板件的宽厚比有两种考虑方法。一种是不允许板件的屈曲先于构件的整体屈曲,并以此来限制板件的宽厚比;另一种是允许板件先屈曲,采用有效截面,虽然板件屈曲会降低构件的承载能力,但由于构件的截面较宽,整体刚度好,从节省钢材来说反而合算。

1. 板件宽厚比限值

板件宽厚比限值是基于局部屈曲不先于整体屈曲的原则。根据板件的临界应力和构件的临界应力相等即可确定,亦即由式(3-29)或式(3-30)得到的 σ_{crx} 应该等于构件的 $\varphi_{min} f_y$。

(1)工字形、H 形和 T 形截面翼缘

在弹性工作范围内,当构件和板件都不考虑缺陷的影响时,根据前述等稳定的原则可以得到:

$$\frac{K\pi^2 E}{12(1-\nu^2)} \left(\frac{t}{b_1}\right)^2 = \frac{\pi^2 E}{\lambda^2} \tag{3-32}$$

式中:b_1、t——翼缘的外伸宽度、厚度(见图 3-20)。

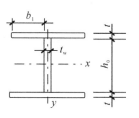

图 3-20 板的尺寸

式(3-32)中,$\nu = 0.3$,K 系数取最低值 0.425,这样:

$$b_1/t = 0.2\lambda \tag{3-33}$$

对于常用的杆,当 $\lambda = 75$ 时,由式(3-33)得到 $b_1/t = 15$。但是实际上轴心压杆是在弹塑性阶段屈曲的,因此由下式确定 b_1/t 之值:

$$\frac{\sqrt{\eta} \times 0.425\pi^2 E}{12(1-\nu^2)} \left(\frac{t}{b_1}\right)^2 = \varphi_{min} f_y \tag{3-34}$$

以式(3-31)中之 η 值和规范中 b 类轴心受压构件截面的 φ 值代入式(3-34)后可以得到如图 3-21 中虚线所示的 b_1/t 与 λ 的关系曲线。为使用方便可以用三段直线代替,如图 3-21 中实线所示。设计标准采用:

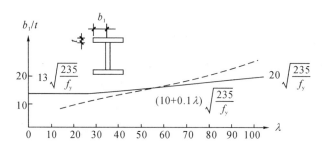

图 3-21 翼缘板的宽厚比

$$b_1/t \leqslant (10+0.1\lambda)\sqrt{\frac{235}{f_y}} = (10+0.1\lambda)\varepsilon_k \tag{3-35}$$

式中：λ——构件两个方向长细比的较大者，而当 $\lambda < 30$ 时，取 $\lambda = 30$；当 $\lambda > 100$ 时，取 $\lambda = 100$。

(2)工字形和 H 形截面腹板

设计标准根据构件在弹塑性阶段工作确定腹板的高厚比：

$$\frac{1.3 \times 4\sqrt{\eta}\pi^2 E}{12(1-\nu^2)}\left(\frac{t_w}{h_0}\right)^2 = \varphi_{min} f_y \tag{3-36}$$

式中：腹板的高度 h_0 与厚度 t_w 如图 3-20 所示。由式(3-36)得到的 h_0/t_w 与 λ 的关系曲线如图 3-22 中的虚线所示，标准采用了下列直线式：

$$h_0/t_w \leqslant (25+0.5\lambda)\sqrt{\frac{235}{f_y}} = (25+0.5\lambda)\varepsilon_k \tag{3-37}$$

式中：λ——构件两个方向长细比的较大者，而当 $\lambda < 30$ 时，取 $\lambda = 30$；当 $\lambda > 100$ 时，取 $\lambda = 100$。

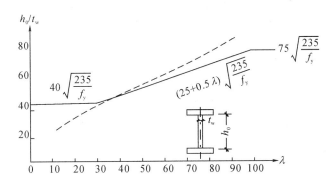

图 3-22　腹板的高厚比

(3)箱形截面壁板

箱形截面的壁板限值不与构件的长细比发生关系，偏于安全取：

$$b/t \leqslant 40\varepsilon_k \tag{3-38}$$

式中：b——壁板的净宽度，当箱形截面设有纵向加劲肋时，为壁板与加劲肋之间的净宽度。

(4)T 形截面腹板

T 形截面腹板高厚比限值为：

热轧部分 T 型钢

$$h_0/t_w \leqslant (15+0.2\lambda)\varepsilon_k \tag{3-39-1}$$

焊接 T 型钢

$$h_0/t_w \leqslant (13+0.17\lambda)\varepsilon_k \tag{3-39-2}$$

式中：h_0——腹板计算高度。对焊接构件，取腹板高度 h_w；对热轧构件，取腹板平直段长度，简化计算时，可取 $h_0 = h_w - t_f$，但不小于 $(h_w - 20)$mm。

(5)等边角钢

等边角钢轴心受压构件的肢件宽厚比限值为：

当 $\lambda \leqslant 80\varepsilon_k$ 时：

$$w/t \leqslant 15\varepsilon_k \qquad (3\text{-}40\text{-}1)$$

当 $\lambda > 80\varepsilon_k$ 时：

$$w/t \leqslant 5\varepsilon_k + 0.125\lambda \qquad (3\text{-}40\text{-}2)$$

式中：w、t——分别为角钢的平均宽度和厚度，简化计算时 w 可取为 $b-2t$，b 为角钢宽度；

λ——按角钢绕非对称主轴回转半径计算的长细比。

（6）圆管

对圆管截面是根据材料为理想弹塑性体，轴向压应力达屈服强度的前提下导出的，因此，要求圆管的径厚比不大于由下式算出的比值。

$$D/t \leqslant 100\varepsilon_k^2 \qquad (3\text{-}41)$$

式中：D、t——分别为圆管的外径、壁厚。

当轴心受压构件的压力小于稳定承载力 $\varphi A f$ 时，可将其板件宽厚比限值由上述公式算得后乘以放大系数 $\alpha = \sqrt{\varphi A f / N}$ 确定。

2. 板件屈曲后强度

板件宽厚比超过上述计算公式算的限值时，可采用纵向加劲肋加强；当可考虑屈曲后强度时，轴心受压杆件的强度和稳定性可按下列公式计算：

强度计算

$$\frac{N}{A_{ne}} \leqslant f \qquad (3\text{-}42\text{-}1)$$

稳定性计算

$$\frac{N}{\varphi A_e f} \leqslant 1.0 \qquad (3\text{-}42\text{-}2)$$

$$A_{ne} = \sum \rho_i A_{ni} \qquad (3\text{-}42\text{-}3)$$

$$A_e = \sum \rho_i A_i \qquad (3\text{-}42\text{-}4)$$

式中：A_{ne}、A_e——分别为有效净截面面积和有效毛截面面积（mm^2）；

A_{ni}、A_i——分别为各板件净截面面积和毛截面面积（mm^2）；

φ——稳定系数，可按毛截面计算；

ρ_i——各板件有效截面系数，按以下方法计算。

（1）箱形截面的壁板、H 形或工字形的腹板

当 $b/t \leqslant 42\varepsilon_k$ 时：

$$\rho = 1.0 \qquad (3\text{-}43\text{-}1)$$

当 $b/t > 42\varepsilon_k$ 时：

$$\rho = \frac{1}{\lambda_{n,p}}\left(1 - \frac{0.19}{\lambda_{n,p}}\right) \qquad (3\text{-}43\text{-}2)$$

$$\lambda_{n,p} = \frac{b/t}{56.2\varepsilon_k} \qquad (3\text{-}43\text{-}3)$$

当 $\lambda > 52\varepsilon_k$ 时：

$$\rho \geqslant (29\varepsilon_k + 0.25\lambda)t/b \qquad (3\text{-}43\text{-}4)$$

式中：b、t——分别为壁板或腹板的净宽度和厚度。

（2）单角钢

当 $w/t > 15\varepsilon_k$ 时：

$$\rho = \frac{1}{\lambda_{n,p}}\left(1 - \frac{0.1}{\lambda_{n,p}}\right) \tag{3-43-5}$$

$$\lambda_{n,p} = \frac{w/t}{16.8\varepsilon_k} \tag{3-43-6}$$

当 $\lambda > 80\varepsilon_k$ 时：

$$\rho \geqslant (5\varepsilon_k + 0.13\lambda)t/w \tag{3-43-7}$$

（3）加劲肋

H 形、工字形和箱形截面轴心受压构件的腹板，当用纵向加劲肋加强以满足宽厚比限值时，加劲肋宜在腹板两侧成对配置，其一侧外伸宽度不应小于 $10t_w$，厚度不应小于 $0.75t_w$。

3.4　实腹式轴心受压构件的设计

实腹式轴心
受压构件的设计

3.4.1　实腹式轴心压杆的截面形式的选择

实腹式轴心压杆常用的截面形式有如图 3-1 所示的型钢和组合截面两种。

实腹式轴心受压柱常采用双轴对称截面，以避免弯扭失稳。常用截面形式有轧制普通工字钢、H 型钢、焊接工字形、型钢和钢板的组合截面、圆管和方管截面等（见图 3-1）。

对轴心受力构件截面形式的共同要求是：①能提供强度所需的截面积；②制作比较简便；③便于和相邻的构件连接；④截面开展而壁厚较薄，以满足刚度要求。对于轴心受压构件，截面开展更具有重要意义，因为这类构件的截面往往取决于稳定承载力，整体刚度大则构件的稳定性好，用料比较经济。对构件截面的两个主轴都应如此要求。根据以上情况，轴心压杆除经常采用双角钢和宽翼缘工字（H 形）钢截面外，有时需采用实腹式或格构式组合截面。格构式组合截面容易使压杆实现两主轴方向的等稳定性，同时刚度大，抗扭性能好，用料较省。轮廓尺寸宽大的四肢或三肢格构式组合截面适用于轴心压力不甚大但比较长的构件，以便满足刚度、稳定要求。在轻型钢结构中采用冷弯薄壁型钢截面比较有利。

在进行轴心受力构件的设计时，应同时满足承载能力极限状态和正常使用极限状态的要求。对于承载能力的极限状态，受拉构件一般以强度控制，而受压构件需同时满足强度和稳定的要求。对于正常使用的极限状态，是通过保证构件的刚度——限制其长细比来达到的。因此，按其受力性质的不同，轴心受拉构件的设计需分别进行强度和刚度的验算，而轴心受压构件的设计需分别进行强度、稳定和刚度的验算。

进行截面选择时一般应根据内力大小、两个方向的计算长度、制造加工和材料供应等情况进行综合考虑。

单角钢截面适用于塔架、桅杆结构和起重机臂杆，轻型桁架也可用单角钢制作。双角钢便于在不同情况下组成接近于等稳定的压杆截面，常用于由节点板连接杆件的平面桁架。

桁架杆件截面形式的确定,应考虑构造简单、施工方便、易于连接,使其具有一定的侧向刚度并且取材容易等要求。对轴心受压杆件,为了经济合理,宜使杆件对两个主轴有相近的稳定性,即可使两方向的长细比接近相等。

普通钢屋架以往基本上采用由两个角钢组成的 T 形截面(见图 3-23(a)、(b)、(c))或十字形截面形式的杆件(见图 3-23(d)),受力较小的次要杆件可采用单角钢(见图 3-23(e))。自 H 型钢和 T 型钢在我国生产后,很多情况可用 H 型钢剖开而成的 T 型钢和轧制 T 型钢(见图 3-23(f)、(g)、(h))来代替双角钢组成的 T 形截面。

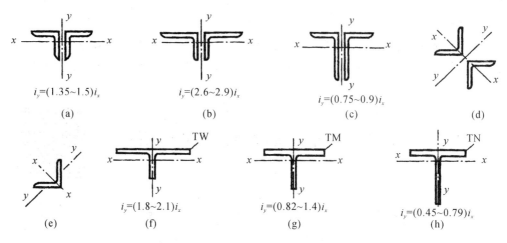

图 3-23　屋架杆件截面形式

对节间无荷载的上弦杆,在一般的支撑布置情况下,计算长度 $l_{0y} \geqslant 2l_{0x}$,为使轴压稳定系数 φ_x 与 φ_y 接近,一般应满足 $i_y \geqslant 2i_x$,因此,宜采用不等边角钢短肢相连的截面(见图 3-23(b))或 TW 型截面(如图 3-23(f)),当 $l_{0y} = l_{0x}$ 时,可采用两个等边角钢截面(见图 3-23(a))或 TM 型截面(见图 3-23(g))。

下弦杆在一般情况下 $l_{0y} > l_{0x}$,通常采用不等边角钢短肢相连的截面,或 TW 型截面以满足长细比要求。

支座斜杆 $l_{0y} = l_{0x}$ 时,宜采用不等边角钢长肢相连或等边角钢的截面,连有再分式杆件的斜腹杆因 $l_{0y} = 2l_{0x}$,可采用等边角钢相并的截面。

其他一般腹杆,因其 $l_{0y} = l$,$l_{0x} = 0.8l$,即 $l_{0y} = 1.25l_{0x}$,故宜采用等边角钢相并的截面。连接垂直支撑的竖腹杆,使连接不偏心,宜采用两个等边角钢组成的十字形截面(见图 3-23(d));受力很小的腹杆(如再分杆等次要杆件),可采用单角钢截面(见图 3-23(e))。

用 H 型钢沿纵向剖开而成 T 型钢和轧制 H 型钢来代替传统的双角钢 T 形截面,用于桁架弦杆,可以省去节点板或减小节点板尺寸,零件数量少,用钢经济(约节约钢材 10%),用工量少(省工 15%～20%),易于涂油漆且提高其抗腐蚀性能,延长其使用寿命,降低造价(约 16%～20%),因此有很广阔的发展前景。

热轧普通工字钢虽然有制造省工的优点,但因为两个主轴方向的回转半径差别较大,而且腹板又较厚,很不经济,因此很少用于单根压杆。轧制 H 型钢的宽度与高度相同者对强轴的回转半径约为弱轴回转半径的两倍,对于在中点有侧向支撑的独立支柱最为适宜。

焊接工字形截面可以利用自动焊做成一系列定型尺寸的截面,其腹板按局部稳定的要求可作得很薄以节省钢材,应用十分广泛。为使翼缘与腹板便于焊接,截面的高度和宽度应做得大致相同。工字形截面的回转半径与截面轮廓尺寸的近似关系是 $i_x=0.43h$、$i_y=0.24b$。所以,只有两个主轴方向的计算长度相差一倍时,才有可能达到等稳定的要求。

十字形截面在两个主轴方向的回转半径是相同的,对于重型中心受压柱,当两个方向的计算长度相同时,这种截面较为有利。

圆管截面轴心压杆的承载能力较强,但是轧制钢管取材不易,应用不多。焊接圆管压杆用于海洋平台结构,因其腐蚀面小又可做成封闭构件,比较经济合理。

方管或由钢板焊成的箱形截面,因其承载能力和刚度都较大,虽然和其他构件连接构造相对复杂些,但可用作轻型或高大的承重支柱。

在轻型钢结构中,可以灵活地应用各种冷弯薄壁型钢截面组成的压杆,从而获得经济效果。冷弯薄壁方管是轻钢屋架中常用的一种截面形式。

3.4.2　截面设计

截面设计时,首先按上述原则选定合适的截面形式,再初步选择截面尺寸,然后进行强度、整体稳定、局部稳定和刚度等的验算。具体步骤如下:

1. 假定柱的长细比 λ,求出需要的截面面积 A

一般假定 $\lambda=50\sim100$,当压力大而计算长度小时取较小值,反之取较大值。根据 λ、截面分类和钢种可查得稳定系数 φ,则需要的截面面积为:

$$A=\frac{N}{f\varphi} \tag{3-44}$$

2. 求两个主轴所需要的回转半径

$$i_x=\frac{l_{0x}}{\lambda},i_y=\frac{l_{0y}}{\lambda} \tag{3-45}$$

3. 由已知截面面积 A、两个主轴的回转半径 i_x、i_y,初选截面

优先选用轧制型钢,如普通工字钢、H 型钢等;当现有型钢规格不满足所需截面尺寸时,可以采用组合截面,这时需先初步定出截面的轮廓尺寸,一般是利用附录 8 中截面回转半径和其轮廓尺寸的近似关系 $i_x=\alpha_1 h$、$i_y=\alpha_2 b$ 初步确定所需截面的高度 h 和宽度 b。

4. 由所需要的 A、h、b 等,再考虑构造要求、局部稳定以及钢材规格等,确定截面的初选尺寸

5. 构件强度、稳定和刚度验算

(1)强度验算

当截面有削弱时,需按式(3-1)进行强度验算。

(2)整体稳定验算

按式(3-7)进行整体稳定验算

(3)局部稳定验算

如上所述,轴心受压构件的局部稳定是以限制其组成板件的宽厚比来保证的。对于热轧型钢截面,由于其板件的宽厚比较小,一般能满足要求,可不验算。对于组合截面,则应根据标准的规定对板件的宽厚比进行验算,见式(3-35)、式(3-37)、式(3-38)、式(3-39)、式(3-40)和式(3-41)。

（4）刚度验算

轴心受压实腹柱的长细比应按式（3-2）进行验算，并符合标准所规定的容许长细比的要求。事实上，在进行整体稳定验算时，构件的长细比已预先求出，以确定整体稳定系数 φ，因而刚度验算可与整体稳定验算同时进行。

3.4.3 构造要求

当实腹柱的腹板高厚比 $h_0/t_w>80\varepsilon_k$ 时，为防止腹板在施工和运输过程中发生变形、提高柱的抗扭刚度，应设置横向加劲肋。横向加劲肋的间距不得大于 $3h_0$，其截面尺寸要求为双侧加劲肋的外伸宽度 b_s 应不小于 $(h_0/30+40)$mm，厚度 t_s 应大于外伸宽度的 1/15。

轴心受压实腹柱的纵向焊缝（翼缘与腹板的连接焊缝）受力很小，不必计算，可按构造要求确定焊缝尺寸。

【例 3-3】图 3-24(a) 所示为一管道支架，其支柱的设计压力为 $N=1600$kN（设计值），柱两端铰接，钢材为 Q235，截面无孔眼削弱。试设计此支柱的截面：(1)用普通轧制工字钢；(2)用热轧 H 型钢；(3)用焊接工字形（H 形）截面，翼缘板为焰切边。

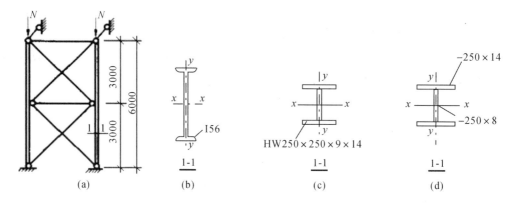

图 3-24　例 3-3 图

【解】支柱在两个方向的计算长度不相等，故取如图 3-24(b) 所示的截面朝向，将强轴顺 x 轴方向，弱轴顺 y 轴方向。这样，柱在两个方向的计算长度分别为 $l_{0x}=600$cm，$l_{0y}=300$cm。

（1）轧制工字钢

①试选截面（见图 3-24(b)）

假定 $\lambda=80$，对于轧制工字钢，绕 x 轴失稳时属于 a 类截面，由附表 4-1 查得 $\varphi_x=0.783$；绕 y 轴失稳时属于 b 类截面，由附表 4-2 查得 $\varphi_y=0.687$。需要的截面几何量为：

$$A=\frac{N}{\varphi_{\min}f}=\frac{1600\times10^3}{0.687\times215}=10832(\text{mm}^2)=108.32(\text{cm}^2)$$

$$i_x=\frac{l_{0x}}{\lambda}=\frac{600}{80}=7.5(\text{cm})$$

$$i_y=\frac{l_{0y}}{\lambda}=\frac{300}{80}=3.75(\text{cm})$$

由附表 6-1 中不可能选出同时满足 A、i_x 和 i_y 的型号，可适当照顾到 A 和 i_y 进行选择。

现试选 I56a, $A = 135 \text{cm}^2$, $i_x = 22.0 \text{cm}$, $i_y = 3.18 \text{cm}$。

②截面验算

因截面无孔眼削弱,可不验算强度;又因轧制工字钢的翼缘和腹板均较厚,可不验算局部稳定,只需进行整体稳定和刚度验算。但此时翼缘厚度为 21mm,因此抗压强度设计值 $f = 205 \text{N/mm}^2$。

长细比:

$$\lambda_x = \frac{l_{0x}}{i_x} = \frac{600}{22.0} = 27.3 < [\lambda] = 150$$

$$\lambda_y = \frac{l_{0y}}{i_y} = \frac{300}{3.18} = 94.3 < [\lambda] = 150$$

λ_y 远大于 λ_x,故由 λ_y 查附表 4-2 得 $\varphi = 0.592$。

$$\frac{N}{\varphi A f} = \frac{1600 \times 10^3}{0.592 \times 135 \times 10^2 \times 205} = 0.977 < 1.0$$

(2)热轧 H 型钢

①试选截面(见图 3-24(c))

由于热轧 H 型钢可以选用宽翼缘的形式,截面宽度较大,因此长细比的假设值可适当减小,假定 $\lambda = 60$。对宽翼缘 H 型钢,因 $b/h > 0.8$,所以绕 x 轴失稳时属于 b 类截面,由附表 4-2 查得 $\varphi_x = 0.807$;绕 y 轴失稳时属于 c 类截面,由附表 4-3 查得 $\varphi_y = 0.709$。所需截面几何量为:

$$A = \frac{N}{\varphi_{\min} f} = \frac{1600 \times 10^3}{0.709 \times 215} = 10496 (\text{mm}^2) = 104.96 (\text{cm}^2)$$

$$i_x = \frac{l_{0x}}{\lambda} = \frac{600}{60} = 10.0 (\text{cm})$$

$$i_y = \frac{l_{0y}}{\lambda} = \frac{300}{60} = 5.0 (\text{cm})$$

由附表 6-2 中试选 HW250×250×9×14, $A = 92.18 \text{cm}^2$, $i_x = 10.8 \text{cm}$, $i_y = 6.29 \text{cm}$。

②截面验算

因截面无孔眼削弱,可不验算强度。又由于采用的是热轧型钢,所以也可不验算局部稳定,只需进行整体稳定和刚度验算:

$$\lambda_x = \frac{l_{0x}}{i_x} = \frac{600}{10.8} = 55.6 < [\lambda] = 150$$

$$\lambda_y = \frac{l_{0y}}{i_y} = \frac{300}{6.29} = 47.7 < [\lambda] = 150$$

按《钢结构设计标准》(GB 50017—2017),绕 x 轴失稳时属于 b 类截面,由 $\lambda_x = 55.6$ 查附表 4-2 得 $\varphi_x = 0.83$;绕 y 轴失稳时属于 c 类截面,由 $\lambda_y = 47.7$ 查附表 4-3 得 $\varphi_y = 0.79$。

$$\frac{N}{\varphi A f} = \frac{1600 \times 10^3}{0.79 \times 92.18 \times 10^2 \times 215} = 1.02 > 1.0,整体稳定不满足要求,但未超过 5\%。$$

按《钢结构设计规范》(GB 50017—2003),因对 x 轴或 y 轴都属于 b 类截面,故由长细比较大者 $\lambda_x = 55.6$ 查附表 4-2 得 $\varphi = 0.83$。

$$\frac{N}{\varphi A f} = \frac{1600 \times 10^3}{0.83 \times 92.18 \times 10^2 \times 215} = 0.973 < 1.0$$

(3)焊接工字形(H形)截面

①试选截面(见图 3-24(d))

参照 H 型钢截面,选用截面如图 3-24(d)所示,翼缘 2—250×14,腹板 1—250×8,其截面面积 $A=2×25×1.4+25×0.8=90(\text{cm}^2)$,则:

截面惯性矩

$$I_x=0.8×25^3/12+2×25×1.4^3/12+2×1.4×25×13.2^2=13250(\text{cm}^4)$$

$$I_y=25×0.8^3/12+2×1.4×25^3/12=3647(\text{cm}^4)$$

截面回转半径

$$i_x=\sqrt{\frac{I_x}{A}}=\sqrt{\frac{13250}{90}}=12.13(\text{cm})$$

$$i_y=\sqrt{\frac{I_y}{A}}=\sqrt{\frac{3647}{90}}=6.37(\text{cm})$$

②整体稳定和长细比验算

长细比

$$\lambda_x=\frac{l_{0x}}{i_x}=\frac{600}{12.13}=49.5<[\lambda]=150$$

$$\lambda_y=\frac{l_{0y}}{i_y}=\frac{300}{6.37}=47.1<[\lambda]=150$$

翼缘板为焰切边的焊接工字形(H形)截面,绕 x 轴和 y 轴失稳时均属于 b 类截面,故由长细比的较大值,查附表 4-2 得 $\varphi=0.859$,则:

$$\frac{N}{\varphi A f}=\frac{1600×10^3}{0.859×90×10^2×215}=0.963<1.0$$

③局部稳定验算

翼缘外伸部分

$$\frac{b_1}{t}=\frac{(250-8)/2}{14}=\frac{121}{14}=8.64<(10+0.1\lambda)\varepsilon_k=(10+0.1×49.5)×1.0=14.95$$

腹板的局部稳定

$$\frac{h_0}{t_w}=\frac{250}{8}=31.25<(25+0.5\lambda)\varepsilon_k=(25+0.5×49.5)×1.0=49.75$$

原截面无孔眼削弱,不必验算强度。

④构造

因腹板高厚比小于80,故不必设置横向加劲肋。翼缘与腹板的连接焊缝最小焊脚尺寸 $h_{\text{fmin}}=1.5\sqrt{t_{\max}}=1.5\sqrt{14}=5.6(\text{mm})$,采用 $h_f=6(\text{mm})$。

以上采用三种不同截面的形式对本例中的支柱进行了设计。由计算结果可知,轧制普通工字钢截面要比热轧 H 型钢截面和焊接工字形(H形)截面约大 50%,这是由于普通工字钢绕弱轴的回转半径太小所致。在本例情况中,尽管弱轴方向的计算长度仅为强轴方向计算长度的 1/2,前者的长细比仍远大于后者,因而支柱的承载能力是由弱轴所控制的,对强轴则有较大富裕,这显然是不经济的,若必须采用此种截面,宜再增加侧向支撑的数量。对于轧制 H 型钢和焊接工字形(H形)截面,由于其两个方向的长细比非常接近,基本上做到了等稳定性,用料较经济。但焊接工字形(H形)截面的焊接工作量大,在设计轴心受压实腹柱时宜优先选用 H 型钢。

3.5　格构式轴心受压构件的截面设计

格构式轴心
受压构件的设计

3.5.1　格构式轴心压杆的组成

格构式轴心压杆通常由两个肢件组成,肢件为槽钢、工字钢或 H 型钢,用缀材把它们连成整体,如图 3-25 所示。对于十分强大的柱,肢件有时用焊接组合工字形(H 形)截面。槽钢肢件的翼缘向内者比较普遍,因为这样可以有一个平整的外表,而且可以得到较大的截面惯性矩。

缀材有缀板和缀条两种。缀板用钢板组成,如图 3-26(a)所示。缀条用斜杆组成,如图 3-26(b)所示,也可以用斜杆和横杆共同组成,一般用单角钢作缀条。

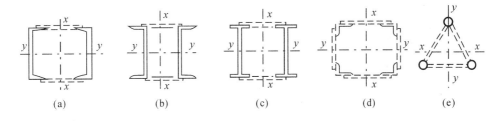

|(a)|(b)|(c)|(d)|(e)|

图 3-25　截面形式

对于长度较大而受力不大的压杆,肢件可以由四个角钢组成,如图 3-25(d)所示。四周均用缀材连接,由三个肢件组成的格构柱,如图 3-25(e)所示,有时用于桅杆等结构。

在构件的截面上与肢件的腹板相交的轴线称为实轴,如图 3-25(a)、(b)和(c)中的 y 轴,与缀材平面相垂直的轴线称为虚轴,如图 3-25(a)、(b)和(c)中的 x 轴。图 3-25(d)和(e)中的 x 轴与 y 轴都是虚轴。

3.5.2　剪切变形对虚轴稳定性的影响

实腹式轴心受压杆工作时,构件中横向剪力很小。实腹式压杆的腹板较厚,抗剪刚度比较大,因此横向剪力对构件产生的附加变形很微小,对构件临界力的降低可以忽略不计,即 $\gamma_1 = 0$。当格构式轴心受压构件绕实轴发生弯

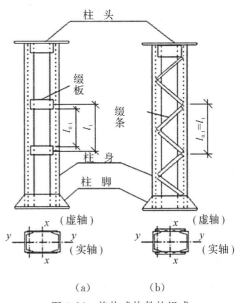

图 3-26　格构式构件的组成

曲失稳时情况和实腹式压杆一样。但是当绕虚轴发生弯曲失稳时,因为剪力要由比较柔弱的缀材负担或是柱腹板也参与负担,剪切变形较大,导致构件产生较大的附加侧向变形,它

对构件临界力的降低是不能忽略的,即 $\gamma_1 \neq 0$。在格构式轴心受压构件的设计中,对虚轴失稳的计算,常以加大长细比的办法来考虑剪切变形的影响,加大后的长细比称为换算长细比。

由式(3-3-12)可以得到换算长细比:

$$\lambda_0 = \sqrt{\lambda^2 + \pi^2 EA\gamma_1} \tag{3-46}$$

《钢结构设计标准》(GB 50017—2017)对缀条构件和缀板构件采用不同的换算长细比计算公式。

1. 双肢缀板构件

双肢缀板构件中缀板与肢件的连接可视为刚接,因而分肢和缀板组成一个多层刚架,假定变形时反弯点在各节的中点(见图 3-27)。若只考虑分肢和缀板在横向剪力作用下的弯曲变形,取隔离体如图 3-27 所示,可得单位剪力作用下缀板弯曲变形引起的分肢水平位移 Δ_1 为:

$$\Delta_1 = \frac{l_1}{2} \cdot \theta_1 = \frac{l_1}{2} \cdot \frac{al_1}{12EI_b} = \frac{al_1^2}{24EI_b}$$

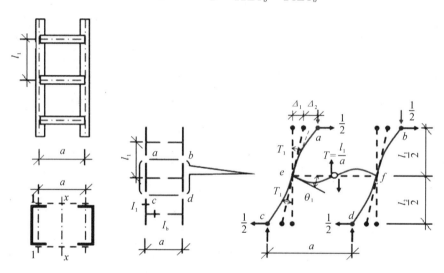

图 3-27 双肢缀板构件的剪切变形

分肢弯曲变形引起的水平位移 Δ_2 为:

$$\Delta_2 = \frac{l_1^3}{48EI_1}$$

因此,剪切角 γ_1:

$$\gamma_1 = \frac{\Delta_1 + \Delta_2}{0.5l_1} = \frac{al_1}{12EI_b} + \frac{l_1^2}{24EI_1} = \frac{l_1^2}{24EI_1}\left(1 + 2\frac{I_1/l_1}{I_b/a}\right)$$

将剪切角 γ_1 代入式(3-45),并令 $k_1 = EI_1/l_1$、$k_2 = EI_b/a$,得换算长细比为:

$$\lambda_{0x} = \sqrt{\lambda_x^2 + \frac{\pi^2 Al_1^2}{24I_1}\left(1 + 2\frac{k_1}{k_b}\right)}$$

因为 $A_1 = 0.5A$;$A_1 l_1^2/I_1 = \lambda_1^2$,所以:

$$\lambda_{0x}=\sqrt{\lambda_x^2+\frac{\pi^2}{12}\left(1+2\frac{k_1}{k_b}\right)\lambda_1^2} \tag{3-47}$$

式中：λ_x——整个构件对虚轴的长细比；

$\quad\quad\lambda_1=l_{01}/i_1$——分肢对最小刚度轴 1-1 的长细比，$i_1$ 为分肢弱轴 1-1 的回转半径，l_{01} 为分肢计算长度：①焊接时，为相邻两缀板的净距离；②螺栓连接时，为相邻两缀板边缘螺栓的距离（见图 3-26(a)）；

$\quad\quad k_1=EI_1/l_1$——单个分肢对其弱轴 1-1 的线刚度，l_1 为缀板中心距，I_1 为分肢对其弱轴 1-1 的惯性矩；

$\quad\quad k_b=EI_b/a$——两侧缀板线刚度之和，I_b 为两侧缀板的惯性矩，a 为分肢轴线间距离。

根据《钢结构设计标准》（GB 50017—2017）的规定，缀板线刚度之和 k_b 应大于分肢线刚度的 6 倍，即 $k_b/k_1\geqslant6$。若取 $k_b/k_1=6$，则式（3-47）中的 $\frac{\pi^2}{12}\left(1+2\frac{k_1}{k_b}\right)\approx1$。因此，标准规定双肢缀板构件的换算长细比采用：

$$\lambda_{0x}=\sqrt{\lambda_x^2+\lambda_1^2} \tag{3-48}$$

当不满足 $k_b/k_1\geqslant6$ 时，则换算长细比应按式（3-47）计算。

2. 双肢缀条构件

双肢缀条构件可简化为桁架计算模型，现取图 3-28 所示的一段进行分析，以求出剪切角 γ_1。设一个节间两侧斜缀条面积之和为 A_1，节间长度为 l_1，单位剪力作用下斜缀条长度 $l_d=l_1/\cos\alpha$，其内力 $N_d=1/\sin\alpha$，则斜缀条的轴向变形为：

$$\Delta_d=\frac{N_d l_d}{EA_1}=\frac{l_1}{EA_1\sin\alpha\cos\alpha}$$

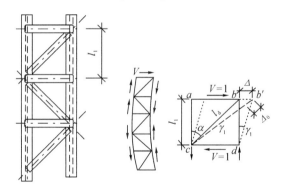

图 3-28　双肢缀条构件的剪切变形

假设变形和剪切角有限微小，则由 Δ_d 引起的水平变形 Δ 为：

$$\Delta=\frac{\Delta_d}{\sin\alpha}=\frac{l_1}{EA_1\sin^2\alpha\cos\alpha}$$

因此，剪切角 γ_1：

$$\gamma_1=\frac{\Delta}{l_1}=\frac{1}{EA_1\sin^2\alpha\cos\alpha}$$

这里，α 为斜缀条与构件轴线间的夹角，将剪切角 γ_1 代入式（3-46）得：

$$\lambda_{0x} = \sqrt{\lambda_x^2 + \frac{\pi^2}{\sin^2\alpha\cos\alpha} \cdot \frac{A}{A_1}} \qquad (3\text{-}49)$$

一般斜缀条与构件轴线间的夹角在 $40°\sim70°$ 范围内,在此常用范围内,$\pi^2/(\sin^2\alpha\cos\alpha)$ 的值变化不大,如图 3-29 所示,我国标准加以简化取为常数 27,由此得双肢缀条构件的换算长细比为:

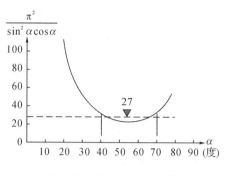

图 3-29 $\pi^2/(\sin^2\alpha\cos\alpha)$ 值

$$\lambda_{0x} = \sqrt{\lambda_x^2 + 27\frac{A}{A_{1x}}} \qquad (3\text{-}50)$$

式中:A——整个构件的毛截面面积;

$\quad$ A_{1x}——构件截面中垂直于 x 轴的各斜缀条毛截面面积之和。

需要注意的是,当斜缀条与构件轴线间的夹角不在 $40°\sim70°$ 范围内,尤其是小于 $40°$ 时,$\pi^2/(\sin^2\alpha\cos\alpha)$ 值将比 27 大很多,式(3-50)是偏于不安全的,此时应按式(3-49)计算换算长细比 λ_{0x}。

由四肢或三肢组成的格构式压杆,其对虚轴的换算长细比参见《钢结构设计标准》(GB 50017—2017)第 7.2.3 条。

3.5.3   缀材设计

1. 格构式轴心受压构件的剪力

当格构式轴心受压构件绕虚轴弯曲时,因变形而产生剪力。如图 3-30(a)所示两端铰接的轴心受压构件,其初始挠曲线为 $y_0 = v_0\sin\pi x/l$,则任意截面处的总挠度为:

$$Y = y_0 + y = \frac{v_0}{1 - N/N_E}\sin\frac{\pi x}{l}$$

在构件的任意截面的弯矩:

$$M = N(y_0 + y) = \frac{Nv_0}{1 - N/N_E}\sin\frac{\pi x}{l}$$

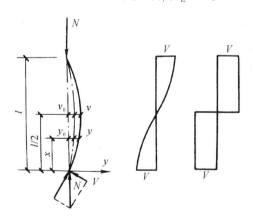

图 3-30   轴心受压构件的剪力

任意截面的剪力:

$$V = \frac{\mathrm{d}M}{\mathrm{d}x} = \frac{N\pi v_0}{l(1 - N/N_E)}\cos\frac{\pi x}{l}$$

在构件的两端的最大剪力：

$$V = \frac{N\pi v_0}{l(1 - N/N_E)}$$

标准在规定剪力时，以压杆弯曲至中央截面边缘纤维屈服为条件，导出最大剪力 V 和轴线压力 N 之间的关系，经简化后可得：

$$V = \frac{Af}{85\varepsilon_k} \tag{3-51}$$

设计缀材及其连接时认为剪力沿构件全长不变，如图 3-30(c)所示。

2. 缀条的设计

对于缀条柱，将缀条看作平行弦桁架的腹杆进行计算。如图 3-31(a)所示，缀条的内力 N_t 为：

$$N_t = \frac{V_b}{n\cos\alpha} \tag{3-52}$$

式中：V_b——分配到一个缀材面的剪力，图 3-31(a)和

(b)中每根柱子都有两个缀材面，因此 V_b 为 $V/2$；

n——承受剪力 V_b 的斜缀条数，图 3-31(a)为单缀条体系，$n=1$；而图 3-31(b)为双缀条超静定体系，通常简单地认为每根缀条负担剪力 V_b 之半，取 $n=2$；

α——缀条夹角，在 $30° \sim 60°$ 之间采用。

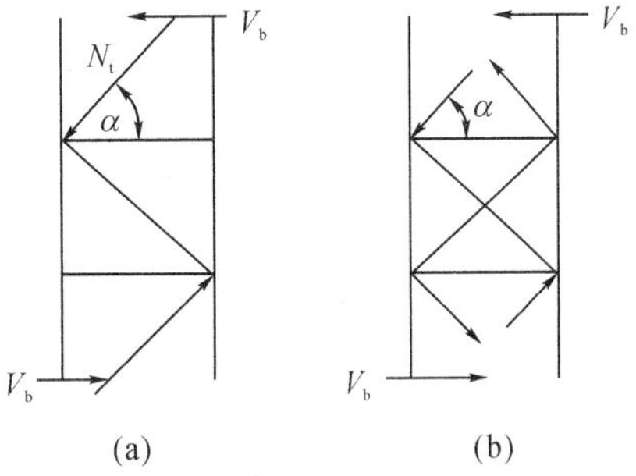

斜缀条常采用单角钢。由于剪力的方向取决于

图 3-31　缀条计算简图

构件的初弯曲，可以向左也可以向右，因此缀条可能承受拉力也可承受压力。缀条截面应按轴心压杆设计。由于角钢只有一个边和构件的肢件连接，考虑到受力时的偏心作用，计算构件稳定性时可将材料强度设计值乘以折减系数 η：

对于等边角钢　　　　　　　　$\eta = 0.6 + 0.0015\lambda$，但不大于 1.0 $\tag{3-53}$

对于短边相连的不等边角钢　　$\eta = 0.5 + 0.0025\lambda$，但不大于 1.0 $\tag{3-54}$

对于长边相连的不等边角钢，$\eta = 0.7$。

在式(3-53)和式(3-54)中，当 $\lambda < 20$ 时，取 $\lambda = 20$。

在利用式(3-53)和式(3-54)计算长细比时，对于中间无连接的单角钢缀条，取由角钢截面的最小回转半径确定的长细比；对于中间有连接的单角钢缀条，取由与角钢边平行或与其垂直的轴的长细比。

横缀条主要用于减小肢件的计算长度，其截面尺寸与斜缀条相同，也可按容许长细比确定，取较小的截面。

3. 缀板的设计

对于缀板柱，先按单肢的长细比 λ_1 及其回转半径 i_1 确定缀板之间的净距离（焊接）l_{01}，即 $l_{01} = \lambda_1 i_1$。

为了满足一定的刚度，缀板的尺寸应足够大，标准规定在构件同一截面处缀板的线刚度

之和不得小于柱分肢的线刚度的6倍。缀板的宽度确定以后,就可以得到缀板轴线之间的距离 l_1。在满足缀板刚度要求的前提下,可以假定缀板和肢件组成多层刚架,缀板的内力就根据图3-32(b)所示的计算简图确定。在图中的反弯点处(节间中点)弯矩为零,只承受剪力。如果一个缀板面分担的剪力为 V_b,缀板所受的内力为:

剪力 $$T = \frac{V_b l_1}{a} \qquad (3\text{-}55)$$

力矩(与肢件连接处) $$M = \frac{V_b l_1}{2} \qquad (3\text{-}56)$$

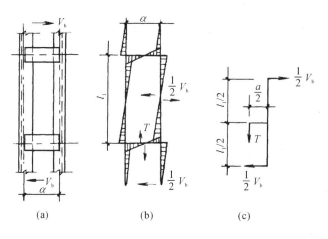

(a)   (b)   (c)

图 3-32 缀板计算简图

缀板用角焊缝与肢件相连接,搭接的长度一般为 $20\sim30\text{mm}$。角焊缝承受剪力 T 和力矩 M 的共同作用。如果验算角焊缝后确认符合了强度要求就不必再验算缀板的强度,因为角焊缝的强度设计值小于钢材的强度设计值。

缀板应有一定的刚度。相关标准规定,同一截面处两侧缀板线刚度之和不小于单个分肢线刚度的6倍。一般取缀板宽度 $d \geqslant 2a/3$,厚度 $t \geqslant a/40$ 且不小于 6mm。端缀板宜适当加宽,一般取 $d=a$。

3.5.4 格构式轴心受压构件的设计步骤

首先选择柱肢截面和缀材的形式,中小型柱可用缀板柱或缀条柱,大型柱宜用缀条柱。

格构柱对实轴的稳定计算与实腹式压杆一样,可确定肢件的截面尺寸。肢件之间的距离需根据对实轴和虚轴的等稳定条件决定。

等稳定条件是 $\lambda_{0x} = \lambda_y$,以此关系式代入式(3-48)或式(3-50)可以得到对虚轴的长细比:

$$\lambda_x = \sqrt{\lambda_{0x}^2 - \lambda_1^2} = \sqrt{\lambda_y^2 - \lambda_1^2} \qquad (3\text{-}57)$$

或

$$\lambda_x = \sqrt{\lambda_{0x}^2 - \frac{27A}{A_{1x}}} = \sqrt{\lambda_y^2 - \frac{27A}{A_{1x}}} \qquad (3\text{-}58)$$

算出需要的 λ_x 和 $i_x = l_{0x}/\lambda_x$ 以后,可以利用附录8中截面回转半径与轮廓尺寸的近似关系确定单肢之间的距离。

对于缀板式轴心受压构件,按式(3-57)计算时先要假定单肢的长细比 λ_1,为了防止单肢过于细长而先于整个杆件失稳,要求单肢的长细比 λ_1 不应大于 40,且不大于杆件最大长细比的 0.5 倍(当 $\lambda_{max}<50$ 时取 $\lambda_{max}=50$)。

对于缀条式轴心受压构件,按式(3-58)计算时要预先给定缀条的截面尺寸。因为杆件的几何缺陷可能使一个单肢的受力大于另一个单肢,因此单肢的长细比应不超过杆件最大长细比的 0.7 倍,这样分肢的稳定可以得到保证。如果单肢也是组合截面,还应保证板件的稳定性。

3.5.5 横隔

为了保证杆件的截面形状不变和增加杆件的刚度,应该设置如图 3-33 所示的横隔,它们之间的中距不应大于杆件截面较大宽度的 9 倍,也不应大于 8m,且每个运送单元的端部应设置横隔。横隔可用钢板或角钢组成,如图 3-33 (a)和(b)所示。

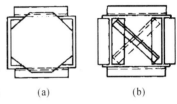

(a)   (b)

图 3-33 横隔构造

【例题 3-4】图 3-34 中 AB 为一轴心受压柱,计算轴力 $N=2800\text{kN}$,$l=4\text{m}$。支撑杆与 AB 相连,AB 杆无截面削弱,材料为 Q235 钢。焊条用 E43 型,手工焊。试选用两个槽钢组成的格构式缀条柱。

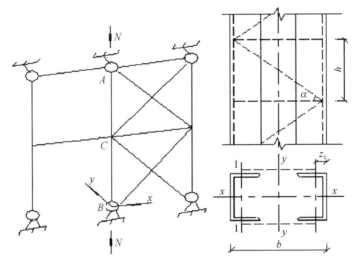

图 3-34 例 3-4 图

【解】分析:根据实轴选槽钢截面,这时以 x 轴为实轴(见图 3-34),并以此确定两个槽钢的间距 b 和缀条设计。

$$l_{0x}=l=4\text{m}=400\text{cm}, \quad l_{0y}=l/2=2\text{m}=200\text{cm}$$

(1)由实轴 x-x 选槽钢型号

假定 $\lambda=60$,按 b 类截面由附表 4-2 查得 $\varphi=0.807$

$$A_r=\frac{N}{\varphi f}=\frac{2800\times 10^3}{0.807\times 215}=16137(\text{mm}^2)=161.37(\text{cm}^2)$$

$$i_{rx}=\frac{l_{0x}}{\lambda}=\frac{400}{60}=6.7(\text{cm})$$

选用 $2[40a,A=2\times75.04=150.08(cm^2),i_x=15.3cm,I_1=592.0cm^4,Z_0=2.49cm,i_1=2.81(cm)$。

验算：
$$\lambda_x=\frac{l_{0x}}{i_x}=\frac{400}{15.3}=26.1<[\lambda]=150$$

按 b 类截面由附表 4-2 查得 $\varphi_x=0.950$

$$\frac{N}{\varphi Af}=\frac{2800\times10^3}{0.950\times150.08\times10^2\times205}=0.958<1.0，满足要求。$$

（2）对虚轴 y-y 确定两分肢间距离 b

假定缀条取 $\llcorner45\times4$，由附表 6-4 查得 $A_1=3.49cm^2，i_{min}=0.89cm$，则

$$\lambda_y=\sqrt{\lambda_x^2-27\frac{A}{A_1}}=\sqrt{26.1^2-27\times\frac{2\times75.04}{2\times3.49}}=10.03(cm)$$

$$i_y=\frac{l_{0y}}{\lambda_y}=\frac{200}{10.03}=19.9(cm)$$

由附录 8 $b=\frac{i_y}{0.44}=\frac{19.9cm}{0.44}=45.2cm$，取 $b=46cm$。

$$I_y=2[592.0+75.04\times(23-2.49)^2]=64317(cm^4)$$

$$i_y=\sqrt{\frac{I_y}{A}}=\sqrt{\frac{64317}{150.08}}=20.70(cm)$$

$$\lambda_y=\frac{200}{20.70}=9.66$$

$$\lambda_{0y}=\sqrt{\lambda_y^2+27\frac{A}{A_1}}=\sqrt{9.66^2+27\times\frac{2\times75.04}{2\times3.49}}=25.96<[\lambda]=150$$

按 b 类轴心受压构件截面由附表 4-2 查得 $\varphi_y=0.950$

$$\frac{N}{\varphi_yAf}=\frac{2800\times10^3}{0.950\times150.08\times10^2\times205}=0.958<1.0$$

（3）分肢稳定性验算

当缀条取 $\alpha=45°$，则分肢计算长度为
$$l_1=b-2Z_0=46-2\times2.49=41.02(cm)$$
$$i_1=2.81cm$$
$$\lambda_1=\frac{l_1}{i_1}=\frac{41.02}{2.81}=14.59<0.7\lambda_{max}=0.7\times26.1=18.27$$

分肢稳定性满足要求。

（4）缀条计算
$$V=\frac{Af}{85\varepsilon_k}=\frac{15008\times205}{85\times1}=36196(N)=36.196(kN)$$

每一斜缀条所受轴力
$$N_t=\frac{V/2}{\cos\alpha}=\frac{V}{2}\sqrt2=\frac{36.196}{2}\times\sqrt2=25.59(kN)$$

斜缀条长度
$$l=\frac{l_1}{\cos45°}=\sqrt2\times41.02=58.01(cm)$$

计算长度

$$l_0 = 0.9l_1 = 0.9 \times 58.01 = 52.21 (\text{cm})$$

（缀条用单角钢，属斜向屈曲，计算长度为 0.9 倍几何长度）

$$\lambda = \frac{l_0}{i_{min}} = \frac{52.21}{0.89} = 58.7$$

按 b 类轴心受压构件截面由附表 4-2 查得 $\varphi = 0.813$。又单面连接的单角钢其稳定折减系数 $\eta = 0.6 + 0.0015\lambda = 0.6 + 0.0015 \times 58.7 = 0.688$

则

$$\frac{N_t}{\eta\varphi A f} = \frac{25.59 \times 10^3}{0.688 \times 0.813 \times 3.49 \times 10^2 \times 215} = 0.61 < 1.0$$

思考题

3-1 结合图 3-35，概述轴心受压构件整体稳定的三种屈曲形式，写出对应的长细比（要求与杆件截面对应，分别为双轴对称截面、单轴对称截面和十字形截面）。

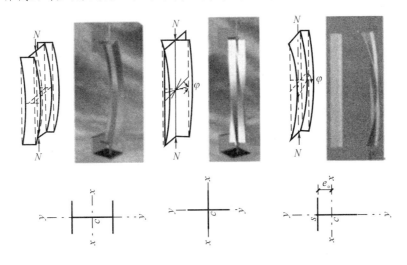

图 3-35 截面与屈曲形态

3-2 对于理想的轴心受压构件，提高钢材的牌号（即钢材强度），对构件的稳定承载能力有何影响？为什么？

3-3 格构式轴心受压构件关于虚轴的整体稳定计算为什么采用换算长细比？缀条式和缀板式双肢柱的换算长细比计算公式有何不同？分肢的稳定如何保证？

3-4 影响柱（轴心受压）整体稳定承载力的主要因素有哪些？提高柱（轴心受压）整体稳定承载力的最有效的措施有哪些？

3-5 "铁枪锁喉"与钢结构压杆整体稳定：街头打把式卖艺，有一种功夫叫"铁枪锁喉"，如图 3-36 所示。同学们在惊悚"绝活"的同时，能否从习以为常的现象中读出非同凡响的味道呢？有同学说，功夫太厉害了！枪都弯了！如果枪不弯，表演者会怎么样？请同学们结合材料力学中"低碳钢压缩实验"进行思考，同时概述强度与整体稳定的区别。

图 3-36 "铁枪锁喉",枪细长

习 题

3-6 验算由 2L63×5 组成的水平放置的轴心拉杆的强度和长细比。轴心拉力的设计值为 270kN,只承受静力作用,计算长度为 2m。杆端有一排直径为 20mm 的孔眼,如图 3-37 所示。钢材为 Q235 钢。若截面尺寸不满足,应改用什么角钢?

注:计算时忽略连接偏心和构件自重的影响。

图 3-37 习题 3-6 图

3-7 一块—20×400 的钢板用两块拼接板—12×400 进行拼接。螺栓孔径为 22mm,排列如图 3-38 所示。钢板轴心受拉,N＝1350kN(设计值)。钢材为 Q235 钢,解答下列问题:

(1)钢板 1-1 截面的强度是否满足要求?

(2)是否还需要验算 2-2 截面的强度?假定 N 力在 13 个螺栓中平均分配,2-2 截面应如何验算?

(3)拼接板的强度是否满足要求?

3-8 验算图 3-39 所示用摩擦型高强度螺栓连接的钢板净截面强度。螺栓直径 20mm,孔径 22mm,钢材为 Q235-A·F,承受轴心拉力 N＝600kN(设计值)。

3-9 一水平放置两端铰接的 Q345(Q355)钢做成的轴心受拉构件,长 9m,截面为由 2L90×8 组成的肢尖向下的 T 形截面。问是否能承受轴心力设计值 870kN?

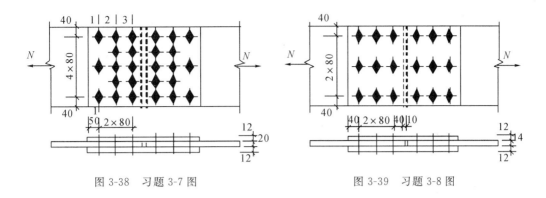

图 3-38　习题 3-7 图　　　　　　　　　图 3-39　习题 3-8 图

3-10　某车间工作平台柱高 2.6m,按两端铰接的轴心受压柱考虑,如果柱采用 I16(16 号热轧工字钢),试经计算解答:

(1)钢材采用 Q235 钢时,设计承载力为多少?

(2)改用 Q345(Q355)钢时,设计承载力是否显著提高?

(3)如果轴心压力为 330kN(设计值),I16 能否满足要求? 如不满足,从构造上采取什么措施就能满足要求?

3-11　设某工作平台柱承受轴心压力 5000kN(设计值),柱高 8m,两端铰接。要求设计一 H 型钢或焊接工字形截面柱(钢材为 Q235)。

3-12　图 3-40(a)、(b)所示两种截面(焰切边缘)的截面面积相等,钢材均为 Q235 钢。当用作长度为 10m 的两端铰接轴心受压柱时,是否能安全承受设计荷载 3200kN?

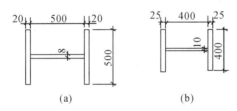

图 3-40　习题 3-12 图

3.13　设计由两槽钢组成的缀板柱,柱长 7.5m,两端铰接,设计轴心压力为 1500kN,钢材为 Q235·B,截面无削弱。

第4章 受弯构件

承受横向荷载的构件称为受弯构件,也叫作梁。钢结构中梁的应用非常广泛,例如工业和民用建筑中的楼盖梁、屋盖梁、檩条、墙架梁、吊车梁和工作平台梁(见图4-1),以及桥梁、水工闸门、起重机、海上采油平台的梁等。

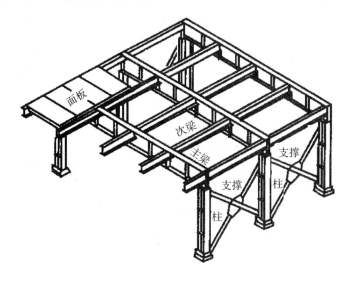

图 4-1 工作平台梁

钢梁按支承情况可分为简支梁、连续梁、悬挑梁等。与连续梁相比,简支梁虽然其弯矩常常较大,但它不受支座沉降及温度变化的影响,并且制造、安装、维修、拆换方便,因此得到广泛应用。

钢梁按受力和使用要求可采用型钢梁和组合梁。型钢梁加工简单,价格较廉;但型钢截面尺寸受到一定规格的限制。当荷载和跨度较大、采用型钢截面不能满足承载力或刚度要求时,则采用组合梁。

型钢梁大多采用工字钢(见图4-2(a))、槽钢(见图4-2(c))或H型钢(见图4-2(b))制成。工字钢及H型钢,截面双轴对称,受力性能好,应用广泛。槽钢多用作檩条、墙梁等。槽钢梁,由于截面剪力中心在腹板外侧,弯曲时容易同时产生扭转,设计时宜采取措施阻止截面扭转。冷弯薄壁型钢梁(见图4-2(d)、(e)、(f))常用于承受较轻荷载的情况,其用钢量较省,但对防锈要求较高。

组合梁由钢板或型钢用焊缝、铆钉或螺栓连接而成。最常用的是由三块钢板焊成的工字形截面梁(见图4-2(g)),构造简单,制造方便,用钢量省。

　　组合梁的连接方法一般采用焊接(见图 4-2(g)、(h)、(i))。但对跨度和动力荷载较大的梁,如所需厚钢板的质量不能满足焊接结构或动力荷载的要求时,可采用铆接或摩擦型高强度螺栓连接组合梁(见图 4-2(j))。当荷载较大而高度受到限制时,可采用双腹板的箱形梁(见图 4-2(k)),这种梁具有较好的抗扭刚度。

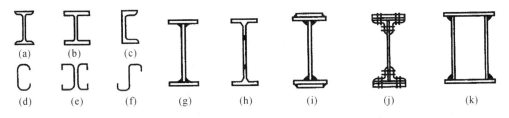

图 4-2　钢梁截面形式

　　组合梁一般采用双轴对称截面(见图 4-2(g)～(j));但也可采用加强受压翼缘的单轴对称截面(见图 4-3(c)、(d)),这种梁可以提高其侧向刚度和稳定性,也适用于既承受竖向轮压又承受作用于梁上翼缘顶部的横向水平制动力的吊车梁。

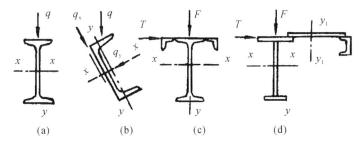

图 4-3　钢梁荷载

　　钢梁按承受荷载的情况,可分为仅在一个主平面内受弯的单向弯曲梁和在两个主平面内受弯的双向弯曲梁。大多数梁是单向弯曲(见图 4-3(a)),屋面檩条(见图 4-2(f)和图 4-3(b))和吊车梁(见图 4-3(c)、(d))等是双向弯曲。

　　梁格按主次梁排列情况可分为三种形式:

　　① 简单梁格(见图 4-4(a)),只有主梁,适用于主梁跨度较小或面板长度较大的情况。

　　② 普通梁格(见图 4-4(b)),在主梁间另设次梁,次梁上再支承面板,适用于大多数梁格尺寸和情况,应用最广。

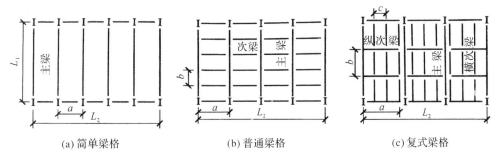

图 4-4　梁格形式

③ 复式梁格(见图 4-4(c)),在主梁间设纵向次梁,纵向次梁间再设横向次梁;荷载传递层次多,构造复杂,只用在主梁跨度大和荷载重的情况。

与轴心受压构件相仿,钢梁设计应考虑强度、刚度、整体稳定和局部稳定四个方面满足要求。

4.1 梁的强度和刚度计算

构件的强度
和刚度

钢梁的设计应满足承载能力极限状态和正常使用极限状态的要求。承载能力极限状态包括强度和稳定两个方面,正常使用极限状态由挠度控制。

4.1.1 梁的强度计算

梁的强度计算包括抗弯强度(弯曲正应力 σ)、抗剪强度(切应力 τ)、局部压应力 σ_c 和折算应力 σ_{eq}。

梁的设计首先应考虑其强度和刚度满足设计要求,对于钢梁,强度要求就是要保证梁的净截面抗弯强度及抗剪强度不超过钢材抗弯及抗剪强度极限。对于工字形、箱形等截面的梁,在集中荷载处,还要求腹板边缘局部承压强度需满足设计要求。最后还应对弯曲正应力、切应力及局部压应力共同作用下的折算应力进行验算。

1. 梁的抗弯强度

(1) 梁在弯矩作用下截面上正应力发展的三个阶段

分析时一般假定钢材为理想弹塑性材料,以工字钢为例,随弯矩的增大,梁截面的弯曲应力的变化可分为以下三个阶段(见图 4-5)。

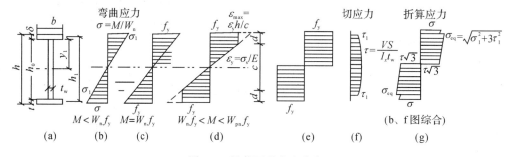

图 4-5 梁截面的应力分布

① 弹性工作阶段:梁截面弯曲应力为三角形直线分布(见图 4-5(b)),边缘纤维最大应力 σ 未达到屈服强度 f_y,材料未充分发挥作用,弹性工作阶段的极限弯矩,即钢梁能安全工作的最大弯矩(见图 4-5(c))为:

$$M_e = W_n f_y \tag{4-1}$$

式中:M_e——梁的弹性极限弯矩;

W_n——梁的净截面模量;

f_y——钢材的屈服强度。

②弹塑性工作阶段:弯矩继续增加,截面边缘部分进入塑性受力状态,边缘区域因达到屈服强度而呈现塑性变形,但中间区域因未达到屈服强度仍保持弹性工作状态(见图4-5 (d))。

③塑性工作阶段:在弹塑性工作阶段,如果弯矩再继续增加,截面塑性变形逐渐由边缘向内扩展,弹性核心部分则逐渐减小,直到弹性区消失,整个截面达到屈服,截面全部进入塑性状态,形成塑性铰区。这时梁截面弯曲应力呈上下两个矩形分布(见图4-5(e)),梁截面已不能负担更大的弯矩,而变形则将继续增加。塑性极限弯矩为:

$$M_{\mathrm{p}} = W_{\mathrm{pn}} f_{\mathrm{y}} \tag{4-2}$$

式中:M_{p}——梁的塑性极限弯矩;

W_{pn}——梁的塑性净截面模量,为截面中和轴以上和以下的净截面对中和轴的面积矩 S_{1n} 和 S_{2n} 之和。

比较式(4-1)和式(4-2)可见,一方面,塑性工作阶段比弹性工作阶段能承受更大的弯矩,更能充分发挥材料的作用,提高经济效益;另一方面,梁达到塑性弯矩形成塑性铰时,梁的变形较大,引起梁的挠度过大,整体和局部稳定性降低。

考虑到绝大多数钢构件由板件组成,构件的塑性转动变形能力与板件宽厚比直接相关,因此《钢结构设计标准》(GB 50017—2017)在综合考虑截面承载力和塑性变形能力的基础上,按照板件宽厚比将钢构件截面划分为五个等级(S1~S5)。同时,引入塑性发展系数 γ_x,以使截面塑性发展程度满足《钢结构设计标准》的相关设计构造规定。

S1 级:可达全截面塑性,保证塑性铰具有塑性设计要求的转动能力,且在转动过程中承载力不降低,称为一级塑性截面,也可称为塑性转动截面。其弯矩-曲率关系如图4-6曲线1所示。

S2 级:可达全截面塑性,但由于局部屈曲,塑性铰转动能力有限,称二级塑性截面。其弯矩-曲率关系如图4-6曲线2所示。

S3 级:翼缘全部屈服,腹板可发展不超过1/4截面高度的塑性,称为弹塑性截面。作为梁时,其弯矩-曲率关系如图4-6曲线3所示。

S4 级:边缘纤维可达屈服,但由于局部屈曲而不能发展塑性,称为弹性截面。作为梁时,其弯矩-曲率关系如图4-6曲线4所示。

S5 级:在边缘纤维达到屈服应力前,腹板可能发生局部屈曲,称为薄壁截面。作为梁

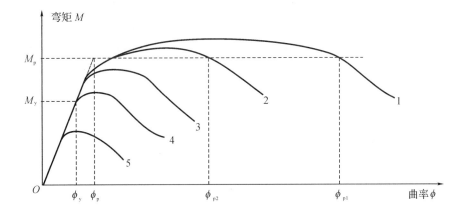

图 4-6 截面分类及弯矩-曲率关系曲线

时,其弯矩-曲率关系如图 4-6 曲线 5 所示。

《钢结构设计标准》(GB 50017)中,构件宽厚比等级如表 4-1 所示。

表 4-1　受弯构件(梁)的截面板件宽厚比等级及限值

构件	截面板件宽厚比等级		S1 级	S2 级	S3 级	S4 级	S5 级
受弯构件 (梁)	工字形截面	翼缘 b/t	$9\varepsilon_k$	$11\varepsilon_k$	$13\varepsilon_k$	$15\varepsilon_k$	20
		腹板 h_0/t_w	$65\varepsilon_k$	$72\varepsilon_k$	$93\varepsilon_k$	$124\varepsilon_k$	250
	箱形截面	壁板(腹板)间翼缘 b_0/t	$25\varepsilon_k$	$32\varepsilon_k$	$37\varepsilon_k$	$42\varepsilon_k$	—

(2)梁的抗弯强度计算公式

在主平面内受弯的实腹式构件,承受静载或间接动载作用时,考虑截面部分发展塑性。

单向弯曲时:翼缘边缘纤维最大正应力,应满足以下强度要求

$$\sigma_{\max}=\frac{M_x}{\gamma_x W_{nx}}\leqslant f \tag{4-3}$$

双向弯曲时:翼缘边缘一点的最大正应力满足强度要求,强度公式中应叠加另一方向的弯曲应力

$$\sigma_{\max}=\frac{M_x}{\gamma_x W_{nx}}+\frac{M_y}{\gamma_y W_{ny}}\leqslant f \tag{4-4}$$

式中:M_x、M_y——同一截面绕 x 轴和 y 轴的弯矩(对工字形截面:x 轴为强轴,y 轴为弱轴);

W_{nx}、W_{ny}——对 x 轴和 y 轴的净截面模量,当截面板件宽厚比等级为 S1 级、S2 级、S3 级或 S4 级时,应取全截面模量,当截面宽厚比等级为 S5 级时,应取有效截面模量;

f——钢材的抗弯强度设计值,根据应力计算点钢材厚度或直径查附表 1-1;

γ_x、γ_y——截面塑性发展系数。

对工字形和箱形截面,当截面板件宽厚比等级为 S4 或 S5 级时,$\gamma_x=\gamma_y=1.0$;当截面板件宽厚比等级为 S1 级、S2 级及 S3 级时,工字形截面(x 轴为强轴,y 轴为弱轴):$\gamma_x=1.05$,$\gamma_y=1.2$;箱形截面:$\gamma_x=\gamma_y=1.05$;其他截面的塑性发展系数可按表 4-2 采用。

表 4-2　截面塑性发展系数 γ_x、γ_y 值

项次	截面形式	γ_x	γ_y
1			1.2
2		1.05	1.05

续表

项次	截面形式	γ_x	γ_y
3			1.2
		$\gamma_{x1}=1.05$ $\gamma_{x2}=1.2$	
4	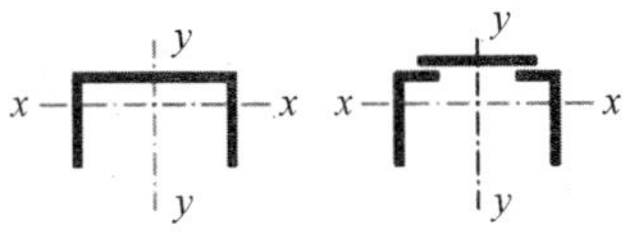		1.05
5	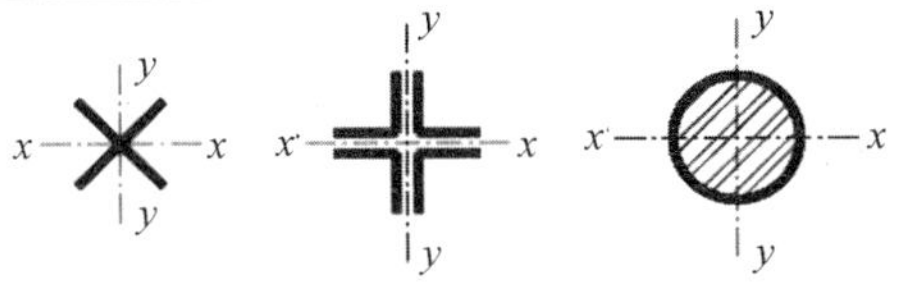	1.2	1.2
6	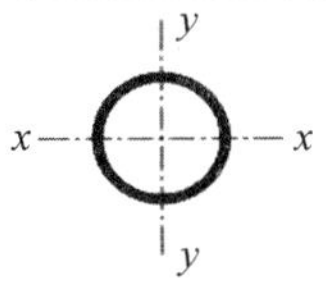	1.15	1.15
7	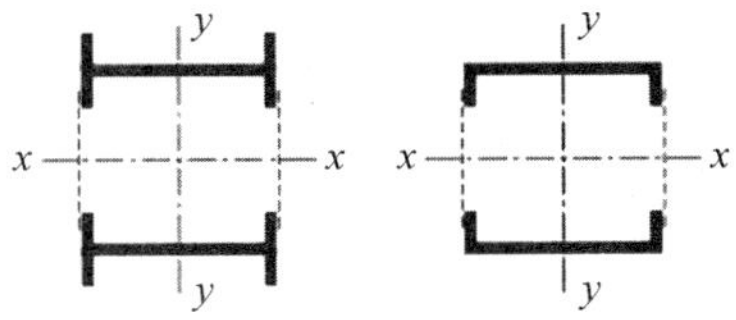		1.05
		1.0	
8	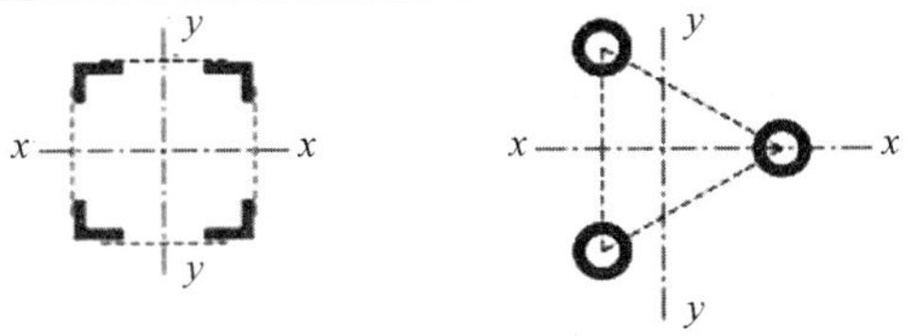		1.0

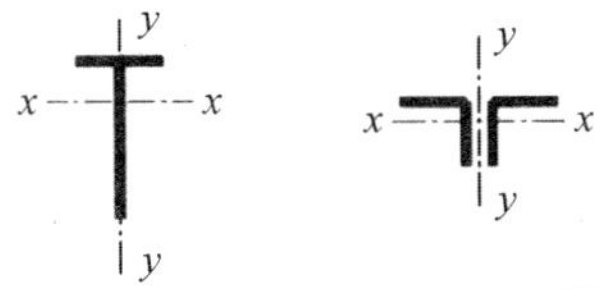

直接承受动荷载(需要计算疲劳)的梁,不考虑截面部分发展塑性,按弹性设计,式(4-3)和式(4-4)仍可应用,但宜取 $\gamma_x=\gamma_y=1.0$。

2. 梁的抗剪强度

在主平面内受弯的实腹构件(不考虑腹板屈曲时),其抗剪强度应按下式计算:

$$\tau=\frac{VS}{It_w}\leqslant f_v \qquad (4-5)$$

式中:V——计算截面沿腹板平面作用的剪力;

S——计算切应力处以上毛截面对中和轴的面积矩;

I——毛截面惯性矩;

t_w——腹板厚度;

f_v——钢材的抗剪强度设计值,见附表 1-1。

因受轧制条件限制,工字钢和槽钢的腹板厚度 t_w 往往较厚,如无钻孔、焊接等机械加工引起较大截面削弱,可不计算剪应力。

3. 梁的腹板局部压应力

当梁上翼缘受有沿腹板平面作用的集中荷载(见图4-7),且该荷载处又未设置支承加劲肋时,集中荷载会通过翼缘传给腹板,在集中荷载作用位置,腹板计算边缘产生很大的局部压应力,向下和向两侧压应力则逐渐减小,应力分布如图4-7(c)所示。为保证腹板不致受压破坏,必须对腹板在集中荷载作用处的局部压应力 σ_c 进行验算。

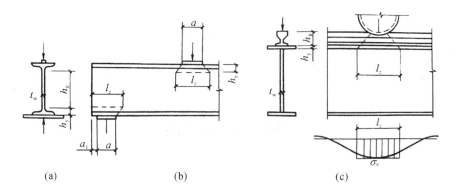

图 4-7　梁腹板局部压应力

实际计算时,假定集中荷载从作用点开始,按一定角度均匀地向腹板内扩散,在 l_z 范围内 σ_c 均匀分布,则腹板计算高度上边缘的局部承压强度应按下式计算:

$$\sigma_c = \frac{\psi F}{t_w l_z} \leqslant f \tag{4-6}$$

式中:F——集中荷载,对动力荷载应考虑动力系数;

　　ψ——集中荷载增大系数,对重级工作制吊车梁,$\psi=1.35$;对其他梁,$\psi=1.0$;

　　l_z——集中荷载在腹板计算高度上边缘的假定分布长度,按下式计算:

$$l_z = 3.25 \sqrt[3]{\frac{I_R + I_f}{t_w}} \tag{4-7-1}$$

或

$$l_z = a + 5h_y + 2h_R \tag{4-7-2}$$

　　a——集中荷载沿梁跨度方向的支承长度,对钢轨上的轮压可取 $a=50\text{mm}$;

　　h_y——自梁顶面至腹板计算高度上边缘的距离;对焊接梁为上翼缘厚度,对轧制工字形截面梁,是梁顶面到腹板过渡完成点的距离;

　　h_R——轨道的高度,对梁顶无轨道的梁 $h_R=0$;

　　I_R——轨道绕自身形心轴的惯性矩;

　　I_f——梁上翼缘绕翼缘中面的惯性矩;

　　f——钢材的抗压强度设计值,见附表1-1。

在梁的支座处,当不设置支承加劲肋时,也应按式(4-6)计算腹板计算高度下边缘的局部压应力,但 ψ 取1.0。支座集中反力的假定分布长度,应根据支座具体尺寸参照公式(4-7-2)计算。

当计算不能满足要求时,对于固定集中荷载(包括支座反力),则应在集中荷载处设置加劲肋。这时集中荷载考虑全部由加劲肋传递,腹板局部压应力可以不再计算。对于移动集中荷载则一般应加厚腹板,或考虑加强梁上轨道的高度或刚度,以加大 h_y 和 l_z 等,从而减小 σ_c 值。

应注意的是,腹板的计算高度 h_0:对轧制型钢梁,为腹板与上、下翼缘相接处两内弧起点间的距离;对焊接组合梁,为腹板高度;对铆接(或高强度螺栓连接)组合梁,为上、下翼缘与腹板连接的铆钉(或高强度螺栓)线间最近距离。

4. 折算应力

在梁的腹板计算高度边缘处,若同时受有较大的正应力、剪应力和局部压应力,或同时受有较大的正应力和剪应力(如连续梁中部支座处或梁的翼缘截面改变处等)时,应按第四强度理论(最大形状改变比能理论)计算其折算应力,折算应力 σ_{eq} 应按下式计算:

$$\sigma_{eq} = \sqrt{\sigma_1^2 + \sigma_c^2 - \sigma_1\sigma_c + 3\tau_1^2} \leqslant \beta_1 f \tag{4-8}$$

式中:σ_1、τ_1 和 σ_c ——腹板计算高度边缘同一点上同时产生的正应力、切应力和局部压应力;

　　β_1 ——计算折算应力的强度设计值增大系数;当 σ_1 与 σ_c 异号时,取 $\beta_1 = 1.2$;当 σ_1 与 σ_c 同号或 $\sigma_c = 0$ 时,取 $\beta_1 = 1.1$(因折算应力是局部受力,因此强度承载力可提高 $10\% \sim 20\%$)。

σ_c 应按式(4-6)计算,σ_1 和 τ_1 应按下式计算:

$$\sigma_1 = \frac{M}{I_n} y_1 \tag{4-9-1}$$

$$\tau_1 = \frac{VS_1}{I_x t_w} \tag{4-9-2}$$

式中:I_n ——梁净截面惯性矩;

　　y_1 ——所计算点至梁中和轴的距离;

　　S_1 ——计算切应力处以上(以下)毛截面对中和轴的面积矩。

σ_1 和 σ_c 以拉应力为正值,压应力为负值。

计算时首先沿梁长度方向找出 M 和 V 都比较大的危险截面(一般是集中力作用的截面、支座反力作用的截面、变截面梁截面改变处、均布载荷不连续的截面);然后沿梁高方向找出危险点(一般在集中荷载作用位置的腹板边缘处,这一点的弯曲应力、切应力、局部压应力综合考虑相对较大),算出危险点的 σ_1、τ_1、σ_c,最后按式(4-8)计算折算应力。

4.1.2　梁的刚度计算

为保证梁正常使用,梁应有足够的刚度,梁的正常使用极限状态要求限制的内容是梁的最大挠度,主要是控制荷载标准值引起的最大挠度不超过按受力和使用要求规定的容许值 $[v]$(见附表 2-1)。其表达式为:

$$v \leqslant [v] \text{ 或 } \frac{v}{l} \leqslant \frac{[v]}{l} \tag{4-10}$$

式中:l ——梁的跨度,悬臂梁取悬伸长度的 2 倍;

　　v ——梁的最大挠度,按毛截面上作用的荷载标准值计算;

　　v/l ——梁的相对挠度,简支梁受均布荷载标准值 q_k 时为:

$$\frac{v}{l} = \frac{5}{384} \frac{q_k l^3}{EI} = \frac{5}{48} \frac{M_k l}{EI} \tag{4-11}$$

对等间距 a 布置的集中荷载 F_k,$q_k \approx F_k/a$。

对均布荷载变截面简支梁为:

$$\frac{v}{l}=\frac{5}{384}\frac{q_{k}l^{3}}{EI}\eta=\frac{5}{48}\frac{M_{k}l}{EI}\eta \qquad (4\text{-}12)$$

式(4-12)中,η 值一般在 1.05 以内,刚度不够应调整截面尺寸,其中以增加截面高度最为有效。

4.2 梁的整体稳定

梁的整体稳定

4.2.1 钢梁整体稳定的概念

钢梁一般做成高而窄的截面,承受横向荷载作用时,在最大刚度平面内产生弯曲变形,截面上翼缘受压,下翼缘受拉,当弯矩增大,使受压翼缘的最大弯曲压应力达到某一数值时,钢梁会在偶然的很小的侧向干扰力下,突然向刚度很小的侧向发生较大的弯曲,由于受拉下翼缘的阻止(通过腹板),而使钢梁发生不可恢复的弯扭屈曲。如弯矩继续增大,则弯扭变形迅速继续增大,从而使梁丧失承载能力。这种因弯矩超过临界限值而使钢梁从稳定平衡状态转变为不稳定平衡状态并发生侧向弯扭屈曲的现象,称为钢梁侧扭屈曲或钢梁丧失整体稳定(见图 4-8(a)、(b))。其受压区为 T 形截面,失稳形态也相当于截面为单轴对称的轴心受压构件绕对称轴 y 的弯扭屈曲(见图 4-8(c))。

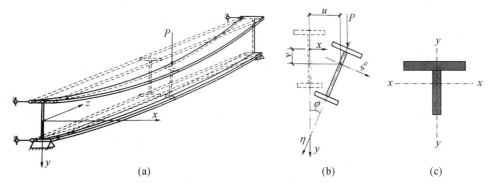

|(a)|(b)|(c)|

图 4-8 简支梁丧失整体稳定的变形示意图

4.2.2 梁的整体稳定的计算原理

图 4-9 所示为一双轴对称截面简支梁,在最大刚度 yz 平面内受弯矩 M(常数)作用。图中 u、v 分别为剪切中心沿 x、y 方向的位移,φ 为扭转角。在小变形条件下,梁处于弹性阶段,根据薄壁构件的计算理论得梁失稳的临界弯矩为:

$$M_{cr}=\frac{\pi}{l}\sqrt{EI_{y}GI_{t}}\sqrt{1+\frac{EI_{w}}{GI_{t}}\left(\frac{\pi}{l}\right)^{2}}=\frac{\pi^{2}EI_{y}}{l^{2}}\sqrt{\frac{I_{w}}{I_{y}}\left(1+\frac{l^{2}GI_{t}}{\pi^{2}EI_{w}}\right)} \qquad (4\text{-}13)$$

式(4-13)为双轴对称截面简支梁受纯弯曲时的临界弯矩公式。当梁为单轴对称截面、不同支承情况或不同荷载类型时的一般式(可用能量法推导)为:

$$M_{cr}=\beta_{1}\frac{\pi^{2}EI_{y}}{l^{2}}\left[\beta_{2}a+\beta_{3}y_{b}+\sqrt{(\beta_{2}a+\beta_{3}y_{b})+\frac{I_{w}}{I_{y}}\left(1+\frac{l^{2}GI_{t}}{\pi^{2}EI_{w}}\right)}\right] \qquad (4\text{-}14)$$

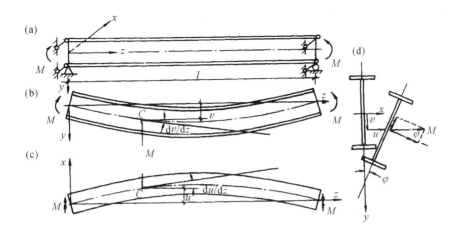

图 4-9　简支钢梁失稳变形示意图

式中：$y_b = y_0 + \left[\int_A y(x^2 + y^2)\mathrm{d}A\right]/(2I_x)$（坐标原点取截面形心 O，纵坐标指向受拉翼缘为

正）；

y_0——剪切中心 S 至形心 O 的距离（SO 指向受拉翼缘为正，反之为负）；

a——剪切中心 S 至荷载作用点 P 的距离[荷载向下时 P 在 S 下方时（如作用在下翼缘），a 值为正，不易失稳；反之，P 在 S 的上方时（如作用在上翼缘），a 值为负值，易失稳（见图 4-10）]；

β_1、β_2、β_3——支承条件和荷载类型影响系数（见表 4-3）。

表 4-3　工字形截面简支梁整体稳定系数 β_1、β_2、β_3 的值

荷载情况	β_1	β_2	β_3
纯弯曲	1.00	0	1.00
全部均布荷载	1.13	0.46	0.53
跨度中点集中荷载	1.35	0.55	0.40

由公式（4-14）可见，抗弯刚度 EI_y、抗扭刚度 GI_t、抗翘曲刚度 EI_w 愈大，则临界弯矩愈大；梁的跨度或侧向支承点间距愈小，则临界弯矩愈大；β_1 愈大，临界弯矩愈大；当 $a>0$（荷载作用在剪切中心下方）时，$\beta_2 a$ 愈大，临界弯矩就增大，当 $y_b>0$（工字形截面不对称）时，则 $\beta_3 y_b$ 愈大，临界弯矩就增大；反之，当 $a<0$ 或 $y_b<0$ 时，对整体稳定不利。

因此，影响梁整体稳定承载力的因素有荷载类型、荷载作用于截面上的位置、截面平面外的抗弯刚度和抗扭刚度以及梁受压翼缘侧向支承点的距离。

提高梁整体稳定承载力的最有效的措施是加大梁的侧向抗弯刚度和抗扭刚度（主要是加宽受压翼缘板的宽度 b_1），减小梁的侧向计算长度（增加受压翼缘的侧向支承点以

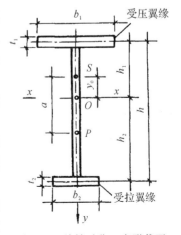

图 4-10　单轴对称工字形截面

减小受压翼缘侧向自由弯曲的长度)。简单讲就是使弱轴(y-y 轴)的长细比 λ_y 变小。

4.2.3 梁的整体稳定系数

梁的整体稳定系数 φ_b 为整体稳定临界应力与钢材屈服强度的比值,即:

$$\sigma_{cr} = \frac{M_{cr}}{W_x} \qquad \varphi_b = \frac{\sigma_{cr}}{f_y} = \frac{M_{cr}}{W_x f_y} \qquad (4\text{-}15)$$

对图 4-9 所示工字形截面简支梁,将式(4-13)代入式(4-15)得:

$$\varphi_b = \frac{\pi^2 E I_y}{W_x f_y l^2} \sqrt{\frac{I_w}{I_y}\left(1 + \frac{l^2 G I_t}{\pi^2 E I_w}\right)} \qquad (4\text{-}16)$$

对受纯弯曲的双轴对称工字形截面简支梁,上式可进一步简化:

$$\varphi_b = \frac{4320}{\lambda_y^2} \frac{Ah}{W_x}\left[\sqrt{1 + \left(\frac{\lambda_y t_1}{4.4h}\right)^2}\right]\varepsilon_k^2 \qquad (4\text{-}17)$$

对一般的受横向荷载或不等端弯矩作用的等截面焊接工字形和轧制 H 型钢简支梁,包括单轴对称和双轴对称工字形截面,应按式(4-18)计算其整体稳定系数;对于轧制普通工字形简支钢梁及轧制槽钢简支梁的整体稳定系数按附录 3 确定。

$$\varphi_b = \beta_b \frac{4320}{\lambda_y^2} \frac{Ah}{W_x}\left[\sqrt{1 + \left(\frac{\lambda_y t_1}{4.4h}\right)^2} + \eta_b\right]\varepsilon_k^2 \qquad (4\text{-}18)$$

式中:β_b——梁整体稳定的等效临界弯矩系数,按附录 3 采用;

λ_y——梁在侧向支承点间对截面弱轴 y-y 的长细比,$\lambda_y = l_1/i_y$,l_1 为简支梁受压翼缘侧向支承间的距离,i_y 为梁毛截面对 y 轴的截面回转半径;

A——梁的毛截面面积;

h、t_1——梁截面的全高和受压翼缘厚度;

ε_k——钢号调整系数,$\varepsilon_k = \sqrt{235/f_y}$;

η_b——截面不对称影响系数;对双轴对称截面 $\eta_b = 0$;对单轴对称工字形截面:加强受压翼缘 $\eta_b = 0.8(2\alpha_b - 1)$;加强受拉翼缘 $\eta_b = 2\alpha_b - 1$,$\alpha_b = \dfrac{I_1}{I_1 + I_2}$,$I_1$、$I_2$ 分别为受压翼缘和受拉翼缘对 y 轴的惯性矩。

当按公式(4-17)、(4-18)算得的 φ_b 值大于 0.6 时,说明梁在弹塑性状态下失稳,应用下式计算的 φ_b' 代替 φ_b 值:

$$\varphi_b' = 1.07 - \frac{0.282}{\varphi_b} \leqslant 1.0 \qquad (4\text{-}19)$$

另外,公式(4-18)亦适用于等截面铆接(或高强度螺栓连接)简支梁,其受压翼缘厚度包括翼缘角钢厚度在内。

针对均匀弯曲的受弯构件,当 $\lambda_y \leqslant 120\varepsilon_k$ 时,其整体稳定系数可按以下近似计算:

(1)工字形截面(含 H 型钢):

双轴对称时:
$$\varphi_b = 1.07 - \frac{\lambda_y^2}{44000\varepsilon_k^2} \qquad (4\text{-}20)$$

单轴对称时:
$$\varphi_b = 1.07 - \frac{W_x}{(2\alpha_b + 0.1)Ah} \times \frac{\lambda_y^2}{14000\varepsilon_k^2} \qquad (4\text{-}21)$$

(2)T 形截面(弯矩作用在对称轴平面,绕 x 轴):

①弯矩使翼缘受压时

双角钢 T 形截面：　　　　　　　　　　　$\varphi_b=1-0.0017\lambda_y/\varepsilon_k$　　　　　　　　　　　(4-22)

剖分 T 型钢和两板组合 T 形截面：　　　$\varphi_b=1-0.0022\lambda_y/\varepsilon_k$　　　　　　　　(4-23)

②弯矩使翼缘受拉且腹板宽厚比不大于 $18\varepsilon_k$ 时：

$$\varphi_b=1-0.0005\lambda_y/\varepsilon_k \qquad\qquad (4-24)$$

按式(4-20)～式(4-24)算得的 φ_b 值大于 0.6 时，不需按式(4-19)换算成 φ_b'；当按式(4-20)和式(4-21)算得的 φ_b 值大于 1.0 时，取 $\varphi_b=1.0$。由于一般情况下，梁的侧向长细比都大于 $120\varepsilon_k$，所以式(4-20)～式(4-24)主要用于压弯构件的平面外整体稳定计算。

4.2.4　梁的整体稳定计算方法

受弯构件所受应力应不大于整体稳定的临界应力，考虑抗力分项系数 γ_R 后，即为：

$$\sigma=\frac{M_x}{W_x}\leqslant\frac{\sigma_{cr}}{\gamma_R}=\frac{\sigma_{cr}}{f_y}\cdot\frac{f_y}{\gamma_R}=\varphi_b f$$

《钢结构设计标准》(GB 50017—2017)规定，在最大刚度平面内受弯的构件，其整体稳定性应按下式计算：

$$\frac{M_x}{\varphi_b W_x f}\leqslant1.0 \qquad\qquad (4-25)$$

式中：M_x——绕强轴作用的最大弯矩；

　　　W_x——按受压最大纤维确定的梁毛截面模量，当截面板件宽厚比等级为 S1 级、S2 级、S3 级或 S4 级时，应取全截面模量，当截面宽厚比等级为 S5 级时，应取有效截面模量；

　　　φ_b——梁的整体稳定系数。

在两个主平面受弯的 H 型钢截面或工字形截面构件，其整体稳定性应按下式计算：

$$\frac{M_x}{\varphi_b W_x f}+\frac{M_y}{\gamma_y W_y f}\leqslant1.0 \qquad\qquad (4-26)$$

式中：W_y——按受压最大纤维确定的对 y 轴的毛截面模量；

　　　φ_b——绕强轴弯曲所确定的梁整体稳定系数；

　　　γ_y——对弱轴的截面塑性发展系数，按表 4-2 采用。

规范规定符合下列情况之一时，可不计算梁的整体稳定性：

①有铺板(各种钢筋混凝土板和钢板)密铺在梁的受压翼缘上并与其牢固相连、能阻止梁受压翼缘的侧向位移时。

②不符合①款情况的箱形截面简支梁，其截面尺寸(图 4-11)应满足 $h/b_0\leqslant6$，$l_1/b_0\leqslant95\varepsilon_k^2$ 时，对跨中无侧向支承点的梁，l_1 为其跨度；对跨中有侧向支承点的梁，l_1 为受压翼缘侧向支承点间的距离(梁的支座处视为有侧向支承)。

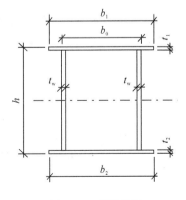

图 4-11　箱形截面

4.3 梁的局部稳定和腹板加劲肋

在梁的强度和整体稳定承载力都能得到保证的前提下,腹板或翼缘部分作为板件首先发生屈曲失去稳定,称为丧失局部稳定。

梁的局部稳定和加劲肋

4.3.1 梁受压翼缘的局部稳定

梁的受压翼缘受到均匀分布的最大弯曲压应力,当宽厚比超过某一限值,受压翼缘就会产生凸凹变形丧失稳定(见图 4-12)。《钢结构设计标准》(GB 50017—2017)通过对构件截面宽厚比等级(S1 级~S5 级)的划分,来考虑受压翼缘局部稳定性的影响,受弯构件(梁)的截面板件宽厚比等级及限值见表 4-1。

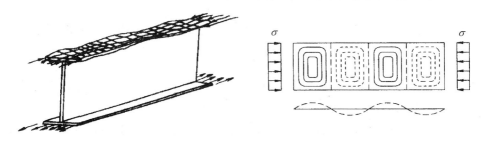

图 4-12 受压翼缘的局部稳定

4.3.2 梁腹板的局部稳定

1. 腹板在纯弯曲作用下失稳(见图 4-13)

腹板纯弯失稳时沿梁高方向为一个半波,沿梁长方向一般为每区格 1~3 个半波(半波宽≈0.7 腹板高)。

2. 在局部压应力作用下失稳(见图 4-14)

腹板在一个翼缘处承受局部压应力 σ_c,失稳时在纵横方向均为一个半波。

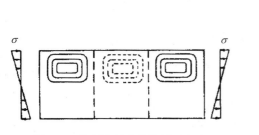

图 4-13 腹板在纯弯曲作用下失稳

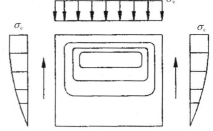

图 4-14 腹板在局部压应力作用下失稳

3. 腹板在纯剪作用下失稳(见图 4-15)

图 4-15 所示是均匀受剪的腹板,板四周的剪应力导致板斜向受压,因此也有局部稳定

问题,图中示出失稳时板的凹凸变形情况,这时凹凸变形的波峰和波谷之间的节线是倾斜的。实际受纯剪作用的板是不存在的,工程实践中遇到的都是切应力和正应力联合作用的情况。

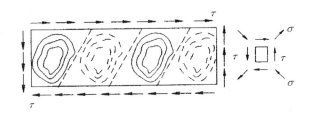

图 4-15 腹板在纯剪作用下失稳

4.3.3 梁腹板加劲肋的设计

1. 梁腹板加劲肋的布置和构造要求

加劲肋的布置有图 4-16 所示的几种形式,图 4-16(a)中仅布置横向加劲肋,图 4-16(b)中同时布置纵向加劲肋和横向加劲肋,图 4-16(d)中同时布置纵向加劲肋、横向加劲肋和短加劲肋。纵向加劲肋对提高腹板的弯曲临界应力特别有效;横向加劲肋能提高腹板临界应力并作为纵向加劲肋的支承;短加劲肋常用于局部压应力较大的情况。

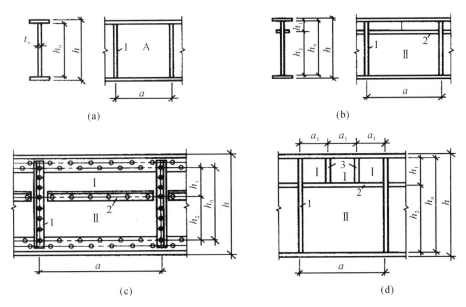

1-横向加劲肋   2-纵向加劲肋   3-短加劲肋

图 4-16 加劲肋布置

对于不考虑腹板屈服后强度的受弯构件腹板加劲肋的设置,《钢结构设计标准》(GB 50017—2017)规定:

①当 $h_0/t_w \leqslant 80\varepsilon_k$ 时,对有局部压应力($\sigma_c \neq 0$)的梁,宜按构造配置横向加劲肋;当局部压应力 σ_c 较小时,也可不配置加劲肋。

②当 $170\varepsilon_k \geqslant h_0/t_w > 80\varepsilon_k$ 时,应配置横向加劲肋,并计算腹板的局部稳定性。

③当 $h_0/t_w > 170\varepsilon_k$(受压翼缘扭转受到约束,如连有刚性铺板、制动板或焊有钢轨时)或 $h_0/t_w > 150\varepsilon_k$(受压翼缘扭转未受到约束时),或按计算需要时,在弯曲应力较大区格的受压区不但要配置横向加劲肋,还要配置纵向加劲肋。局部压应力很大的梁,必要时尚宜在受压区配置短加劲肋。

④梁的支座处和上翼缘受有较大固定集中荷载处,宜设置支承加劲肋。

任何情况下,h_0/t_w 均不应超过 250。

此处 h_0 为腹板的计算高度(对单轴对称梁,当确定是否要配置纵向加劲肋时,h_0 应取腹板受压区高度 h_c 的 2 倍),t_w 为腹板的厚度。

加劲肋的布置要求:加劲肋宜在腹板两侧成对配置,也可单侧配置,但支承加劲肋、重级工作制吊车梁的加劲肋不应单侧配置。

横向加劲肋的最小间距应为 $0.5h_0$,最大间距应为 $2h_0$。对无局部压应力的梁,当 $h_0/t_w \leqslant 100$ 时,可采用 $2.5h_0$。纵向加劲肋至腹板计算高度受压边缘的距离应在 $h_c/2.5 \sim h_c/2$ 范围内(h_c 为梁腹板弯曲受压区高度),对双轴对称截面 $2h_c = h_0$。

加劲肋的构造要求:在腹板两侧成对配置的钢板横向加劲肋,其截面尺寸应符合下列公式要求(见图 4-17):

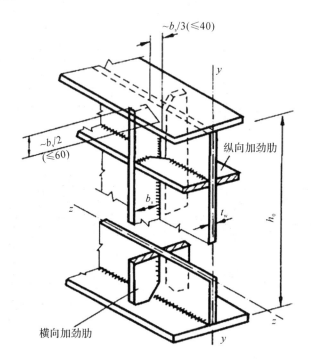

图 4-17 腹板加劲肋

外伸宽度 $$b_s \geqslant \frac{h_0}{30} + 40 \text{(mm)} \qquad (4\text{-}27)$$

厚度: $$t_s \geqslant \frac{b_s}{15} \text{(承压加劲肋)} \quad \text{或} \quad t_s \geqslant \frac{b_s}{19} \text{(不受力加劲肋)} \qquad (4\text{-}28)$$

在腹板一侧配置的横向加劲肋,其外伸宽度应大于按公式(4-27)算得的 1.2 倍。

在同时用横向加劲肋和纵向加劲肋加强的腹板中,横向加劲肋的截面尺寸除应符合上述规定外,其截面惯性矩 I_z 尚应符合下式要求:

$$I_z \geqslant 3h_0 t_w^3 \qquad (4-29)$$

纵向加劲肋的截面惯性矩 I_y,应符合下列公式要求:

当 $a/h_0 \leqslant 0.85$ 时: $\qquad I_y \geqslant 1.5 h_0 t_w^3 \qquad (4-30-1)$

当 $a/h_0 > 0.85$ 时: $\qquad I_y \geqslant \left(2.5 - 0.45 \dfrac{a}{h_0} \right) \left(\dfrac{a}{h_0} \right)^2 h_0 t_w^3 \qquad (4-30-2)$

短加劲肋的最小间距为 $0.75h_1$(h_1 见图 4-16)。短加劲肋外伸宽度应取横向加劲肋外伸宽度的 $0.7 \sim 1.0$ 倍,厚度不应小于短加劲肋外伸宽度的 1/15。

用型钢(H 型钢、工字钢、槽钢、肢尖焊于腹板的角钢)做成的加劲肋,其截面惯性矩不得小于相应钢板加劲肋的惯性矩;在腹板两侧成对配置的加劲肋,其截面惯性矩应按梁腹板中心线为轴线进行计算;在腹板一侧配置的加劲肋,其截面惯性矩应按与加劲肋相连的腹板边缘为轴线进行计算。

2. 仅设横向加劲肋梁腹板的局部稳定计算

仅配置横向加劲肋的腹板(见图 4-16(a)),其区格 A 的局部稳定应按下式计算:

$$\left(\frac{\sigma}{\sigma_{cr}} \right)^2 + \left(\frac{\tau}{\tau_{cr}} \right)^2 + \frac{\sigma_c}{\sigma_{c,cr}} \leqslant 1.0 \qquad (4-31)$$

式中:σ——所计算腹板区格内,由平均弯矩产生的腹板计算高度边缘的弯曲压应力;

$\qquad \tau$——所计算腹板区格内,由平均剪力产生的腹板平均剪应力,应按 $\tau = V/(h_w t_w)$ 计算(h_w 为腹板高度);

$\qquad \sigma_c$——腹板计算高度边缘的局部压应力,应按式(4-6)计算,取式中的 $\psi = 1.0$;

$\qquad \sigma_{cr}$、τ_{cr}、$\sigma_{c,cr}$——各种应力单独作用下的临界应力。

(1)σ_{cr} 按下列公式计算:

当 $\lambda_{n,b} \leqslant 0.85$ 时:

$$\sigma_{cr} = f \qquad (4-32-1)$$

当 $0.85 < \lambda_{n,b} \leqslant 1.25$ 时:

$$\sigma_{cr} = [1 - 0.75(\lambda_{n,b} - 0.85)] f \qquad (4-32-2)$$

当 $\lambda_{n,b} > 1.25$ 时:

$$\sigma_{cr} = 1.1 \, f / \lambda_{n,b}^2 \qquad (4-32-3)$$

当梁受压翼缘扭转受到约束时:

$$\lambda_{n,b} = \frac{2h_c/t_w}{177} \cdot \frac{1}{\varepsilon_k} \qquad (4-32-4)$$

当梁受压翼缘扭转未受到约束时:

$$\lambda_{n,b} = \frac{2h_c/t_w}{138} \cdot \frac{1}{\varepsilon_k} \qquad (4-32-5)$$

式中:$\lambda_{n,b}$——梁腹板受弯计算的正则化宽厚比;

$\qquad h_c$——梁腹板弯曲受压区高度,对双轴对称截面 $2h_c = h_0$。

(2)τ_{cr} 按下列公式计算:

当 $\lambda_{n,s} \leqslant 0.8$ 时:

$$\tau_{cr} = f_v \qquad (4-33-1)$$

当 $0.8 < \lambda_{n,s} \leq 1.2$ 时:

$$\tau_{cr} = [1 - 0.59(\lambda_{n,s} - 0.8)]f_v \qquad (4-33-2)$$

当 $\lambda_{n,s} > 1.2$ 时:

$$\tau_{cr} = 1.1 f_v/\lambda_{n,s}^2 \qquad (4-33-3)$$

当 $a/h_0 \leq 1.0$ 时:

$$\lambda_{n,s} = \frac{h_0/t_w}{37\eta \sqrt{4 + 5.34(h_0/a)^2}} \cdot \frac{1}{\varepsilon_k} \qquad (4-33-4)$$

当 $a/h_0 > 1.0$ 时:

$$\lambda_{n,s} = \frac{h_0/t_w}{37\eta \sqrt{5.34 + 4(h_0/a)^2}} \cdot \frac{1}{\varepsilon_k} \qquad (4-33-5)$$

式中: $\lambda_{n,s}$——梁腹板受剪计算的正则化宽厚比;

η——系数,简支梁取 1.11,框架梁梁端最大应力区取 1.0。

(3) $\sigma_{c,cr}$ 按下列公式计算:

当 $\lambda_{n,c} \leq 0.9$ 时:

$$\sigma_{c,cr} = f \qquad (4-34-1)$$

当 $0.9 < \lambda_{n,c} \leq 1.2$ 时:

$$\sigma_{c,cr} = [1 - 0.79(\lambda_{n,c} - 0.9)]f \qquad (4-34-2)$$

当 $\lambda_{n,c} > 1.2$ 时:

$$\sigma_{c,cr} = 1.1 f/\lambda_{n,c}^2 \qquad (4-34-3)$$

当 $0.5 \leq a/h_0 \leq 1.5$ 时:

$$\lambda_{n,c} = \frac{h_0/t_w}{28 \sqrt{10.9 + 13.4(1.83 - a/h_0)^3}} \cdot \frac{1}{\varepsilon_k} \qquad (4-34-4)$$

当 $1.5 < a/h_0 \leq 2.0$ 时:

$$\lambda_{n,c} = \frac{h_0/t_w}{28 \sqrt{18.9 - 5a/h_0}} \cdot \frac{1}{\varepsilon_k} \qquad (4-34-5)$$

式中: $\lambda_{n,c}$——梁腹板受局部压力计算时的正则化宽厚比。

提高板抵抗凹凸变形能力是提高板局部稳定性的关键。当板的支承条件已经确定时,其主要措施是增加板的厚度,减小板的周界尺寸(a、b),即限制板件的宽厚比,或设置加劲肋。

3. 同时设纵、横加劲肋腹板的局部稳定

当腹板 $h_0/t_w > 170\varepsilon_k$(受压翼缘扭转受到约束)或 $h_0/t_w > 150\varepsilon_k$(受压翼缘扭转未受到约束时,应同时设置横向和纵向加劲肋(见图 4-16(b)、(c)),纵向加劲肋设在离受压边缘 $h_1 = (1/4 \sim 1/5)h_0$ 位置,设受压翼缘与加劲肋间的区格为 I,受拉翼缘与纵向加劲肋间的区格为 II(见图 4-16(c)),应分别计算其局部稳定性。

(1)受压翼缘与纵向加劲肋之间的区格 I

区格 I 的特点是:高度尺寸 h_1 较小,压应力大,对稳定不利,切应力仍假定均匀分布;同时用横向加劲肋和纵向加劲肋加强的腹板(图 4-16(b)、(c))。其局部稳定性应按以下公式计算。

$$\frac{\sigma}{\sigma_{cr1}} + \left(\frac{\sigma_c}{\sigma_{c,cr1}}\right)^2 + \left(\frac{\tau}{\tau_{cr1}}\right)^2 \leq 1.0 \qquad (4-35)$$

式中：σ_{cr1}、τ_{cr1}、$\sigma_{c,cr1}$ 分别按以下方法计算。

①σ_{cr1} 按式(4-32-1)～式(4-32-3)计算，但式中的 $\lambda_{n,b}$ 改用下列 $\lambda_{n,b1}$ 代替。

当梁受压翼缘扭转受到约束时：

$$\lambda_{n,b1} = \frac{h_1/t_w}{75\varepsilon_k} \qquad (4-36-1)$$

当梁受压翼缘扭转未受到约束时：

$$\lambda_{n,b1} = \frac{h_1/t_w}{64\varepsilon_k} \qquad (4-36-2)$$

式中：h_1——纵向加劲肋至腹板计算高度受压边缘的距离。

②τ_{cr1} 按式(4-33-1)～式(4-33-5)计算，将式中的 h_0 改为 h_1。

③$\sigma_{c,cr1}$ 按式(4-34-1)～式(4-34-3)计算，但式中的 $\lambda_{n,b}$ 改用下列 $\lambda_{n,c1}$ 代替。

当梁受压翼缘扭转受到约束时：

$$\lambda_{n,c1} = \frac{h_1/t_w}{56\varepsilon_k} \qquad (4-37-1)$$

当梁受压翼缘扭转未受到约束时：

$$\lambda_{n,c1} = \frac{h_1/t_w}{40\varepsilon_k} \qquad (4-37-2)$$

(2)受拉翼缘与纵向加劲肋之间的区格Ⅱ

区格Ⅱ的特点是弯曲应力以受拉为主，对稳定有利，最大压应力在纵向加劲肋部位，其值比区格Ⅰ小得多，《钢结构设计标准》(GB 50017—2017)规定的计算公式如下：

$$\left(\frac{\sigma_2}{\sigma_{cr2}}\right)^2 + \left(\frac{\tau}{\tau_{cr2}}\right)^2 + \frac{\sigma_{c2}}{\sigma_{c,cr2}} \leqslant 1.0 \qquad (4-38)$$

式中：σ_2——所计算区格内由平均弯矩产生的腹板在纵向加劲肋处的弯曲压应力；

σ_{c2}——腹板在纵向加劲肋处的横向压应力，取 $0.3\sigma_c$。

①σ_{cr2} 按式(4-32-1)～式(4-32-3)计算，但式中的 $\lambda_{n,b}$ 改用下列 $\lambda_{n,b2}$ 代替。

$$\lambda_{n,b2} = \frac{h_2/t_w}{194\varepsilon_k} \qquad (4-39)$$

②τ_{cr2} 按式(4-33-1)～式(4-33-5)计算，将式中的 h_0 改为 $h_2(h_2 = h_0 - h_1)$。

③$\sigma_{c,cr2}$ 按式(4-34-1)～式(4-34-3)计算，但式中 h_0 改为 h_2，当 $a/h_2 > 2$ 时，取 $a/h_2 = 2$。

4. 短加劲肋

在受压翼缘与纵向加劲肋之间设有短加劲肋的区格(图 4-16(d))，其局部稳定性按式(4-35)计算。该式中的 σ_{cr1} 仍按(4-32)计算；τ_{cr1} 按式(4-33)计算，但将 h_0 和 a 改为 h_1 和 a_1(a_1 为短加劲肋间距)；$\sigma_{c,cr1}$ 按式(4-34)计算，但式中 $\lambda_{n,b}$ 改用下列 $\lambda_{n,c1}$ 代替。

当梁受压翼缘扭转受到约束时：

$$\lambda_{n,c1} = \frac{a_1/t_w}{87\varepsilon_k} \qquad (4-40-1)$$

当梁受压翼缘扭转未受到约束时：

$$\lambda_{n,c1} = \frac{a_1/t_w}{73\varepsilon_k} \qquad (4-40-2)$$

对 $a_1/h_1 > 1.2$ 的区格，式(4-40)右侧应乘以 $1/\left(0.4 + 0.5\dfrac{a_1}{h_1}\right)^{\frac{1}{2}}$。

5. 支承加劲肋

支承加劲肋一般由成对布置的钢板做成(见图 4-18(a)),也可以用凸缘式加劲肋,其凸缘加劲肋伸出长度不得大于其厚度的 2 倍(见图 4-18(b))。支承加劲肋除保证腹板局部稳定外,还要将支反力或固定集中力传递到支座或梁截面内,因此支承加劲肋的截面除满足加劲肋的各项要求外,还应按传递支反力或集中力的轴心压杆进行计算,其截面常常比一般加劲肋截面稍大一些。

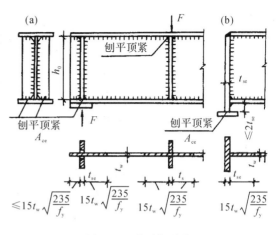

图 4-18 支承加劲肋

支承加劲肋的设计主要包括以下三个方面:

(1)腹板平面外的稳定性

为了保证支承加劲肋能安全地传递支反力或集中荷载 F,梁的支承加劲肋,应按承受梁支座反力或固定集中荷载的轴心受压构件计算其在腹板平面外的稳定性。此受压构件的截面应包括加劲肋和加劲肋每侧 $15t_w\varepsilon_k$ 范围内的腹板面积,计算长度取 h_0(梁端处若腹板长度不足时,按实际长度取值)。

(2)端面承压强度

支承加劲肋的端部一般刨平顶紧于梁翼缘或支座,应按下式计算端面承压应力:

$$\sigma_{ce}=\frac{F}{A_{ce}}\leqslant f_{ce} \tag{4-41}$$

式中:A_{ce}——端面承压面积(接触处净面积,见图 4-18);

f_{ce}——钢材端面承压强度设计值($f_{ce}\approx1.5f$),见附表 1-1。

支承加劲肋端部也可以不用刨平顶紧,而用焊缝连接传力,此时则应计算焊缝强度。

(3)支承加劲肋与腹板的连接焊缝

可假定 F 力沿焊缝全长均匀分布进行计算。支承加劲肋与腹板的连接焊缝应按承受全部支座反力或集中荷载 F 计算。通常采用角焊缝连接,焊脚尺寸应满足构造要求。

4.4 型钢梁的设计

型钢梁设计应满足强度、刚度和整体稳定的要求。下面分别讲述单向弯曲及双向弯曲型钢梁的设计。

4.4.1 单向弯曲型钢梁

单向受弯型钢梁用得最多的是热轧普通型钢和 H 型钢,设计步骤如下:

梁的设计

1. 确定设计条件

根据梁的荷载、跨度及支承条件,计算梁的最大弯矩设计值 $M_{\max}$,并按选定钢材确定其抗弯强度设计值 f。

2. 计算 W_{nx},初选截面

根据梁的抗弯强度要求 $\sigma_{\max}=M_x/\gamma_x W_{nx}\leqslant f$,计算型钢所需的对 x 轴的净截面模量 $W_{nx}=M_x/\gamma_x f$,若截面板件宽厚比等级为 S1 级～S3 级,截面塑性发展系数 γ_x 可取 1.05。当梁最大弯矩处截面上有孔洞(如螺栓孔等)时,可将上式算得的 W_{nx} 增大 $10\%\sim15\%$,然后由 W_{nx} 查附录型钢表,选定型钢号。

3. 验算截面

计算钢梁的自重荷载及其弯矩,然后由式(4-3)、(4-11)及(4-25)分别验算梁的抗弯强度、刚度及整体稳定,注意强度及稳定按荷载设计值计算,刚度按荷载标准值计算。

为节省钢材,应尽量采用牢固连接于受压翼缘的密铺面板或足够的侧向支承以达到梁截面由强度条件控制,而不是由稳定条件控制。由于型钢梁腹板较厚,一般截面无削弱情况,可不验算切应力及折算应力。对于翼缘上只承受均布荷载的梁,局部承压强度亦可不验算。

4.4.2 双向弯曲型钢梁和檩条

双向弯曲型钢梁承受两个主平面方向的弯矩和剪力,设计要求与单向弯曲梁相同,也应考虑强度、刚度、整体稳定和局部稳定满足要求。其中切应力和局部稳定一般不必验算,局部压应力和折算应力只在有较大集中荷载或支座反力的情况下,必要时验算。

双向受弯型钢梁大多用于檩条和墙梁,其截面设计步骤与单向弯曲情况基本相同,不同点如下:

(1)选定型钢截面。可先单独按 M_x(或 M_y)计算所需净截面模量 W_{nx}(或 W_{ny}),然后考虑 M_y(或 M_x)作用,适当加大 W_{nx}(或 W_{ny})选定型钢截面。

(2)按式(4-4)、(4-26)验算强度和整体稳定。

(3)按式 $\sqrt{v_x^2+v_y^2}\leqslant[v]$ 验算刚度,v_x、v_y 分别为沿截面主轴 x 和 y 方向的分挠度,它们分别由各自方向的标准荷载产生。

双向弯曲型钢梁最常用于檩条,沿屋面倾斜放置,竖向荷载 q 可对截面两个主轴分解成

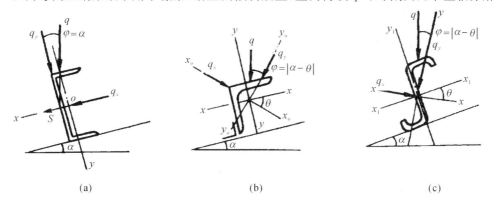

图 4-19　型钢梁截面与受力分析

$q_y = q\cos\varphi, q_x = q\sin\varphi$ 两个分力(见图 4-19),从而引起双向弯曲。檩条支承在屋架处,用焊于屋架的短角钢檩托托住,并用 C 级螺栓或焊缝连接(见图 4-20),以保证支座处的侧向稳定和传力。

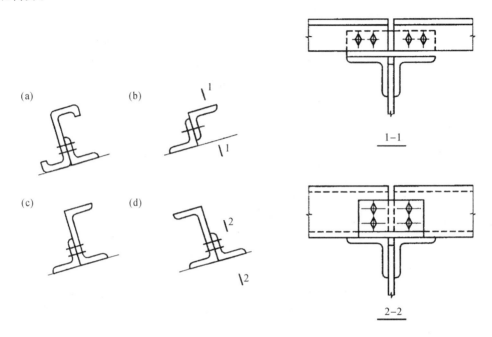

图 4-20　檩条与屋架的连接

型钢檩条截面常用热轧槽钢,屋架间距较大时有时采用宽翼缘工字钢,轻型屋面时也常采用冷弯薄壁卷边槽钢或 Z 型钢,跨度小时也可用热轧角钢。槽钢檩条(见图 4-20(c))通常把槽口向上放置,在一般屋面坡度下可使竖向荷载偏离截面剪切中心较小,计算时不考虑扭转;角钢檩条是角钢尖向下和向屋脊放置(见图 4-20(b)),使角钢尖受拉有利于整体稳定,减小弱轴方向受力,也便于放置屋面板;卷边 Z 型钢檩条(见图 4-20(a))是把上翼缘槽口向上放置,除减小扭转偏心距外,还使竖向荷载下受力更接近于强轴单向受弯。

屋面板应尽量与檩条连接牢固,以保证檩条的整体稳定,否则在设计时应计算檩条受双向弯曲的整体稳定。屋盖中檩条用钢量所占比例较大,因此合理选择檩条形式、截面和间距,以减少檩条用钢量,对减轻屋盖重量、节约钢材有重要意义。

【例 4-1】某一标高 5.5m 的工作平台梁格布置如图 4-21所示。平台为预制钢筋混凝土板,厚度100mm,上铺 20mm 厚素豆石混凝土,平台承受的工作静活载标准值为 12.5kN/m²,钢材采用 Q235,试选择次梁截面(按建筑结构荷载规范 GB 50009—2012 计算)。

【解】次梁上有面板焊接牢固,不必计算整体稳定;型钢梁不必计算局部稳定,故只需考虑强度和刚度。

(1)荷载计算

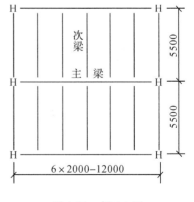

图 4-21　例 4-1 图

钢筋混凝土、素豆石混凝土容重分别为 $25kN/m^3$ 和 $24kN/m^3$，平台板传来恒载标准值为：

$$25\times0.1+24\times0.02=2.98(kN/m^2)$$

次梁承受 2m 宽度范围内的平台荷载，设次梁自重为 0.8kN/m，则次梁承担的线荷载设计值为：

$$q=2.98\times2\times1.2+12.5\times2\times1.3+0.8\times1.2=40.6(kN/m)$$

（2）截面选择及强度验算

次梁与主梁按铰接设计，次梁内力为：

$$M_{max}=\frac{ql^2}{8}=\frac{40.6\times5.5^2}{8}=153.5(kN\cdot m)$$

$$V_{max}=\frac{ql}{2}=\frac{40.6\times5.5}{2}=111.7(kN)$$

所需截面抵抗矩为：

$$W_x=\frac{M_{max}}{\gamma_x f}=\frac{153.5\times10^6}{1.05\times215}=679955.7(mm^3)\approx680(cm^3)$$

初选 I32a，由附表 6-1 查得 $W_x=692cm^3>680cm^3$，$I_x=11080cm^4$，$I_x/S=27.7cm$，翼缘厚 $t=15mm<16mm$，腹板厚 $t_w=9.5mm<16mm$，腹板与翼缘交接圆角 $R=11.5mm$，质量 52.7kg/m；查表 4-1，截面板件宽厚比等级为 S1 级；查附表 1-1 取 $f=215N/mm^2$，$f_v=125N/mm^2$，自重 $g_1=0.516kN/m<0.8kN/m$（假定值），可不进行抗弯强度验算。

（3）挠度验算

次梁承担的线荷载标准值为：

$$q_k=2.98\times2+12.5\times2+0.8=31.76(kN/m)$$

$$\frac{v}{l}=\frac{5}{384}\frac{q_k l^3}{EI}=\frac{5}{384}\times\frac{31.76\times5500^3}{206\times10^3\times11080\times10^4}=\frac{1}{332}<\frac{[v]}{l}=\frac{1}{250}$$

（4）抗剪强度验算

①如果次梁与主梁用等高连接，连接处次梁上部切肢 50mm，假设端部剪力由腹板承受，可近似地假定最大剪应力为腹板平均剪应力的 1.2 倍，即：

$$\tau=1.2\frac{V_{max}}{h_w t_w}=\frac{1.2\times111.7\times10^3}{(320-50-15-11.5)\times9.5}=57.9(N/mm^2)<f_v=125(N/mm^2)$$

本次梁没有 M 和 V 都较大的截面，不必计算折算应力。故截面 I32a 足够。

②如果次梁和主梁用叠接，则梁端剪应力为：

$$\tau=\frac{V_{max}S}{It_w}=\frac{111.7\times10^3}{9.5\times27.7\times10}=42.4(N/mm^2)<f_v=125(N/mm^2)$$

（5）局部承压强度验算

假定次梁支于主梁的长度为 $a=80mm$，如不设支承加劲肋，则应计算支座处局部压应力：

$$h_y=t+R=15+11.5=26.5mm，l_z=a+5h_y=80+5\times26.5=212.5(mm)$$

$$\sigma_c=\frac{\psi V_{max}}{t_w l_z}=\frac{1.0\times111.7\times10^3}{9.5\times212.5}=55.3(N/mm^2)<f=215(N/mm^2)$$

支座处同时有 σ_c 和 τ 但都不大，而弯曲应力 $\sigma=0$，故按 σ_c 和 τ_1 的折算应力不再计算。

截面 I32a 足够。

【例 4-2】次梁的尺寸和荷载同例 4-1,但部分梁上无密铺焊牢的刚性面板,试按整体稳定要求选择次梁截面(按建筑结构荷载规范 GB 50009—2012 计算)。

【解】由例题 4-1 有 $M_{max}=153.5$kN·m(次梁自重仍按原假定值)。原选 I32a,现按跨中无侧向支承点,$l_1=5.5$m,均布荷载作用在上翼缘,假定工字钢型号为 I22～40,则由附表 3-2 查得 $\varphi_b=0.66(>0.60)$。由式(4-20)$\varphi'_b=0.643$,故所需截面抵抗矩为:

$$W=\frac{M_{max}}{\varphi_b f}=\frac{153.5\times10^6}{0.643\times215}=1110348(mm^3)=1110.3(cm^3)$$

选用 I40c,查表 4-1,截面板件宽厚比等级为 S1 级;$W=1192cm^3>1110.3cm^3$,$I_x/S=33.5$cm,翼缘厚 $t=16.5mm>16mm$,腹板厚 $t_w=14.5mm<16mm$,腹板与翼缘交接圆角 $R=12.5mm$,质量 80.1kg/m;查附表 1-1 取 $f=205N/mm^2$,$f_v=125N/mm^2$,自重 $g_1=0.785$kN/m<0.8kN/m(假定值),最大弯矩仍取 $M_{max}=153.5$kN·m。

整体稳定验算:

$$\frac{M_{max}}{\varphi_b W_x f}=\frac{153.5\times10^6}{0.643\times1192\times10^3\times205}=0.98\leqslant1.0,满足设计要求$$

强度和刚度肯定满足,请同学们思考或验算。

以上计算结果表明:稳定起控制作用所需截面 I40c 比强度起控制作用所需截面 I32a 明显增大,例题 4-2 次梁用钢量为 80.1kg/m,比例题 4-1 次梁用钢量 52.7kg/m 增加 $\frac{(80.1-52.7)}{52.7}\times100\%=52\%$。

【例 4-3】某普通钢屋架单跨简支檩条,跨度为 6m,檩条坡向间距为 0.798m,跨中设一道拉条。屋面水平投影上,屋面材料自重标准值和屋面可变荷载标准值分别为 0.3kN/m^2 和 0.45kN/m^2,屋面坡度 $i=1/2.5$。材料用 Q235,檩条容许挠度 $[v]=l/150$,采用热轧普通槽钢檩条,试选用其截面(按建筑结构荷载规范 GB 50009—2012 计算)。

【解】参照已有资料,初选[10 热轧普通槽钢,查附表 6-3 得自重标准值为 0.098kN/m,再考虑拉条及支撑,按檩条自重为 0.10kN/m 计算。

$$W_x=39.7cm^3,W_{ymin}=7.8cm^3$$
$$W_{ymax}=16.9cm^3,I_x=198cm^4$$
$$i_x=3.94cm,i_y=1.42cm$$

查表 4-1,截面板件宽厚比等级为 S1 级

1. 荷载与内力计算

(1)荷载计算

屋面倾角(图 4-22)为 $\alpha=arctg(\frac{1}{2.5})=21.8°$

屋面自重标准值(线荷载)　$q_{Gk}=0.3\times0.798cos21.8°=0.222(kN/m)$

可变荷载标准值(线荷载)　$q_{Qk}=0.45\times0.798cos21.8°=0.333(kN/m)$

檩条线荷载(标准值)　$q_k=0.222+0.10+0.333=0.655(kN/m)$

檩条线荷载(设计值)　$q=1.2\times(0.222+0.10)+1.4\times0.333=0.853(kN/m)$

$$q_x=qsin\alpha=0.853\times sin21.8°=0.317(kN/m)$$
$$q_y=qcos\alpha=0.853\times cos21.8°=0.792(kN/m)$$

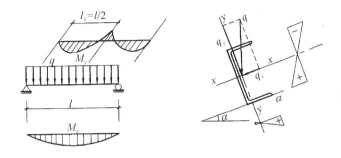

图 4-22　例 4-3 图

（2）内力计算

由 q_y 和 q_x 引起的弯矩 M_x 和 M_y 分别为：

$$M_x = \frac{q_y l^2}{8} = \frac{0.792 \times 6^2}{8} = 3.564 (\text{kN} \cdot \text{m}) \text{（正弯矩）}$$

$$M_y = \frac{q_x l_1^2}{8} = \frac{0.317 \times 3^2}{8} = 0.357 (\text{kN} \cdot \text{m}) \text{（负弯矩）}$$

2. 截面验算

（1）抗弯强度

由于跨中截面 M_x、M_y 都很大，故该截面上的 a 点应力最大（拉应力），为危险截面危险点。计算截面有孔洞削弱，考虑一定的折减，取 $W_{nx} = 0.9W_x$，$W_{ny} = 0.9W_{ymin}$

$$\sigma_a = \frac{M_x}{\gamma_x W_{nx}} + \frac{M_y}{\gamma_y W_{ny}} = \frac{3.564 \times 10^6}{1.05 \times 0.9 \times 39.7 \times 10^3} + \frac{0.357 \times 10^6}{1.20 \times 0.9 \times 7.8 \times 10^3}$$

$$= 137.4 (\text{N/mm}^2) < f = 215 (\text{N/mm}^2)$$

（2）刚度验算

檩条在垂直于屋面方向的最大挠度为：

$$v = \frac{5 \times 0.655 \times \cos 21.8 \times (6 \times 10^3)^4}{384 \times 2.06 \times 10^5 \times 198 \times 10^4} = 25.2 (\text{mm}) < [v] = \frac{1}{150} l = \frac{6000}{150} = 40 (\text{mm})$$

（3）整体稳定

根据附录 3.3，轧制槽钢截面：

$$\varphi_b = \frac{570bt}{l_1 h} \varepsilon_k^2 = \frac{570 \times 48 \times 8.5}{3000 \times 100} = 0.78 > 0.6$$

按式（4-19）进行弹塑性修正：$\varphi_b' = 1.07 - \frac{0.282}{\varphi_b} = 1.07 - \frac{0.282}{0.78} = 0.71$

$$\frac{M_x}{\varphi_b W_x f} + \frac{M_y}{\gamma_y W_{ymax} f} = \frac{3.564 \times 10^6}{0.71 \times 39.7 \times 10^3 \times 215} + \frac{0.357 \times 10^6}{1.20 \times 16.9 \times 10^3 \times 215} = 0.67 < 1.0$$

$$\frac{M_x}{\varphi_b W_x f} + \frac{M_y}{\gamma_y W_{ymin} f} = \frac{3.564 \times 10^6}{0.71 \times 39.7 \times 10^3 \times 215} + \frac{0.357 \times 10^6}{1.20 \times 7.8 \times 10^3 \times 215} = 0.77 < 1.0，即$$

使使用 W_{ymin} 进行验算，也满足整体稳定设计要求。

故采用 [10 槽钢檩条满足要求。

【例 4-4】设计要求同例 4-3，但采用冷弯薄壁卷边槽钢檩条，试选用其截面（按建筑结构荷载规范 GB 50009—2012 计算）。

【解】 初选冷弯薄壁卷边槽钢 C180×70×20×2.0，查表得 $A=6.87cm^2$，$I_x=343.93cm^4$，$W_x=38.21cm^3$，$I_y=45.18cm^4$，$W_{ymax}=21.37cm^3$，$W_{ymin}=9.25cm^3$，$I_t=0.0916cm^4$，$I_\omega=2934.34cm^6$，$i_x=7.08cm$，$i_y=2.57cm$，$x_0=2.110cm$，质量 5.39 kg/m。

自重标准值为 0.0528kN/m，再考虑拉条及支撑，按檩条自重为 0.06kN/m 计算。

1. 荷载与内力计算

(1) 荷载计算

屋面倾角（图 4-22）为 $\alpha=\arctan(\frac{1}{2.5})=21.8°$

屋面自重标准值（线荷载）$q_{Gk}=0.3\times0.798\cos21.8°=0.222$ (kN/m)

可变荷载标准值（线荷载）$q_{Qk}=0.45\times0.798\cos21.8°=0.333$ (kN/m)

檩条线荷载（标准值）$q_k=0.222+0.06+0.333=0.615$(kN/m)

檩条线荷载（设计值）$q=1.2\times(0.222+0.06)+1.4\times0.333=0.805$(kN/m)

$$q_x=q\sin\alpha=0.805\times\sin21.8°=0.299(kN/m)$$

$$q_y=q\cos\alpha=0.805\times\cos21.8°=0.747(kN/m)$$

(2) 内力计算

由 q_y 和 q_x 引起的弯矩 M_x 和 M_y 分别为：

$$M_x=\frac{q_y l^2}{8}=\frac{0.747\times6^2}{8}=3.363(kN\cdot m) （正弯矩）$$

$$M_y=\frac{q_x l_1^2}{8}=\frac{0.299\times3^2}{8}=0.337(kN\cdot m) （负弯矩）$$

2. 截面验算

(1) 抗弯强度

危险截面仍为跨中截面，危险点同例 4-3。

对于冷弯薄壁型钢，允许局部屈曲，要计算有效截面。我国采用有效宽度法进行计算，具体参见冷弯薄壁型钢结构技术规范（GB 50018—2016）。为了简化计算，考虑一定的折减，折减系数可参考孙德发在《工业建筑》2015 年第 2 期上发表的"冷弯薄壁卷边槽钢檩条的有效截面分析"一文，取 $W_{enx}=0.9W_x$，$W_{eny}=0.9W_{ymin}$

$$\sigma_a=\frac{M_x}{W_{enx}}+\frac{M_y}{W_{eny}}=\frac{3.363\times10^6}{0.9\times38.21\times10^3}+\frac{0.337\times10^6}{0.9\times9.25\times10^3}=138.3(N/mm^2)<f=205(N/mm^2)$$

(2) 刚度验算

檩条在垂直于屋面方向的最大挠度为：

$$v=\frac{5\times0.615\times\cos21.8°\times(6\times10^3)^4}{384\times2.06\times10^5\times343.93\times10^4}=13.6(mm)<[v]=\frac{1}{150}l=\frac{6000}{150}=40(mm)$$

(3) 整体稳定

取 $W_{ex}=0.9W_x$，$W_{ey}=0.9W_y$

根据冷弯薄壁型钢结构技术规范（GB 50018—2016）附录 A.2 受弯构件的整体稳定系数之规定，查表，跨中有一道侧向支承，$\mu_b=0.50$，$\xi_1=1.35$，$\xi_2=0.14$，

$$e_a=-h/2=-180/2=-90（荷载指向弯心，取负值）$$

$$\eta=2\xi_2 e_a h=2\times0.14\times(-90)/180=-0.14，$$

$$\zeta=\frac{4I_\omega}{h^2 I_y}+\frac{0.156I_t}{I_y}\left(\frac{\mu_b l}{h}\right)^2=\frac{4\times2934.34}{18^2\times45.18}+\frac{0.156\times0.0916}{45.18}\left(\frac{0.5\times600}{18}\right)^2=0.8897$$

$$\lambda_y = \frac{300}{2.57} = 116.73$$

$$\varphi_{bx} = \frac{4320Ah}{\lambda_y^2 W_x}\xi_1\left(\sqrt{\eta^2+\zeta}+\eta\right)\cdot\left(\frac{235}{f_y}\right)$$

$$= \frac{4320\times6.87\times18}{116.73^2\times38.21}\times1.35\times\left(\sqrt{(-0.14)^2+0.8897}-0.14\right) = 1.127 > 0.7$$

$$\text{修正为 } \varphi'_{bx} = 1.091 - \frac{0.274}{\varphi_{bx}} = 1.091 - \frac{0.274}{1.127} = 0.848$$

$$\sigma = \frac{M_x}{\varphi'_{bx}W_{ex}} + \frac{M_y}{W_{ey}} = \frac{3.363\times10^6}{0.848\times0.9\times38.21\times10^3} + \frac{0.337\times10^6}{0.9\times21.37\times10^3}$$

$$= 132.8(\text{N/mm}^2) < f = 205\text{N/mm}^2$$

$$\sigma = \frac{M_x}{\varphi'_{bx}W_{ex}} + \frac{M_y}{W_{ey}} = \frac{3.363\times10^6}{0.848\times0.9\times38.21\times10^3} + \frac{0.337\times10^6}{0.9\times9.25\times10^3} = 155.8(\text{N/mm}^2) < f$$

$=205(\text{N/mm}^2)$，即使使用 W_{eymin} 进行验算，也满足整体稳定设计要求。

故采用冷弯薄壁卷边槽钢 C180×70×20×2.0，檩条满足要求。

计算结果表明：冷弯薄壁卷边槽钢截面 C180×70×20×2.0 比热轧普通槽钢[10 用钢量减少 $\frac{(10-5.39)}{10}\times100\% = 46.1\%$，说明檩条采用冷弯薄壁卷边型钢（C、Z 型）更经济、合理。

4.5　组合梁的设计

4.5.1　截面设计

本节以焊接双轴对称工字形钢板梁（见图 4-23）为例来说明组合梁截面设计步骤。所需确定的截面尺寸为截面高度 h（腹板高度 h_0）、腹板厚度 t_w、翼缘宽度 b 及厚度 t。钢板组合梁截面设计的任务是：合理地确定 h_0、t_w、b、t，以满足梁的强度、刚度、整体稳定及局部稳定等要求，并能节省钢材，经济合理。钢板组合梁设计步骤为：估算梁的高度 h_0，确定腹板的厚度 t_w 和翼缘尺寸 b、t，然后验算梁的强度和稳定。

1. 截面高度 h（或腹板高度 h_0）

梁的截面高度应根据建筑高度、刚度要求及经济要求确定。

建筑高度是指按使用要求所允许的梁的最大高度。例如当建筑楼层层高确定后，为保证室内净高不低于规定值，就要求楼层梁高不得超过某一数值。又如跨越河流的桥梁，当桥面标高确定以后，为保证桥下有一定通航净空，也要限制梁的高度不得过大。根据下层使用所要求的最小净空高度，可算出建筑容许的最大梁高 h_{max}。

刚度要求是指为保证正常使用条件下，梁的挠度不超过规定允许挠度。对于受均布荷

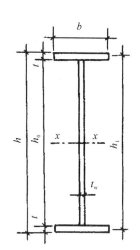

图 4-23　截面尺寸

载的简支梁,由下式

$$v = \frac{5}{384} \frac{q_k l^4}{EI} \leqslant [v] \tag{4-42}$$

可算出刚度要求的最小梁高 $h_{\min}$。$h_{\min}$ 推导如下:

式(4-42)中 q_k 为均布荷载标准值。若取荷载分项系数为平均值 1.3,则设计弯矩为 $M = \frac{1}{8} \times 1.3 q_k l^2$,设计应力 $\sigma = \frac{M}{W} = \frac{Mh}{2I}$,代入式(4-42)得:

$$v = \frac{5}{1.3 \times 48} \frac{Ml^2}{EI} = \frac{5}{1.3 \times 24} \frac{\sigma l^2}{Eh} \leqslant [v]$$

若材料强度得到充分利用,上式中 σ 可达 f,若截面板件宽厚比等级为 S1 级～S3 级,塑性发展系数可达 1.05,将 $\sigma = 1.05 f$ 代入得:

$$\frac{h}{l} \geqslant \frac{5}{1.3 \times 24} \times \frac{1.05 fl}{206000 [v]} \approx \frac{fl}{1.25 \times 10^6} \times \frac{1}{[v]} = \frac{h_{\min}}{l} \tag{4-43}$$

$\frac{h_{\min}}{l}$ 的意义为:当所选梁截面高跨比 $\frac{h}{l} > \frac{h_{\min}}{l}$ 时,只要梁的抗弯强度满足,则梁的刚度条件也同时满足。

令 $\frac{v}{l} = \frac{1}{n}$($v$ 见附表 2-1),则刚度要求的最小梁高为:

$$\frac{h_{\min}}{l} = \frac{f}{1.25 \times 10^6 \left[\frac{v}{l}\right]} = \frac{fn}{1.25 \times 10^6} \tag{4-44}$$

经济要求是指在满足抗弯和稳定条件下,使腹板和翼缘的总用钢量最小。

为了既满足各项要求,用钢量又经济,对梁的截面进行组成分析发现,在同样的截面模量的情况下,梁的高度越大,腹板用钢量 G_w 越多,但可减小翼缘尺寸,使翼缘用钢量 G_f 减少,反之亦然。最经济的梁高 h_e 应该使梁的总用钢量最小,如图 4-24 所示。实际的用钢量不仅与腹板、翼缘尺寸有关,还与加劲肋布置等因素有关,经分析梁的经济高度 h_e 可按下述公式计算:

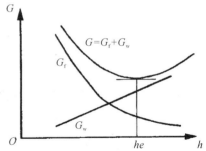

图 4-24 工形截面梁的 G-h 关系

$$h_e = 2 W_x^{0.4} \quad \text{或} \quad h_e = 7 \sqrt[3]{W_x} - 300 \text{mm} \tag{4-45}$$

式中:$W_x = \frac{M_x}{\alpha f}$,对一般单向弯曲梁,当最大弯矩处无孔眼时 $\alpha = 1.05$,有孔眼时 $\alpha = 0.85 \sim$ 0.9;对吊车梁,考虑横向水平荷载的作用,可取 $\alpha = 0.7 \sim 0.9$。

根据上述三个条件,实际所取梁高 h 主要满足经济高度,即 $h \approx h_e$;也应满足 $h_{\min} \leqslant h \leqslant h_{\max}$,$h_0$ 可按 h 取稍小数值;同时应考虑钢板规格尺寸,并宜取 h 为 50mm 的倍数。

2. 腹板厚度 t_w

腹板主要承担剪力,其厚度 t_w 要满足抗剪强度要求。计算时近似假定最大切应力为腹平均切应力的 1.2 倍,即:

$$\tau_{\max} = \frac{VS}{I_x t_w} \approx 1.2 \frac{V}{h_0 t_w} \leqslant f_v \tag{4-46}$$

按抗剪要求腹板厚度

$$t_{w\min} \approx \frac{1.2 V_{\max}}{h_0 f_v} \tag{4-47}$$

考虑腹板局部稳定及构造要求,腹板不宜太薄,可用下列经验公式估算:

$$t_w = \frac{\sqrt{h_0}}{3.5} \tag{4-48}$$

式中:单位均以毫米计。选用腹板厚度时还应符合钢板现有规格,一般不宜小于 8mm,跨度较小时,不宜小于 6mm,轻钢结构可适当减小。

3. 翼缘宽度 b 及厚度 t

腹板尺寸确定之后,可按强度条件(即所选截面模量 W_x)确定翼缘面积 $A_1 = bt$。对于工字形截面:

$$W = \frac{2I}{h} = \frac{2}{h}\left[\frac{1}{12}t_w h_0^3 + 2A_f \left(\frac{h_0+t}{2}\right)^2\right] \geqslant W_x$$

初选截面时取 $h_0 \approx h_0 + t \approx h$,经整理后可写为:

$$A_f \geqslant \frac{W_x}{h_0} - \frac{h_0 t_w}{6} \tag{4-49}$$

由式(4-49)算出 A_f 之后再选定 b、t 中一个数值,即可确定另一个数值。选定 b、t 时应注意下列要求:

①一般采用 $b = (1/6 \sim 1/2.5)h$。翼缘宽度 b 不宜过大,否则翼缘上应力分布不均匀。b 值过小,不利于整体稳定,与其他构件连接也不方便;

②满足制造和构造考虑的翼缘最小宽度 $b \geqslant 180\text{mm}$(对于吊车梁要求 $b \geqslant 300\text{mm}$);

③考虑局部稳定,截面板件宽厚比等级 S1 级($b/t \leqslant 18\varepsilon_k$)、S2 级($b/t \leqslant 22\varepsilon_k$)、S3 级($b/t \leqslant 26\varepsilon_k$)、S4 级($b/t \leqslant 30\varepsilon_k$)。翼缘厚度 $t = A_f/b$,t 不应小于 8mm,同时应符合钢板规格。

4.5.2　截面验算

截面尺寸确定后,按实际选定尺寸计算各项截面几何特性,然后验算抗弯强度、抗剪强度、局部压应力、折算应力和整体稳定。刚度在确定梁高时已满足,翼缘局部稳定在确定翼缘尺寸时也已满足。腹板局部稳定一般由设置加劲肋来保证。如果梁截面尺寸沿跨长方向有变化,应在截面改变设计之后进行抗弯强度、刚度和折算应力验算。

4.5.3　梁截面沿长度的改变

对于均布荷载作用下的简支梁,一般按跨中最大弯矩选定截面尺寸。但是考虑到弯矩沿跨度按抛物线分布,当梁跨度较大时,如在跨间随弯矩减小将截面改小,做成变截面梁,则可节约钢材,减轻自重。当跨度较小时,改变截面节省钢材不多,制造工作量却增加较多,因此跨度小的梁多做成等截面梁。

焊接工形梁的截面改变一般是改变翼缘宽度。通常的做法是在半跨内改变一次截面(见图 4-25)。改变截面时可以先确定截面改变点,即截面改变处距支座距离,一般 $x = l/6$(最优变截面点用极值方法求得,这时钢材节约 $10\% \sim 12\%$),然后根据 x 计算变窄翼缘的

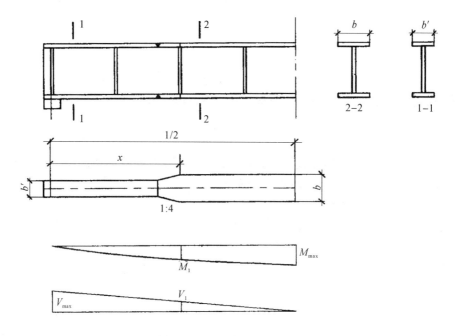

图 4-25　梁翼缘宽度的改变

宽度 b'；也可以先确定变窄翼缘宽度 b'，然后由 b' 计算 x。

如果按上述方法选定 b' 太小，或不满足构造要求时，也可事先选定 b' 值，然后按变窄的截面（即尺寸为 h_0、t_w、b'、t 的截面）算出惯性矩 I_1 及截面模量 W_1 以及变窄截面所能承担的弯矩 $M_1 = \gamma_x f W_1$，然后根据梁的荷载弯矩图算出梁上弯矩等于 M_1 处距支座的距离 x，这就是截面改变点的位置。

确定 b' 及 x 后，为了减小应力集中，应将梁跨中央宽翼缘板从 x 处，以 $\leqslant 1:4$ 的斜度向弯矩较小的一方延伸至与窄翼缘板等宽处才切断，并用对接直焊缝与窄翼缘板相连。但是当焊缝为三级焊缝时，受拉翼缘处应采用斜对接焊缝。

梁截面改变处的强度验算，尚包括腹板高度边缘处折算应力验算。验算时取 x 处的弯矩及剪力按窄翼缘截面验算。

变截面梁的挠度计算比较复杂，对于翼缘改变的简支梁，受均布荷载或多个集中荷载作用时，刚度验算可按下列近似公式（4-50）计算，也可按式（4-12）进行计算。

$$v = \frac{M_k l^2}{10EI}(1 + \frac{3}{25}\frac{I - I_1}{I}) \leqslant [v] \tag{4-50}$$

式中：M_k——最大弯矩标准值；

　　　I——跨中毛截面惯性矩；

　　　I_1——端部毛截面惯性矩。

梁截面改变的另一种方法是改变端部梁高，将梁的下翼缘做成折线形外形而翼缘截面保持不变（见图 4-26）。

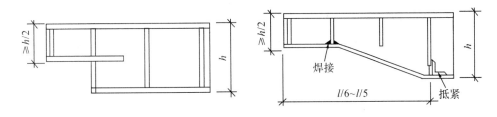

图 4-26　梁高度的改变

4.5.4　组合梁腹板考虑屈曲后强度的计算

承受静力荷载和间接承受动力荷载的组合梁,其腹板宜考虑屈曲后强度。这时可仅在支座处和固定集中荷载处设置支承加劲肋,或尚有中间横向加劲肋,其高厚比可以达到 250 也不必设置纵向加劲肋。该方法不适于直接承受动力荷载的吊车梁。

腹板仅配置支承加劲肋(或尚有中间横向加劲肋)而考虑屈曲后强度的工字形截面焊接组合梁,应按下式验算受弯和受剪承载能力:

$$\left(\frac{V}{0.5V_u}-1\right)^2+\frac{M-M_f}{M_{eu}-M_f}\leqslant 1 \tag{4-51}$$

$$M_f=\left(A_{f1}\frac{h_{m1}^2}{h_{m2}}+A_{f2}h_{m2}\right)f \tag{4-52}$$

式中:M、V——所计算同一截面上梁的弯矩设计值和剪力设计值;计算时,当 $V<0.5V_u$,取 $V=0.5V_u$;当 $M<M_f$,取 $M=M_f$;

M_f——梁两翼缘所承担的弯矩设计值;

A_{f1}、h_{m1}——较大翼缘的截面面积及其形心至梁中和轴的距离;

A_{f2}、h_{m2}——较小翼缘的截面面积及其形心至梁中和轴的距离;

M_{eu}、V_u——梁受弯和受剪承载力设计值。

(1)M_{eu} 应按下列公式计算:

$$M_{eu}=\gamma_x\alpha_e W_x f \tag{4-53}$$

$$\alpha_e=1-\frac{(1-\rho)h_c^3 t_w}{2I_x} \tag{4-54}$$

式中:α_e——梁截面模量考虑腹板有效高度的折减系数;

I_x——按梁截面全部有效算得的绕 x 轴的惯性矩;

h_c——按梁截面全部有效算得的腹板受压区高度;

γ_x——梁截面塑性发展系数;

ρ——腹板受压区有效高度系数。

当 $\lambda_{n,b}\leqslant 0.85$ 时:

$$\rho=1 \tag{4-55-1}$$

当 $0.85<\lambda_{n,b}\leqslant 1.25$ 时:

$$\rho=1-0.82(\lambda_{n,b}-0.85) \tag{4-55-2}$$

当 $\lambda_{n,b}>1.25$ 时:

$$\rho=\frac{1}{\lambda_{n,b}}(1-\frac{0.2}{\lambda_{n,b}}) \tag{4-55-3}$$

式中：$\lambda_{n,b}$——用于腹板受弯计算时的正则化宽厚比，按公式(4-32-4)、(4-32-5)计算。

（2）V_u 应按下列公式计算：

当 $\lambda_{n,s}\leqslant0.8$ 时：

$$V_u=h_w t_w f_v \tag{4-56-1}$$

当 $0.8<\lambda_{n,s}\leqslant1.2$ 时：

$$V_u=h_w t_w f_v[1-0.5(\lambda_{n,s}-0.8)] \tag{4-56-2}$$

当 $\lambda_{n,s}>1.2$ 时：

$$V_u=h_w t_w f_v/\lambda_{n,s}^{1.2} \tag{4-56-3}$$

式中：$\lambda_{n,s}$——用于腹板受剪计算时的正则化宽厚比，按公式(4-33-4)、(4-33-5)计算，当组合梁仅配置支座加劲肋时，取公式(4-33-5)中的 $h_0/a=0$。

当仅配置支承加劲肋不能满足公式(4-51)的要求时，应在两侧成对配置中间横向加劲肋。中间横向加劲肋和上端受有集中压力的中间支承加劲肋，其截面尺寸除应满足式(4-27)和式(4-28)的要求外，尚应按轴心受压构件计算其在腹板平面外的稳定性，轴心压力应按下式计算：

$$N_s=V_u-\tau_{cr}h_w t_w+F \tag{4-57}$$

式中：V_u——按公式(4-56)计算；

h_w——腹板高度；

τ_{cr}——按公式(4-33)计算；

F——作用于中间支承加劲肋上端的集中压力。

当腹板在支座旁的区格利用屈曲后强度，亦即 $\lambda_{n,s}>0.8$ 时，支座加劲肋除承受梁的支座反力外，尚应承受拉力场的水平分力 H，按压弯构件计算强度和在腹板平面外的稳定。

$$H=(V_u-\tau_{cr}h_w t_w)\sqrt{1+(a/h_0)^2} \tag{4-58}$$

对设中间横向加劲肋的梁，a 取支座端区格的加劲肋间距；对不设中间加劲肋的腹板，a 取梁支座至跨内剪力为零点的距离。

H 的作用点在距腹板计算高度上边缘 $h_0/4$ 处。此压弯构件的截面和计算长度同一般支座加劲肋。当支座加劲肋采用图 4-27 的构造形式时，可按下述简化方法进行计算：加劲肋 1 作为承受支座反力 R 的轴心压杆计算，封头肋板 2 的截面积不应小于按下式计算的数值：

$$A_c=\frac{3h_0 H}{16ef} \tag{4-59}$$

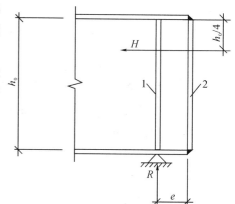

图 4-27　设置封头肋板的梁端构造

组合梁腹板考虑屈曲后强度计算时应注意：

① 腹板高厚比不应大于 $250\varepsilon_k$。

②考虑腹板屈曲后强度的梁，可按构造需要设置中间横向加劲肋。

③中间横向加劲肋间距较大（$a>2.5h_0$）和不设中间横向加劲肋的腹板，当满足公式

(4-31)时,可取 $H=0$。

【例 4-5】试设计例题 4-1(图 4-21)中的主梁,采用改变翼缘宽度一次的焊接工字形截面梁,钢材为 Q235 钢,焊条用 E43 型。主次梁等高连接,平台面标高 5.5m(室内地坪算起),平台下要求净空高度 3.5m(按建筑结构荷载规范 GB 50009—2012 计算)。

【解】1. 荷载和内力计算

次梁跨度 5.5m,截面 I32a,由附表 6-1 知,其质量为 52.7kg/m,考虑构造系数 1.3,自重取 0.67kN/m;平台板传来恒载标准值为 2.98kN/m²,主梁自重(估计值)为 4kN/m。主梁承受次梁传来的集中荷载(静力荷载),并将主梁自重折算计入,总计为:

(1)标准值:

平台板恒荷载　$2.98 \times 5.5 \times 2 = 32.78$(kN)

平台活荷载　　$12.5 \times 5.5 \times 2 = 137.5$(kN)

次梁自重(I32a)　$0.67 \times 5.5 = 3.685$(kN)

主梁自重(估计值)　$4 \times 2 = 8$(kN)

合计　$F_k = 182$kN

(2)考虑分项系数后,设计值为:

$$F = 1.2 \times (32.78 + 3.685 + 8) + 1.3 \times 137.5 = 232(\text{kN})$$

弯矩和内力图如图 4-28 所示。

$$M_{max} = 232 \times \left(2 + 4 + \frac{6}{2}\right) = 2088(\text{kN} \cdot \text{m})$$

$$R = 232 \times 3 = 696(\text{kN}), V_{max} = 116 - 696 = -580(\text{kN})$$

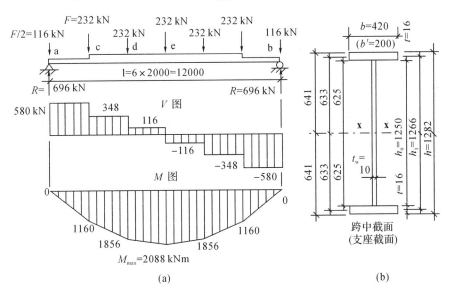

(a)　　　　　　　　(b)

图 4-28　例 4-5 图

2. 截面选择

(1)梁高 h(腹板高度 h_0)

①建筑容许最大梁高 h_{max}。平台面标高 5.5m,平台下要求净空高度 3.5m,平台面板和

面层厚 120mm(见图 4-21),考虑制造和安装误差留 100mm,梁挠度和梁下可能突出物和空隙留 250mm,得:

$$h_{max}=5500-3500-120-100-250=1530(mm)$$

②刚度要求最小梁高 h_{min}。主梁允许挠度 $[v/l]=1/400$,Q235 钢(翼缘厚度 $t>16mm$)$f=205N/mm^2$;按式(4-44),考虑变截面影响增加 5%,得:

$$h_{min}=\frac{1.05}{1.25\times10^6}\frac{f}{[v/l]}l=\frac{1.05}{1.25\times10^6}\times205\times400\times12000=827(mm)$$

③经济梁高。由式(4-45)得:

$$W_x=\frac{M}{\alpha f}=\frac{2088\times10^6}{1.05\times205}=9.70\times10^6(mm^3)$$

$$h_e=7\sqrt[3]{W_x}-300=7\sqrt[3]{9.70\times10^6}-300=1192(mm)$$

采用腹板高 $h_0=1250mm$。

(2)腹板厚度 t_w

①经验厚度。由式(4-48)有:

$$t_w=\sqrt{h_0}/3.5=\sqrt{1250}/3.5=10.1(mm)$$

②抗剪要求最小厚度。由式(4-47)有:

$$t_{wmin}\approx\frac{1.2V_{max}}{h_0 f_v}=\frac{1.2\times580\times10^3}{1250\times125}=4.45(mm)$$

采用腹板厚度 $t_w=10mm$。

③翼缘尺寸。由式(4-49)有:

$$bt=\frac{W_x}{h_0}-\frac{h_0 t_w}{6}=\frac{9.70\times10^6}{1250}-\frac{1250\times10}{6}=5677(mm^2)$$

通常翼缘宽度 $b=(1/6\sim1/2.5)h_0=208\sim500mm$。构造及放置面板要求 $b\geqslant180mm$,放置加劲肋要求 $b\geqslant90+0.07h_0=177.5mm$。根据题目要求,可以考虑部分塑性发展,截面板件宽厚比等级可以采用 S3 级,翼缘局部稳定要求 $b\leqslant26\varepsilon_k t$,综合以上要求,采用 $bt=420\times16=6720(mm^2)>5677mm^2$,梁截面见图 4-28(b)。

3. 中央截面验算

$$A=2\times420\times16+1250\times10=25940(mm^2)$$

$$I_x=\frac{bh^3-(b-t_w)h_0^3}{12}=\frac{420\times1282^3-(420-10)\times1250^3}{12}=7013151047(mm^4)$$

$$I_y=\frac{2tb^3+h_0 t_w^3}{12}=\frac{2\times16\times420^3+1250\times10^3}{12}=197672167(mm^4)$$

$$W_x=\frac{I_x}{\frac{h}{2}}=\frac{7013151047}{\frac{1282}{2}}=10940953(mm^3)$$

$$S_1=bt\times\frac{h_1}{2}=420\times16\times\frac{1266}{2}=4253760(mm^3)$$

$$S=S_1+\frac{t_w h_0^2}{8}=4253760+\frac{10\times1250^2}{8}=6206885(mm^3)$$

$$i_y=\sqrt{\frac{I_y}{A}}=\sqrt{\frac{197672167}{25940}}=87.3(mm)$$

(1)中央截面抗弯强度

$$\sigma = \frac{M_{max}}{\gamma_x W_{nx}} = \frac{2088 \times 10^6}{1.05 \times 10940953} = 181.8 \ (\text{N/mm}^2) < f = 205 \ \text{N/mm}^2$$

(2)中央截面抗剪强度：

$$\tau_1 = \frac{VS}{I_x t_w} = \frac{116 \times 10^3 \times 6206885}{7013151047 \times 10} = 10.26 \ (\text{N/mm}^2) < f_v = 125 \ \text{N/mm}^2$$

(3)中央截面折算应力(腹板端部)

因集中力处有支承加劲肋,所以不必验算局部压应力,取 $\sigma_c = 0$

$$\sigma_1 = \sigma \cdot \frac{h_0}{h} = 181.8 \times \frac{1250}{1282} = 177.6 \ (\text{N/mm}^2) < f = 205 \ \text{N/mm}^2$$

$$\tau_1 = \frac{VS_1}{I_x t_w} = \frac{116 \times 10^3 \times 4253760}{7013151047 \times 10} = 7.03 \ (\text{N/mm}^2) < f = 125 \ \text{N/mm}^2$$

$$\sigma_{1eq} = \sqrt{\sigma_1^2 + 3\tau_1^2} = \sqrt{177.6^2 + 3 \times 7.03^2} = 178.02 \ (\text{N/mm}^2) < 1.1f = 236.5 \ \text{N/mm}^2$$

中段梁自重校核：梁截面 $A = 2 \times 420 \times 16 + 1250 \times 10 = 25940 (\text{mm}^2)$,折合重量 $g = 25940 \times 10^{-6} \times 78.5 = 2.04 \ \text{kN/m}$。考虑构造系数 1.3,梁自重为 2.65kN/m < 4kN/m(前面估算值)。

(4)梁的整体稳定验算

考虑楼面次梁,间距 2m,可作为主梁的侧向支撑,根据附录 3,确定：$\beta_b = 1.2$

$$\lambda_y = \frac{l_1}{i_y} = \frac{2000}{87.3} = 22.91$$

$$\eta_b = 0$$

$$\varphi_b = \beta_b \frac{4320}{\lambda_y^2} \frac{Ah}{W_x} \left[\sqrt{1 + \left(\frac{\lambda_y t_1}{4.4h}\right)^2} + \eta_b \right] \varepsilon_k^2$$

$$= 1.2 \times \frac{4320}{22.91^2} \times \frac{25940 \times 1282}{10940953} \times \left[\sqrt{1 + \left(\frac{22.91 \times 16}{4.4 \times 1282}\right)^2} + 0 \right] \times 1 = 30.1 \geqslant 0.6$$

弹塑性修正：$\varphi_b' = 1.07 - \frac{0.282}{\varphi_b} = 1.06 \geqslant 1.0$,取 $\varphi_b' = 1.0$,可见,该主梁的承载力由强度控制；挠度在变截面设计后进行。

4. 变截面设计

(1)变截面位置和端部截面尺寸

梁在左右半跨内各改变截面一次,即缩小上下翼缘的宽度。经济变截面点为离支座 $x = l/6 = 2.0$m,该处 $M' = 1160$kN·m,$V' = 580$kN(见图 4-28),变截面后所需翼缘宽度：

$$W_x' = \frac{M'}{\gamma_x f} = \frac{1160 \times 10^6}{1.05 \times 205} = 5.389 \times 10^6 \ (\text{mm}^3)$$

$$b't = \frac{W_x'}{h_0} - \frac{h_0 t_w}{6} = \frac{5.389 \times 10^6}{1250} - \frac{1250 \times 10}{6} = 2228 \ (\text{mm}^2)$$

厚度 $t = 16$mm 不变,采用 $b' = 200$mm。减小后的端部截面见图 4-28(括号内数字)所示。

(2)变截面后强度验算

$$I_x' = \frac{b'h^3 - (b'-t_w)h_0^3}{12} = \frac{200 \times 1282^3 - (200-10) \times 1250^3}{12} = 4192150300 \ (\text{mm}^4)$$

$$W'_x = \frac{I'_x}{\frac{h}{2}} = \frac{4192150300}{\frac{1282}{2}} = 6540016 \, (\text{mm}^3)$$

$$S'_1 = b't \times \frac{h_1}{2} = 200 \times 16 \times \frac{1266}{2} = 2025600 \, (\text{mm}^3)$$

$$S' = S'_1 + \frac{t_w h_0^2}{8} = 2025600 + \frac{10 \times 1250^2}{8} = 3978725 \, (\text{mm}^3)$$

①变截面处抗弯强度：

$$\sigma' = \frac{M'}{\gamma_x W'_{nx}} = \frac{1160 \times 10^6}{1.05 \times 6540016} = 168.9 \, (\text{N/mm}^2) < f = 205 \, \text{N/mm}^2$$

②变截面处折算应力（腹板端部）：

$$\sigma'_1 = \sigma' \cdot \frac{h_0}{h} = 168.9 \times \frac{1250}{1282} = 164.7 \, (\text{N/mm}^2) < f = 205 \, \text{N/mm}^2$$

$$\tau'_1 = \frac{V'S'_1}{I'_x t_w} = \frac{580 \times 10^3 \times 2025600}{4192150300 \times 10} = 28.02 \, (\text{N/mm}^2) < f = 125 \, \text{N/mm}^2$$

$$\sigma'_{1eq} = \sqrt{\sigma'^2_1 + 3\tau'^2_1} = \sqrt{164.7^2 + 3 \times 28.02^2} = 171.7 \, (\text{N/mm}^2) < 1.1f = 236.5 \, \text{N/mm}^2$$

③支座处最大切应力：

$$\tau'_{max} = \frac{V_{max}S'}{I'_x t_w} = \frac{580 \times 10^3 \times 3978725}{4192150300 \times 10} = 55.04 \, (\text{N/mm}^2) < f_v = 125 \, \text{N/mm}^2$$

（3）最大挠度验算：

跨度中点挠度按式(4-12)计算，跨中有 5 个等间距($l_1 = 2$m)相等集中荷载 $F_k = 182$kN，近似折算成均布荷载 $q_k = F_k/l_1 = 182/2 = 91$kN/m；变截面位置 $\alpha = a/l = 212 = 16$。最大相对挠度为：

$$\frac{v}{l} = \frac{5}{384} \frac{q_k l^3}{EI_x} \left[1 + 3.2 \left(\frac{I_x}{I'_x} - 1 \right) \alpha^3 (4 - 3\alpha) \right]$$

$$= \frac{5}{384} \times \frac{91 \times 12000^3}{206 \times 10^3 \times 7013151047} \times \left[1 + 3.2 \times \left(\frac{7013151047}{4192150300} - 1 \right) \times \left(\frac{1}{6} \right)^3 \times \left(4 - 3 \times \frac{1}{6} \right) \right]$$

$$= \frac{1}{681} < \left[\frac{v}{l} \right] = \frac{1}{400}$$

思考题

4-1 钢梁整体稳定的屈曲形式有哪些？影响钢梁整体稳定承载力的主要因素有哪些？提高钢梁整体稳定承载力的最有效的措施有哪些？

4-2 梁的强度计算有哪些内容？如何计算？

4-3 梁受压翼缘和腹板的局部稳定如何保证？腹板加劲肋的种类及配置有何规定？

习　题

4-4 钢结构平台的梁格布置如图 4-29 所示。铺板为预制钢筋混凝土板。平台永久荷载(包括铺板重量)为 5kN/m²,荷载分项系数为 1.2;可变荷载为 15kN/m²,荷载分项系数为 1.4;钢材采用 Q235 钢,E43 型焊条,焊条电弧焊。试选择次梁截面。

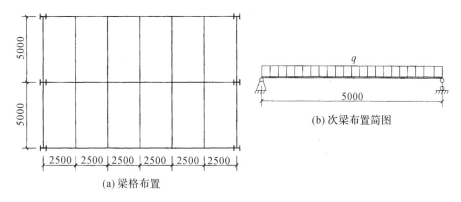

(b) 次梁布置简图

(a) 梁格布置

图 4-29 习题 4-4 图

4-5 如图 4-30 所示梁格布置,确定次梁和主梁的截面尺寸。梁用现浇钢筋混凝土铺板以保证其整体稳定。均布荷载标准值为 $q'=10\text{kN/m}^2$,分项系数为 1.4,自重不计,Q235 钢材,$f=215\text{N/mm}^2$,容许挠度为 $l/400$。

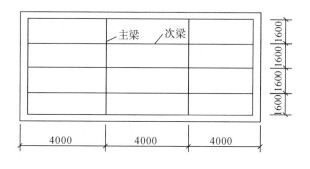

图 4-30 习题 4-5 图

4-6 焊接工字形等截面简支梁(见图 4-31),跨度 15m,在距两端支座 5m 处分别支承一根次梁,由次梁传来的集中荷载(设计值)$F=200\text{kN}$,钢材 Q235,试验算其整体稳定性。

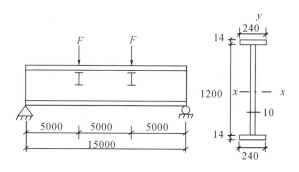

图 4-31 习题 4-6 图

4-7 Q235 钢简支梁如图 4-32 所示,自重 0.9kN/m×1.2,承受悬挂集中荷载 110kN×1.4,试验算在下列情况下梁截面是否满足整体稳定要求:

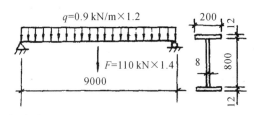

图 4-32 习题 4-7 图

(1) 梁在跨中无侧向支承,集中荷载从梁顶作用于上翼缘。

(2) 条件同(1)但改用 Q345(Q355)钢。

(3) 条件同(1)但采取构造措施使集中荷载悬挂于下翼缘之下。

(4) 条件同(1)但跨度中点增设上翼缘侧向支承。

4-8 设计习题 4-4 图 4-29 的中间主梁(焊接组合梁、剪切边)截面(见图 4-33),验算其局部稳定性,并设计加劲肋。计算梁的强度时不考虑截面塑性变形的发展。

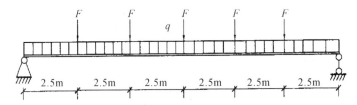

图 4-33 习题 4-8 图

4-9 设计某工作平台的焊接工字形截面简支主梁,包括截面选择和沿梁长改变、截面校核、焊缝、腹板加劲肋和支承加劲肋等设计,并画构造图。已知主梁跨度 12m,间距 4m,其上密铺预制钢筋混凝土面板并予焊接,承受平台板恒荷载 3kN/m²×1.2,静力活荷载 15kN/m²×1.3,梁自重估计 3kN/m×1.2。梁两端用突缘支座端板支承于钢柱上,钢材为 Q235,焊条用 E43 型。

第5章 拉弯和压弯构件

在钢结构中,柱子会承受偏心拉、压或横向荷载作用,这种同时承受轴向力和弯矩的构件称为压弯(或拉弯)构件。弯矩可由轴向力的偏心、端弯矩或横向荷载作用等三种因素形成。弯矩作用在截面的一个主轴平面内的称为单向压弯(或拉弯)构件,作用在两个主轴平面的称为双向压弯(或拉弯)构件。如图 5-1(a)所示是存在偏心拉力作用的构件,图 5-1(b)所示是有横向荷载作用的拉杆,称为拉弯构件。如有横向荷载作用的屋架的下弦杆就属于拉弯构件。图 5-2(a)所示是存在偏心压力作用的构件,图 5-2(b)所示是有横向荷载作用的压杆,图 5-2(c)所示是有端弯矩作用的压杆,称为压弯构件。在钢结构中压弯构件的应用十分广泛,如有节间荷载作用的屋架的上弦杆、厂房柱、多层(或高层)建筑中的框架柱等都是压弯构件。它们不仅要承受上部结构传下来的轴向压力,同时还承受弯矩和剪力。

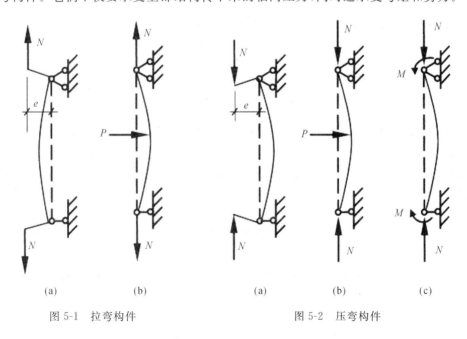

图 5-1 拉弯构件   图 5-2 压弯构件

与轴心受力构件一样,在进行拉弯和压弯构件设计时,应同时满足承载能力极限状态和正常使用极限状态的要求。拉弯构件需要计算其强度和刚度(限制长细比);对压弯构件,则需要计算强度、整体稳定(弯矩作用平面内稳定和弯矩作用平面外稳定)、局部稳定和刚度(限制长细比)。

拉弯构件的容许长细比与轴心拉杆相同(见表 3-2);压弯构件的容许长细比与轴心压杆相同(见表 3-3)。

实腹式拉弯构件的承载能力极限状态是截面出现塑性铰,但对格构式拉弯构件和冷弯薄壁型钢截面拉弯构件,常常把截面边缘达到屈服强度视为构件极限状态,这些都属于强度的破坏形式,对轴心拉力很小而弯矩很大的拉弯杆也可能存在和梁类似的弯扭失稳破坏。

压弯构件的破坏复杂得多,它不仅取决于构件的受力条件,而且还取决于构件的长度、支承条件、截面的形式和尺寸等。对短粗构件和截面有严重削弱的构件可能产生强度破坏,但钢结构中大多数压弯构件总是整体失稳破坏。组成压弯构件的板件,还有局部问题,板件屈曲将促使构件提前失稳。

5.1 拉弯和压弯构件的强度计算

构件的强度和刚度

实腹式拉弯和压弯构件以截面出现塑性铰作为其承载能力的极限状态。在轴心压力及弯矩的共同作用下,工字形截面上应力的发展过程如图 5-3 所示(拉力及弯矩共同作用下与此类似,仅应力图形上下相反)。

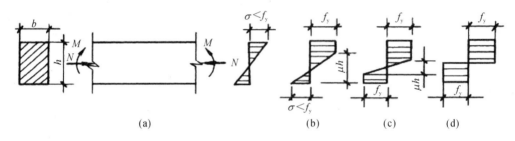

图 5-3 压弯杆的工作阶段

根据钢材的应力—应变曲线,构件的强度承载能力极限状态是截面的平均应力达到钢材的抗拉强度 f_u,但是,当截面的平均应力达到钢材的屈服强度 f_y 时,构件产生的变形就不符合截面的使用要求。所以,《钢结构设计标准》(GB 50017—2017)采用以全截面的平均应力不超过屈服强度 f_y 的简化计算方法。图 5-3 是压弯杆随压力 N 和弯矩 M 逐渐增加时的受力状态。图 5-3(a),整个截面都处于弹性状态;图 5-3(b),截面受压部分进入塑性状态;图 5-3(c),受拉区的部分材料进入塑性状态;图 5-3(d),整个截面进入塑性状态,即出现塑性铰。

当构件的截面出现塑性铰时,根据力的平衡条件可获得轴线压力 N 和弯矩 M 的相关关系式。按图 5-4 所示压力分布图:

$$N=2by_0f_y \tag{5-1}$$

$$M=\frac{(h-2y_0)}{2}bf_y\frac{(h+2y_0)}{2}=\frac{bh^2}{4}f_y\left(1-4\frac{y_0^2}{h^2}\right) \tag{5-2}$$

当只有轴压力而无弯矩作用时,截面承受的最大压力为全截面屈服的压力 $N_P=Af_y=bhf_y$;当只有弯矩而无轴压力时,截面所承受的最大弯矩为全截面的塑性铰弯矩 $M_P=W_pf_y=\frac{bh^2}{4}f_y$。把它们分别代入式(5-1)和式(5-2)后再从两式中消去 y_0 合并成一个式子,可得到:

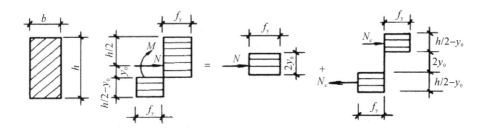

图 5-4 截面出现塑性铰时的应力分布

$$\left(\frac{N}{N_p}\right)^2 + \frac{M}{M_p} = 1 \qquad (5\text{-}3)$$

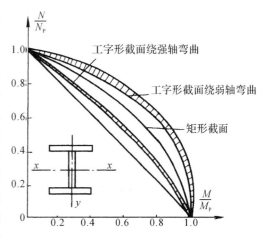

图 5-5 压弯构件强度计算的相关曲线

把式(5-3)画成如图 5-5 所示的 N/N_P-M/M_P 曲线。对于工字形压弯构件,也可以用相同的方法得到截面出现塑性铰时 N/N_P 和 M/M_P 的相关关系式,并绘成相关曲线。由于工字钢翼缘和腹板截面尺寸的变化,相关曲线会在一定范围内变动,图 5-5 中的阴影区画出了常用工字形截面绕强轴和弱轴相关曲线的变动范围。对一般的压弯构件,为计算简便并保证安全,常用直线式代替诸相关曲线。因此压(拉)弯构件单向受弯的强度公式是:

$$\frac{N}{A_n} \pm \frac{M_x}{\gamma_x W_{nx}} \leqslant f \qquad (5\text{-}4)$$

对双向拉弯和压弯构件采用公式为:

$$\frac{N}{A_n} \pm \frac{M_x}{\gamma_x W_{nx}} \pm \frac{M_y}{\gamma_y W_{ny}} \leqslant f \qquad (5\text{-}5)$$

式中:A_n 和 W_{nx}、W_{ny} 分别是构件的净截面面积和净截面对两个主轴的净截面模量;γ_x、γ_y 是与截面模量相应的截面塑性发展系数,根据其受压板件的内力分布情况确定其截面板件宽厚比等级,当截面板件宽厚比等级不满足 S3 级要求时,取 1.0;满足 S3 级要求时,可按表 4-2 采用;需要验算疲劳强度的拉弯、压弯构件,宜取 1.0。

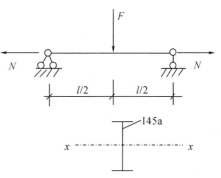

图 5-6 例 5-1 图

【例 5-1】试验算如图 5-6 所示承受静力荷载的拉弯构件的强度和刚度。已知荷载设计值 $N=1500\text{kN}$,$F=50\text{kN}$,$l=5\text{m}$,$[\lambda]=200$,构件截面为 I45a,截面无削弱。材料为 Q235-B 钢。

【解】(1)截面几何特性

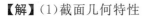

$$l_{0x} = l_{0y} = 5\text{m} = 5000\text{mm}$$

由附表 6-1 可查得：

$$A=10200\text{mm}^2, W_x=1433\times 10^3\text{mm}^3, i_x=177\text{mm}, i_y=28.9\text{mm}$$

由表 4-2 可查得截面发展系数为：$\gamma_x=1.05$

因为翼缘厚度 $t=18\text{mm}>16\text{mm}$，$f=205\text{ N/mm}^2$

（2）强度验算

最大弯矩为：$M=\dfrac{1}{4}Fl=\dfrac{1}{4}\times 50\times 5=62.5(\text{kN·m})$

$$\sigma=\frac{N}{A_n}+\frac{M_x}{\gamma_x W_{nx}}=\frac{1500\times 10^3}{10200}+\frac{62.5\times 10^6}{1.05\times 1433\times 10^3}=188.6\ (\text{N/mm})^2<f=205\text{ N/mm}^2$$

强度满足要求。

（3）刚度验算

$$\lambda_x=\frac{l_{0x}}{i_x}=\frac{5000}{177}=28.2<[\lambda]=200$$

$$\lambda_y=\frac{l_{0y}}{i_y}=\frac{5000}{28.9}=173<[\lambda]=200$$

刚度满足要求。

5.2 压弯构件在弯矩作用平面内的稳定计算

压弯构件的失稳可根据其抵抗弯曲变形能力的强弱而分为在弯矩作用平面内的整体弯曲失稳和弯矩作用平面外的弯扭失稳。在轴线压力 N 和弯矩 M 的共同作用下，当压弯构件抵抗弯扭变形能力很强，或者在构件的侧面有足够多的支撑以阻止其发生弯扭变形时，则构件可能在弯矩作用平面内发生整体的弯曲失稳。当构件的抗扭刚度和弯矩作用平面外的抗弯刚度不大，且侧向没有足够支撑以阻止其产生侧向位移和扭转时，可能发生弯矩作用平面外的弯扭失稳。

实腹式压弯构件的整体稳定

5.2.1 压弯构件在弯矩作用平面内的失稳现象

在确定压弯构件弯矩作用平面内极限承载力时，可用两种方法。一种是边缘屈服准则的计算方法，另一种是精度较高的数值计算方法。

格构式压弯构件的整体稳定

1. 边缘纤维屈服准则

在对压弯构件做具体分析和计算之前，先用图 5-7 所示的压弯构件荷载挠度曲线来概述压弯构件的基本性能。图 5-7 右侧所示作用着轴力 N 和端弯矩 M 的压弯构件，其受力条件相当于偏心距 $e=M/N$ 的偏心压杆，弯矩 M 作用在构件的一个对称轴平面内，而在另一个平面设有足够多的支撑，不会发生弯扭屈曲。在分析时，不计残余应力和初始几何缺陷的影响，材料假定为完全弹性体。由于截面上存在弯矩，压弯构件没有直线平衡状态，因此在端部一开始施加荷载，构件就产生弯曲变形。随着压力 N 的增加，构件中点的挠度 v 非线性地增加，达到 A 点时截面边缘纤维部分开始屈服，此后由于构件的塑性发展，压力增加时挠度比弹性阶段增加得快，形成曲线 ABC。在曲线

的上升段 AB,挠度是随着压力的增加而增加的,压弯构件处在稳定的平衡状态,但是到达曲线的最高点 B 时,构件抵抗能力开始小于外力的作用,于是出现了曲线的下降段 BC,挠度继续增加,为了维持构件的平衡状态必须不断降低外力 N。因此构件处于不稳定的平衡状态。压力挠度曲线 B 点表示了压弯构件的承载能力达到了极限,从而开始丧失整体稳定,这属于极值点失稳。

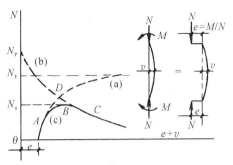

图 5-7　压弯构件的 N-v 曲线

压弯构件失稳时先在受压最大的一侧发展塑性,有时在另一侧的受拉区后来也会发展塑性。塑性发展的程度取决于截面的形状和尺寸、构件的长度和初始缺陷,其中残余应力的存在会使构件截面提前进入屈服阶段,从而降低其稳定承载力。图 5-7 中曲线的 C 点表示构件的截面出现了塑性铰,而表示构件达到极限承载力 N_u 的 B 点却出现在塑性铰之前。在图 5-7 中同时画出了另外两根曲线,一根是弹性压弯构件的压力挠度曲线(a),它以压力 N 等于构件的欧拉力 N_E 的水平线为其渐进线,另一根是构件的中央截面出现塑性铰的压力挠度曲线(b)。两根曲线的交点为 D,构件极限承载力的 B 点位于 D 点之下,这是因为经过 A 点之后出现了部分塑性的缘故。

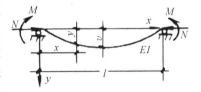

图 5-8　等弯矩作用的压弯构件

对于在两端作用有相同弯矩的等截面压弯构件,如图 5-8 所示,在轴线压力 N 和弯矩 M 的作用下,构件中点的挠度为 v,在离端部距离为 x 处的挠度为 y,此处力的平衡方程为:

$$EI\frac{\mathrm{d}^2 y}{\mathrm{d}x^2}+Ny=-M \tag{5-6}$$

假定构件的挠度曲线与正弦曲线的半个波段一致,即 $y=v\sin \pi x/l$,则构件中点的挠度为:

$$v=\frac{M}{N_E\left(1-\dfrac{N}{N_E}\right)} \tag{5-7}$$

式中:N_E——欧拉临界力,$N_E=\pi^2 EI/l^2$。

构件的最大弯矩在中央截面处,其值为:

$$M_{max}=\frac{M}{1-\dfrac{N}{N_E}}=\alpha M \tag{5-8}$$

式中:α——压力 N 作用下的弯矩放大系数,用于考虑轴压力引起的附加弯矩,$\alpha=\dfrac{1}{1-N/N_E}$。

对于其他荷载作用的压弯构件,也可用与有端弯矩的压弯构件相同的方法先建立类似于式(5-6)的平衡方程,然后求解得到各种荷载作用下的最大弯矩 M_{max}。

令比值 $\beta_{mx}=M_{max}/\alpha M$,$\beta_{mx}$ 称为等效弯矩系数。利用这一系数就可以在平面内稳定的计算中,把各种荷载作用的弯矩分布形式转化为均匀受弯来看待。

对于弹性压弯构件,如果以截面边缘纤维的应力开始屈服作为平面内稳定承载能力的计算准则,那么考虑构件的缺陷后截面的最大应力应该符合下列条件:

$$\frac{N}{A}+\frac{\beta_{mx}M+Ne_0}{W_x\left(1-\dfrac{N}{N_E}\right)}=f_y \tag{5-9}$$

式中:e_0——考虑构件缺陷的等效偏心距。

当 $M=0$ 时,压弯构件转化为带有缺陷 e_0 的轴心受压构件,其承载力为 $N=N_x=Af_y\varphi_x$。由式(5-9)可以得到:

$$e_0=\frac{(Af_y-N_x)(N_E-N_x)}{N_xN_E}\cdot\frac{W_x}{A} \tag{5-10}$$

将式(5-10)代入式(5-9)得:

$$\frac{N}{\varphi_xA}+\frac{\beta_{mx}M}{W_x(1-\dfrac{\varphi_xN}{N_E})}=f_y \tag{5-11}$$

式(5-11)可直接用于计算冷弯薄壁型钢压弯构件或格构柱绕虚轴弯曲的平面内整体稳定。

2. 最大强度准则

考虑当构件截面边缘纤维刚一屈服时即认为构件失去承载能力而发生破坏,称为边缘纤维屈服准则,该准则适用于格构式构件。当实腹式压弯构件受压边缘纤维刚开始屈服时尚有较大的强度储备,因此若要反映构件的实际受力情况,应容许截面塑性深入,以具有各种初始缺陷的构件为计算模型,求解其极限承载能力,称为最大强度准则。

由于实腹式压弯构件在弯矩作用平面失稳时已经出现了塑性,故弹性平衡微分方程(5-6)不再适用。如图 5-9(a)所示,同时承受轴线压力 N 和端弯矩 M 的杆,在平面内失稳时塑性区的分布如图 5-9(b)和(c)所示有两种情况:塑性出现在弯曲受压的一侧和在两侧同时出现塑性区。很明显,由于塑性区的出现,弯曲刚度不仅不再保持为常值 EI,并且随塑性在杆截面上发展的深度而变化,这种变化使用于计算弹性压弯构件的解析方法不再适用。

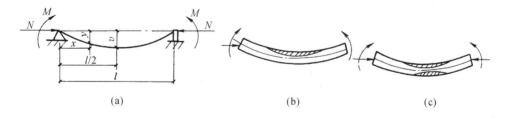

| (a) | (b) | (c) |

图 5-9 矩形截面压弯构件平面内失稳时的塑性区

计算实腹式压弯构件平面内稳定承载力通常有近似法和数值积分法两种方法。近似法的主要简化手段是给定杆件的挠曲线函数。经验表明,对于弹塑性的压弯杆,也可以把挠曲线近似地取为正弦曲线的半个波段,即 $y=v\sin\dfrac{\pi x}{l}$。已知挠曲线函数后,构件任意截面的弯矩 $M+Ny$ 都可以和中央挠度 v 联系起来,这样从中央截面的平衡方程就可以找出压力 N 和挠度 v 的关系,并由极值条件 $dN/dv=0$ 得出构件的承载力 N_u。

近似法的一个重要缺点是很难具体分析残余应力对压弯构件承载力的影响。数值积分法比没有考虑残余应力的近似法精确,并且还具有可以考虑初始弯曲和能够用于不同荷载条件与不同支承条件的优点,所以得到普遍应用。

5.2.2　实腹式压弯构件在弯矩作用平面内稳定计算的实用计算公式

规范修订时,采用数值计算方法,考虑构件存在 $l/1000$ 的初弯曲和实际的残余应力分布,算出了近 200 条压弯构件的极限承载力曲线。图 5-10 绘出了翼缘为火焰切割边的焊接工字形截面压弯构件在两端相等弯矩作用下的相关曲线,其中实线为理论计算的结果。

因确定压弯构件的承载力时考虑残余应力和初弯曲的影响,再加上不同的截面形式和尺寸等因素,不论是用解析式近似法还是用数值积分法,计算过程都是很繁复的。所以这两种方法都不能直接用于设计构件。经研究可以利用以边缘纤维屈服为承载能力准则的相关公式(5-11)略加修改作为实用计算公式。修改时考虑到实腹式压弯构件失稳时截面存在塑性区,在式(5-11)左侧第二项分母中引进截面塑性发展系数 γ_x,同时还将第二项中的稳定系数 φ 用常数 0.8 替换。这样,实用计算公式变为下列形式:

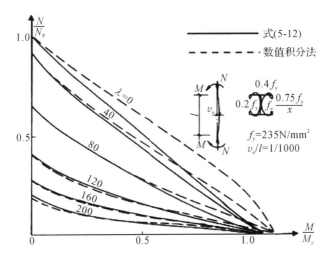

图 5-10　工字形截面压弯构件
N/N_{p} 与 M/M_y 的相关曲线

$$\frac{N}{\varphi_x A f}+\frac{\beta_{\mathrm{m}x} M_x}{\gamma_x W_{1x}(1-0.8N/N'_{\mathrm{E}x})f}\leqslant 1.0 \tag{5-12}$$

式中:N——压弯构件的轴线压力;

　　　φ_x——在弯矩作用平面内,不计弯矩作用时轴心受压构件的稳定系数;

　　　M_x——所计算构件段范围内的最大弯矩;

　　　$N'_{\mathrm{E}x}$——参数,$N'_{\mathrm{E}x}=N_{\mathrm{E}x}/1.1=\pi^2 EA/(1.1\lambda_x^2)$;

　　　W_{1x}——弯矩作用平面内受压最大纤维的毛截面模量;

　　　γ_x——截面塑性发展系数,按表 4-2 采用;

　　　$\beta_{\mathrm{m}x}$——等效弯矩系数,与构件端部约束(框架柱有无侧移)、荷载类型、内力图等相关,
　　　　　　应按以下规定采用。

1. 无侧移框架柱和两端支承的构件

(1)无横向荷载作用时：

$$\beta_{mx} = 0.6 + 0.4 \frac{M_2}{M_1} \tag{5-13-1}$$

式中：M_1、M_2——端弯矩，无反弯点时取同号，否则取异号，$|M_1| \geqslant |M_2|$。

(2)无端弯矩但有横向荷载作用时：

①跨中单个集中荷载

$$\beta_{mx} = 1 - 0.36 \frac{N}{N_{cr}} \tag{5-13-2}$$

②全跨均布荷载

$$\beta_{mx} = 1 - 0.18 \frac{N}{N_{cr}} \tag{5-13-3}$$

$$N_{cr} = \frac{\pi^2 EI}{(\mu l)^2} \tag{5-13-4}$$

式中：N_{cr}——弹性临界力；

μ——构件的计算长度系数。

(3)端弯矩和横向荷载同时作用时：

$$\beta_{mx} M_x = \beta_{mqx} M_{qx} + \beta_{m1x} M_1 \tag{5-13-5}$$

式中：M_{qx}——横向荷载产生的弯矩最大值；

M_1——端弯矩之绝对值较大者；

β_{m1x}——等效弯矩系数，$\beta_{m1x} = 0.6 + 0.4 \frac{M_2}{M_1}$；

β_{mqx}——等效弯矩系数，横向荷载为集中力时 $\beta_{mqx} = 1 - 0.36 \frac{N}{N_{cr}}$；横向荷载为均布力时

$\beta_{mqx} = 1 - 0.18 \frac{N}{N_{cr}}$。

2. 有侧移框架柱和悬臂构件

(1)除本款(2)之外的框架柱：

$$\beta_{mx} = 1 - 0.36 \frac{N}{N_{cr}} \tag{5-13-6}$$

(2)有横向荷载的柱脚铰接的单层框架柱和多层框架的底层柱：

$$\beta_{mx} = 1.0$$

(3)自由端作用有弯矩的悬臂柱：

$$\beta_{mx} = 1 - 0.36(1 - m) \frac{N}{N_{cr}} \tag{5-13-7}$$

式中：m——自由端弯矩与固定端弯矩之比，当弯矩图无反弯点时取正号，有反弯点时取负号。

由式(5-12)得到的工字形截面压弯构件的 N/N_p 与 M/M_y 相关曲线见图 5-10。由图可知，在构件常用的范围内，式(5-12)与理论值的符合程度较好。

对于单轴对称截面(如 T 形截面)的压弯构件，当弯矩作用于对称轴的平面内且使较大翼缘受压时，构件失稳时截面的塑性区可能存在如图 5-11 所示的三种情况，前两种和双轴

对称截面相同,用式(5-12)计算即可;但是对第三种情况,在弯矩的效应较大时,可能在较小的翼缘一侧因受拉塑性区的发展而导致构件失稳。对于这类构件,除按公式(5-12)进行平面内稳定的计算外,还应按下式计算:

$$\left| \frac{N}{Af} - \frac{\beta_{mx}M_x}{\gamma_x W_{2x}(1-1.25N/N'_{Ex})f} \right| \leqslant 1.0 \tag{5-14}$$

式中:W_{2x}——较小翼缘最外纤维的毛截面模量。

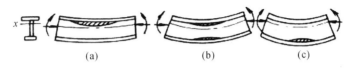

图 5-11　压弯构件失稳时中央截面的应力和应变

【例 5-2】某 I10 制作的压弯构件,两端铰接,长度 3.3m,在长度的三分点处各有一个侧向支承以保证构件不发生弯扭屈曲。钢材为 Q235 钢。验算如图 5-12(a)、(b)和(c)所示三种受力情况构件的承载力。构件除承受相同的轴线压力 $N=$ 16kN 外,作用的弯矩分别为:

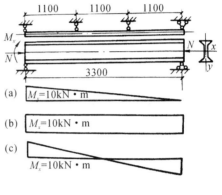

图 5-12　例 5-2 图

(1)如图(a)所示,在左端腹板的平面作用弯矩 $M_x=10$kN · m;

(2)如图(b)所示,在两端同时作用数量相等并产生同向曲率的弯矩 $M_x=10$kN · m;

(3)如图(c)所示,在构件的两端同时作用数量相等但产生反向曲率的弯矩 $M_x=10$kN · m。

【解】截面特性由附表 6-1 查得:

$$A=14.3\text{cm}^2, W_x=49\text{cm}^3, i_x=4.14\text{cm}。$$

钢材的强度设计值 $f=215\text{ N/mm}^2$。

1. 强度验算

截面为等截面,最大弯矩 $M_x=10$kN · m,先按式(5-4)验算构件的强度。由表 4-2 知轧制工字形截面对强轴 x 的塑性发展系数 $\gamma_x=1.05$,则:

$$\frac{N}{A} + \frac{M_x}{\gamma_x W_{nx}} = \frac{16\times10^3}{14.3\times10^2} + \frac{10\times10^6}{1.05\times49\times10^3} = 205.55 \text{ (N/mm}^2\text{)} < f=215 \text{ N/mm}^2$$

2. 弯矩作用平面内的稳定性验算

$$\lambda_x = \frac{l_{0x}}{i_x} = \frac{330}{4.14} \approx 80,按 a 类截面查附表 4-1,\varphi_x=0.783。$$

(1)左端作用 M_x

由图 5-12(a)知,$M_2=0$,$M_1=10$kN · m,等效弯矩系数 $\beta_{mx}=0.6+0.4\dfrac{M_2}{M_1}=0.6$,

$$N'_{Ex} = \frac{\pi^2 EA}{1.1\lambda_x^2} = \frac{3.14^2\times206\times10^3\times14.3\times10^2}{1.1\times80^2} = 412562.6\text{(N)} = 412.6\text{(kN)}$$

$$\frac{N}{\varphi_x A f} + \frac{\beta_{\mathrm{m}x} M_x}{\gamma_x W_x (1 - 0.8 \frac{N}{N'_{Ex}}) f} = \frac{16 \times 10^3}{0.783 \times 14.3 \times 10^2 \times 215}$$

$$+ \frac{0.65 \times 10 \times 10^6}{1.05 \times 49 \times 10^3 \times (1 - 0.8 \times \frac{16}{412.6}) \times 215} = 0.0665 + 0.6064 = 0.6729 < 1.0$$

(2)两端作用数量相等并产生同向曲率的弯矩 M_x

由图 5-12(b)知,$M_1 = M_2 = 10\mathrm{kN \cdot m}$,等效弯矩系数 $\beta_{\mathrm{m}x} = 0.6 + 0.4 \dfrac{M_2}{M_1} = 1.0$,

$$\frac{N}{\varphi_x A f} + \frac{\beta_{\mathrm{m}x} M_x}{\gamma_x W_x (1 - 0.8 \frac{N}{N'_{Ex}}) f} = \frac{16 \times 10^3}{0.783 \times 14.3 \times 10^2 \times 215}$$

$$+ \frac{1.0 \times 10 \times 10^6}{1.05 \times 49 \times 10^3 \times (1 - 0.8 \times \frac{16}{412.6}) \times 215} = 0.0665 + 0.9329 = 0.9994 < 1.0$$

(3)两端同时作用数量相等但产生反向曲率的弯矩 M_x

由图 5-12(c)知,$|M_1| = |M_2| = 10\mathrm{kN \cdot m}$,等效弯矩系数 $\beta_{\mathrm{m}x} = 0.6 - 0.4 \dfrac{M_2}{M_1} = 0.2$,

$$\frac{N}{\varphi_x A f} + \frac{\beta_{\mathrm{m}x} M_x}{\gamma_x W_x (1 - 0.8 \frac{N}{N'_{Ex}}) f} = \frac{16 \times 10^3}{0.783 \times 14.3 \times 10^2 \times 215}$$

$$+ \frac{0.2 \times 10 \times 10^6}{1.05 \times 49 \times 10^3 \times (1 - 0.8 \times \frac{16}{412.6}) \times 215} = 0.0665 + 0.1866 = 0.2531 < 1.0$$

对于以上三种受力情况的压弯构件,虽作用的轴线压力和最大弯矩都是相同的,但是因弯矩在整个构件上的分布不同,承载能力就有区别。第二种情况由稳定承载能力控制构件的截面设计,强度不必计算,而其他两种情况则由构件端部截面的强度控制承载能力。

5.3　压弯构件在弯矩作用平面外的稳定计算

开口截面压弯构件的抗扭刚度和弯矩作用平面外的抗弯刚度通常都不大,当侧向没有足够支撑以阻止其产生侧向位移和扭转时,构件可能发生弯矩作用平面外的弯扭屈曲。

5.3.1　双轴对称工字形截面压弯构件的弹性弯扭屈曲临界力

图 5-13(a)所示是两端铰接并在端部作用有轴线压力 N 和弯矩 M 的双轴对称工字形截面压弯构件。当弯矩作用在抗弯刚度较大的 yz 平面内时,在距端部为 z 的截面绕 x 轴的弯矩为 $M_x = M + Nv$,但是因为截面对强轴的惯性矩 I_x 比对弱轴的惯性矩 I_y 大很多,分析构件的弯扭屈曲时,因为挠度 v 不大,可把附加弯矩 Nv 忽略不计,这样 $M_x = M$。如果构件发生如图 5-13 所示的侧向位移 u,会产生一个分量 M_{T2}(见图 5-13(c)),$M_{T2} = M\sin\theta = Mu'$,它使构件绕纵轴产生扭转。由于轴线压力 N 的存在使构件的实际抗扭刚度由 GI_t 降为 $GI_t - Ni_0^2$,因此可得到弯扭屈曲的临界力 N_{cr} 的计算方程:

$$(N_{Ey}-N_{cr})(N_z-N_{cr})-\frac{M^2}{i_0^2}=0 \tag{5-15}$$

其解为

$$N_{cr}=\frac{1}{2}\left[(N_{Ey}+N_z)^2-\sqrt{(N_{Ey}-N_z)^2+\frac{4M^2}{i_0^2}}\right] \tag{5-16}$$

如果构件的端弯矩 $M=0$，由式(5-16)可以得到轴心受压构件的临界力 $N_{cr}=N_{Ey}$ 或 $N_{cr}=N_z$。这里的 N_{Ey} 是绕截面弱轴弯曲屈曲的临界力，即 $N_{Ey}=\pi^2EI_y/l_y^2$；N_z 是绕截面纵轴扭转屈曲的临界力，其值为：

$$N_z=\frac{GI_t+\frac{\pi^2EI_w}{l_w^2}}{i_0^2} \tag{5-17}$$

式中：I_t——截面的扭转常数；

　　　I_w——截面的翘曲常数；

　　　i_0——截面的极回转半径，$i_0^2=(I_x+I_y)/A$；

　　　l_w——构件的侧向扭转自由长度，对于两端铰接的杆 $l_w=l$。

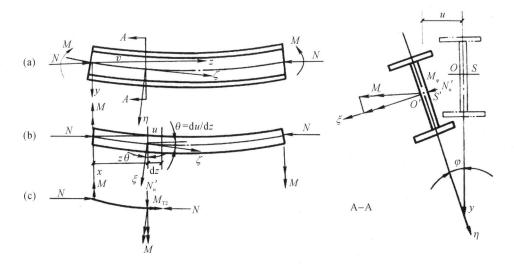

图 5-13　双轴对称工字形截面压弯构件弯扭屈曲

式(5-17)可以用来计算双轴对称截面轴心受压构件的弹性扭转屈曲力。对于双轴对称的工字形截面和箱形截面轴心压杆，由于截面的抗扭刚度很大，不会发生扭转屈曲。但是对于十字形截面轴心压杆，因为截面的翘曲常数 $I_w\approx0$，这时扭转屈曲临界力为 $N_z=GI_t/i_0^2$，此值与杆的长度无关。当杆不很长时，它的扭转屈曲力会低于弯曲屈曲力，从而导致构件发生扭转失稳。

如果在压弯构件发生弯扭屈曲时部分材料已经屈服，建立平衡方程时应该将构件的截面抗弯刚度 EI_x、EI_y、翘曲刚度 EI_w 和自由扭转刚度 GI_t 做适当改变，这时求解弹塑性弯扭屈曲承载力的过程比较复杂。

5.3.2　实腹式压弯构件在弯矩作用平面外的实用计算公式

上节在确定压弯构件弹性弯扭屈曲临界力时没有考虑构件内存在的残余应力和可能产

115

生的非弹性变形,当考虑这些因素时计算比较复杂,难以直接用于设计。因此,提出可供设计用的实用计算方法。

在第 4 章中已经讨论了受纯弯矩作用的构件,其弹性弯扭屈曲的临界弯矩可由式(4-14)给出,即:

$$M_{cr} = \frac{\pi}{l}\sqrt{EI_y GI_t}\sqrt{1 + \frac{EI_w}{GI_t}(\frac{\pi}{l})^2} = i_0^2\sqrt{\frac{\frac{\pi^2 EI_y}{l^2}\left(GI_t + \frac{\pi^2 EI_w}{l^2}\right)}{i_0^2}}$$

以 N_{Ey} 和 N_z 值代入上式后得:

$$M_{cr} = i_0\sqrt{N_{Ey}N_z} \tag{5-18}$$

在式(5-15)中将轴线压力 N_{cr} 改用符号 N,并且注意到式(5-18)所具有的 M_{cr}、N_{Ey} 和 N_z 之间的关系,经过移项后,可写成 N/N_{Ey} 和 M/M_{cr} 之间的相关关系式:

$$\frac{N}{N_{Ey}} + \frac{M^2}{M_{cr}^2\left(1 - \frac{N}{N_z}\right)} = 1 \tag{5-19}$$

把上式画成如图 5-14 所示的 N/N_{Ey} 和 M/M_{cr} 的相关曲线,可见曲线受比值 N_z/N_{Ey} 的影响很大。N_z/N_{Ey} 愈大,压弯构件弯扭屈曲的承载力愈高。当 $N_z = N_{Ey}$ 时,相关曲线变为直线式:

$$\frac{N}{N_{Ey}} + \frac{M}{M_{cr}} = 1 \tag{5-20}$$

普通工字形截面压弯构件的 N_z 均大于 N_{Ey},其相关曲线均在直线之上,只有开口的冷弯薄壁型钢构件的相关曲线有时因 N_z 小于 N_{Ey} 而在直线之下。

对于单轴对称截面压弯构件,N/N_{Ey} 和 M/M_{cr} 的相关关系式更复杂一些,但如果在式(5-20)中以 N_{Ey} 表示单轴对称截面轴心压杆的弯扭屈曲临界力,则式(5-20)仍然可以代表这种压弯构件的相关关系。

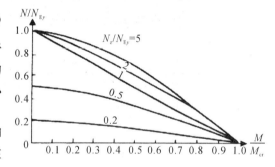

图 5-14　N/N_{Ey} 和 M/M_{cr} 的相关曲线

虽然式(5-20)来源于弹性杆的弯扭屈曲,但经计算可知,此式也可用于弹塑性压弯构件的弯扭屈曲计算。标准采用了式(5-20)作为设计压弯构件的依据,同时考虑到不同的受力条件和截面形式,在公式中引进了非均匀弯矩作用的等效弯矩系数 β_{tx} 和截面影响系数 η。

在式(5-20)中 N_{Ey} 用 $\varphi_y A f_y$,M_{cr} 用 $\varphi_b W_{1x} f_y$ 代入后,压弯构件在弯矩作用平面外的计算公式为:

$$\frac{N}{\varphi_y A f} + \eta\frac{\beta_{tx}M_x}{\varphi_b W_{1x} f} \leqslant 1.0 \tag{5-21}$$

式中:φ_y——弯矩作用平面外的轴心受压构件稳定系数;

$\quad\quad\varphi_b$——均匀弯矩作用时受弯构件的整体稳定系数,即在第 4 章中梁的整体稳定系数。

对于一般工字形截面和 T 形截面压弯构件均可直接用近似公式(4-20)至(4-24)计算 φ_b 值;

$\quad\quad M_x$——所计算构件段范围内的最大弯矩;

η——截面影响系数,闭合截面 $\eta=0.7$,其他截面 $\eta=1.0$;

β_{tx}——等效弯矩系数,应按以下规定采用。

(1)在弯矩作用平面外有支承的构件,应根据两相邻支承点间构件段内荷载和内力情况确定:

①所考虑构件段无横向荷载作用时: $\beta_{tx}=0.65+0.35M_2/M_1$,构件段在弯矩作用平面内的端弯矩 M_1 和 M_2 使它产生同向曲率时取同号,产生反向曲率时取异号,而且 $|M_1| \geqslant |M_2|$;

②所考虑构件段内既有端弯矩又有横向荷载作用,使构件段产生同向曲率时 $\beta_{tx}=1.0$,产生反向曲率时 $\beta_{tx}=0.85$;

③所考虑构件段内只有横向荷载作用, $\beta_{tx}=1.0$。

(2)对于悬臂构件 $\beta_{tx}=1.0$。

【例 5-3】图 5-15 所示 Q235 钢焊接工字形截面压弯构件,翼缘为火焰切割边,承受的轴线压力设计值为 700kN,在构件的中央有一横向集中荷载 120kN(设计值)。构件的两端铰接并在中央有一侧向支承点。要求验算构件的整体稳定。

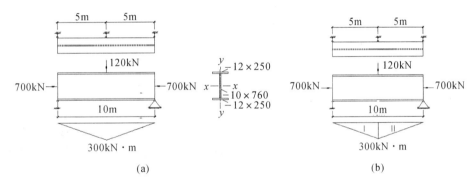

图 5-15　例 5-3 图

【解】(1)计算截面特性

$$A=2\times250\times12+760\times1.0=13600(mm^2)$$

$$I_x=10\times760^3/12+2\times250\times12^3/12+2\times12\times250\times386^2=1259861333(mm^4)$$

$$i_x=\sqrt{\frac{I_x}{A}}=\sqrt{\frac{1259861333}{13600}}=304.4(mm)$$

$$W_x=\frac{2I_x}{h}=\frac{2\times1259861333}{784}=3213932(mm^3)$$

$$I_y=760\times10^3/12+2\times12\times250^3/12=31313333(mm^4)$$

$$i_y=\sqrt{\frac{I_y}{A}}=\sqrt{\frac{31313333}{13600}}=48.0(mm)$$

(2)核算构件在弯矩作用平面内的稳定

翼缘宽厚比: $b_1/t=(250-10)/2/12=10<13$,满足 S3 级要求,因此 $\gamma_x=1.05$

$\lambda_x=\dfrac{l_{0x}}{i_x}=\dfrac{10\times10^3}{304.4}=32.9$,按 b 类截面轴心受压构件查附表 4-2 得, $\varphi_x\approx0.925$

$$N'_{Ex}=\frac{\pi^2 EA}{1.1\lambda_x^2}=\frac{3.14^2\times206\times10^3\times13600}{1.1\times32.9^2}=23199620(N)=23199.62(kN)$$

无端弯矩但有横向荷载作用,跨中单个集中荷载,其等效弯矩系数:

$$\beta_{mx}=1-0.36\frac{N}{N_{cr}}=1-0.36\times\frac{700}{23199.62\div1.1}=1-0.36\times\frac{700}{21090.57}=0.988$$

$$\frac{N}{\varphi_x Af}+\frac{\beta_{mx}M_x}{\gamma_x W_x(1-0.8\frac{N}{N'_{Ex}})f}=\frac{700\times10^3}{0.925\times13600\times215}+$$

$$\frac{0.988\times300\times10^6}{1.05\times3213932\times\left(1-0.8\times\frac{700}{23199.62}\right)\times215}=0.2588+0.4186=0.6774<1.0$$

(3)核算构件在弯矩作用平面外的稳定

$\lambda_y=l_{0y}/i_y=5000/48.0=104$,按 b 类截面轴心受压构件查附表 4-2 得,$\varphi_y=0.529$。

在侧向支承点范围内,被分成两个区段,如图 5-15(b)所示,因为区段Ⅰ与区段Ⅱ对称,计算其一即可。

区段Ⅰ:由弯矩图可知,区段一端弯矩 300kN·m,另一端为零,等效弯矩系数 $\beta_{tx}=0.65$,因为 $\lambda_y<120$,用近似计算公式可得:

$$\varphi_b=1.07-\frac{\lambda_y^2}{44000\varepsilon_k^2}=1.07-\frac{104^2}{44000}=0.824$$

$$\frac{N}{\varphi_y Af}+\eta\frac{\beta_{tx}M_x}{\varphi_b W_x f}=\frac{700\times10^3}{0.529\times13600\times215}+1.0\times\frac{0.65\times300\times10^6}{0.824\times3213932\times215}$$
$$=0.453+0.342=0.795<1.0$$

经验算,构件的整体稳定满足设计要求。

5.4 压弯构件的计算长度

构件的计算长度

在第 3 章中轴心受压构件的计算长度是根据构件端部的约束条件按弹性理论确定的。对于端部条件比较简单的压弯构件,可利用第 3 章轴心受压构件中的计算长度系数 μ 直接得到计算长度。但对于框架,情况比较复杂。在框架的平面内框架失稳有两种形式,一种无侧移,另一种有侧移,无侧移框架比有侧移框架失稳的承载力大得多。所以确定框架柱的计算长度时首先要区分框架失稳时有无侧移。如果没有防止侧移的有效措施,都应该按有侧移失稳的框架来考虑,以确保安全受力。

5.4.1 单层等截面框架柱的计算长度

图 5-16(a)所示是对称单层单跨等截面框架,柱与基础刚接。当框架失稳时因顶部有支撑,侧移受到阻止,框架成对称失稳形式。节点 B 与 C 的转角相等但方向正好相反。横梁对框架柱的约束作用取决于横梁的线刚度 EI_0/L 和框架柱的线刚度 EI/H 的比值 K_0,EI_0、EI 分别为横梁和框架柱的刚度,$K_0=\frac{I_0 H}{IL}$。柱的计算长度 $H_0=\mu H$,计算长度系数 μ 根据弹性屈曲理论算得,由表 5-1 给出。表 5-1 中还给出了柱与基础铰接的计算长度系数。对于无侧移框架,系数 μ 在 $0.5\sim1.0$ 内变动。

当线刚度的比值 $K_0>20$ 时,可认为横梁的惯性矩为无限大,这时框架柱的计算长度与两端固定的独立柱相同,即 $\mu=0.5$,如图 5-16(b)所示。

当横梁与柱铰接时,可认为线刚度比值 K_0 为零,柱的计算长度为 $0.7H$(见图 5-16(c))。

实际上很多单层单跨框架因无法设置支撑结构,其失稳形式是有侧移的(见图 5-16(d)、(e)、(f)),失稳时按弹性屈曲理论算得的计算长度系数 μ 也由表 5-1 给出。有侧移框架柱 μ 值的变动范围很大,从 $1.0\sim\infty$。

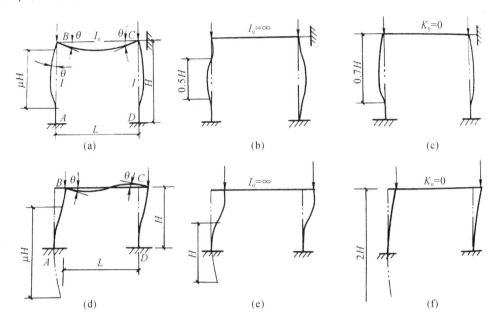

图 5-16　单层单跨框架失稳形式

为计算方便,也可把表 5-1 中的 μ 值归纳出具有足够精度的实用计算公式。这些近似计算公式列于表 5-1 的最后一栏,仅供参考。

表 5-1　单层等截面框架柱的计算长度系数 μ

框架类型	柱与基础连接方式	线刚度比值 K_0 或 K_1							近似计算公式
		$\geqslant 20$	10	5	1.0	0.5	0.1	0	
无侧移	刚性固定	0.500	0.542	0.546	0.626	0.656	0.689	0.700	$\mu=\dfrac{K_0+2.188}{2K_0+3.125}$
	铰接	0.700	0.732	0.760	0.875	0.922	0.981	1.000	$\mu=\dfrac{1.4K_0+3}{2K_0+3}$
有侧移	刚性固定	1.000	1.020	1.030	1.160	1.280	1.670	2.000	$\mu=\sqrt{\dfrac{K_0+0.532}{K_0+0.133}}$
	铰接	2.000	2.030	2.070	2.330	2.640	4.440	∞	$\mu=2\sqrt{1+0.38/K_0}$

实际工程中的框架未必像典型框架那样,结构和荷载都对称,并且框架只承受位于柱顶

的集中重力荷载,横梁中没有轴力。当这些条件发生变化时,表 5-1 的计算长度系数就不能精确反映框架的稳定承载力。

《钢结构设计标准》(GB 50017—2017)对不同于典型对称框架的情况规定有修正的方法。一种情况是当与柱相连的梁远端为铰接或嵌固时进行修正,修正方法是对横梁线刚度乘以下列系数:

无侧移框架　　　梁远端铰接:1.5;梁远端嵌固:2.0。

有侧移框架　　　梁远端铰接:0.5;梁远端嵌固:2/3。

需要进行修正的第二种情况是横梁有轴压力 N_b 使其刚度下降,此时需要把梁的线刚度乘以下列折减系数 α_N:

无侧移框架　横梁远端与柱刚接和横梁远端与柱铰接时　　$\alpha_N = 1 - \dfrac{N_b}{N_{Eb}}$

横梁远端嵌固时　　$\alpha_N = 1 - \dfrac{N_b}{2N_{Eb}}$

有侧移框架　横梁远端与柱刚接时　　$\alpha_N = 1 - \dfrac{N_b}{4N_{Eb}}$

横梁远端与柱铰接时　　$\alpha_N = 1 - \dfrac{N_b}{N_{Eb}}$

横梁远端嵌固时　　$\alpha_N = 1 - \dfrac{N_b}{2N_{Eb}}$

式中:$N_{Eb} = \dfrac{\pi^2 E I_0}{l^2}$,$I_0$ 为横梁截面惯性矩,l 为横梁长度。

对于图 5-16(b)的情况,$\alpha_N = 1 - N_b/N_{Eb}$。由于可以判断 $N_b = N_{Eb}$,系数 $\alpha_N = 0$,表明梁不对柱提供约束。

对于单层多跨等截面框架,计算稳定时认为各柱是同时失稳的。对于无侧移框架,还近似假定失稳时横梁两端的转角 θ 相等但方向相反(见图 5-16(a))。对于有侧移框架,假定失稳时横梁两端的转角相等而方向也相同(见图 5-16(d))。柱的计算长度系数 μ 取决于与柱相邻的两根横梁的线刚度之和($EI_1/L_1 + EI_2/L_2$)与柱的线刚度(EI/H)的比值 K_1,即 $K_1 = (I_1/L_1 + EI_2/L_2)/I/H$。系数 μ 仍由表 5-1 给出。和单跨框架一样,当横梁有较大轴向压力及远端铰接或嵌固时,其线刚度需要修正。各柱同时失稳,要求各柱的 $H_i \sqrt{N_i/EI_i}$ 相同。如果相差悬殊,则由表 5-1 查得的 μ 值需要调整,尤其是有侧移失稳较为必要。

5.4.2　多层多跨等截面框架柱的计算长度

对于多层多跨框架,其失稳形式也分为无侧移和有侧移两种情况。计算的基本假定与单层多跨框架类同(见图 5-17(a)、(b))。柱的计算长度系数 μ 和横梁的约束作用有直接关系,它取决于在该柱上端节点处相交的横梁线刚度之和与柱的线刚度之和的比值 K_1,同时还取决于该柱下端节点处相交的横梁线刚度之和与柱的线刚度之和的比值 K_2,系数 μ 见附表 5-1、附表 5-2。

5.4.3　变截面阶形柱的计算长度

因为承受吊车荷载作用,厂房柱经常采用阶形柱。除少数厂房因有双层吊车需采用双

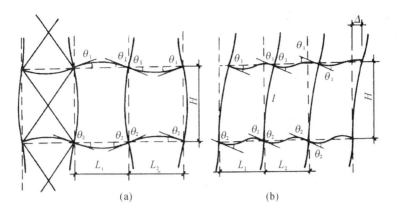

图 5-17　多层多跨框架失稳形式

阶柱外,一般采用单阶柱。阶形柱的计算长度是分段确定的,它们的计算长度系数之间有内在关系。根据柱的上端与横梁的连接是属于铰接还是刚接的条件,分为图 5-18(a)、(b)两种失稳形式。由于柱的上端在框架平面内无法设置阻止框架发生侧移的支撑,阶形柱的计算长度按有侧移失稳的条件确定。上下段柱的计算长度分别是

$$H_{01} = \mu_1 H_1$$

$$H_{02} = \mu_2 H_2$$

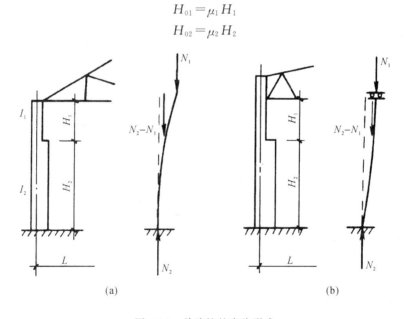

图 5-18　单阶柱的失稳形式

当柱的上端与横梁铰接时,把柱视为悬臂构件(见图 5-18(a)),下段柱的计算长度系数 μ_2 按下列两个参数查附表 5-3 确定, $K_1 = \dfrac{I_1 H_2}{I_2 H_1}$ (柱上下段的线刚度之比), $\eta_1 = \dfrac{H_1}{H_2} \sqrt{\dfrac{N_1 I_2}{N_2 I_1}}$,参数 η_1 中的 N_1 和 N_2 分别为上、下柱的轴心力,计算时为未知数,但在推导框架的临界荷载时,为简化计算,取了上、下柱临界荷载的比值(通常取计算荷载的比值),所以 N_1/N_2 可按产生最大轴心力的荷载组合取用。上段柱的计算长度系数为 $\mu_1 = \mu_2/\eta_1$ 。

当柱的上端与横梁刚接时,横梁的刚度对框架屈曲有一定影响。但当横梁的线刚度与

上段柱的线刚度之比大于 1.0 时,横梁刚度的大小对框架屈曲的影响差别不大。这时,下段柱的计算长度系数 μ_2 可直接把柱视为上端可以滑动而不能转动的构件(见图 5-18(b)),按参数 K_1 和 η_1 查附表 5-4 确定,而上段柱的计算长度系数仍取为 $\mu_1 = \mu_2/\eta_1$。

当厂房的柱列很多时,《钢结构设计标准》考虑到厂房结构的实际工作中存在着以下有利因素:

①阶形柱计算长度是按照框架中受荷载最大的柱子进行稳定分析确定的。由于厂房柱主要承受吊车荷载,当厂房一侧柱子达最大垂直荷载时,另一侧柱则承受较小的吊车荷载,当受荷载较大的柱子失稳时,将受到受荷较小柱子的支持作用。

②单跨厂房中设有通长的纵向支撑或采用大型屋面板时,厂房实际存在着空间工作作用。

③多跨厂房中设有刚性盘体的屋盖或两边柱有通长的屋盖水平支撑联系时,厂房较大的整体刚度对将要失稳的某一跨框架可起到约束作用。

综合以上原因,标准根据厂房的不同情况对阶形柱计算长度系数乘以表 5-2 的折减系数。

表 5-2　单层厂房阶形柱计算长度的折减系数

厂房类型				折减系数
单跨或多跨	纵向温度区段内一个柱列的柱子数	屋面情况	厂房两侧是否有屋盖纵向水平支撑	
单跨厂房	等于或小于 6 个	—	—	0.9
	多于 6 个	非大型屋面板屋面	无纵向水平支撑	
			有纵向水平支撑	0.8
		大型屋面板屋面	—	
多跨厂房	—	非大型屋面板屋面	无纵向水平支撑	
			有纵向水平支撑	0.7
		大型屋面板屋面	—	
备注	有横梁的露天结构(如落锤车间等)			0.9

上述计算长度都是根据弹性框架屈曲理论得到的。单层框架在弹塑性状态失稳时,按弹性刚架得到的 μ 值常常偏于安全,特别是当横梁按弹性工作设计而柱却允许出现一定塑性而降低了柱的刚度时,线刚度的比值 K_1 有所提高。

还须进一步说明的是:以上关于单层和多层框架柱的讨论都假定框架只在梁柱连接点承受竖向轴线荷载,因而柱在失稳前没有弯矩,且梁不承受轴力。但实际的结构经常是梁上有荷载,使它和柱都受弯,且引起支座水平反力使梁受压。此外,结构还时常会承受水平荷载使柱弯曲和侧向移动。

把作用在梁跨度上的荷载集中到梁端,忽略了框架屈曲前变形和梁的轴线压力,会对荷载的临界值造成一定的误差。据已有资料分析,单跨框架对称失稳时分布于梁上的荷载影响比较大,而反对称失稳时则影响不大。因此,单跨框架最常见的有侧移失稳,其梁上荷载的弯矩影响可以忽略,但框架顶部有水平支撑防止侧移,则梁上荷载的弯矩影响不能忽视。

水平荷载的影响是否可以忽略，要做具体分析。如果按一阶分析来考虑，水平荷载对框架柱计算长度影响不大；若采用二阶分析，将使框架的内力增大而刚度降低，不利于保持稳定。这种效应的影响主要表现在非弹性阶段。

5.4.4　在框架平面外柱的计算长度

柱在框架平面外的计算长度取决于支撑构件的布置。柱在框架平面外失稳时，支撑结构使柱在框架平面外得到支撑，支撑点可以看作变形曲线的反弯点，因此柱在平面外的计算长度就等于支撑点之间的距离。如图 5-19 所示单层框架柱，在平面外的计算长度，上下段是不同的，上段取为自屋架纵向水平支撑或托架支座处的柱高 H_1，下段柱框架平面外的计算长度应取自柱脚底面至肩梁顶面的高度 H_2。有了计算长度以后，框架柱即可根据其受力条件按压弯构件设计。

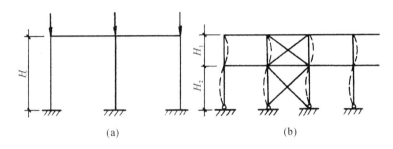

图 5-19　框架柱在弯矩作用平面外的计算长度

【例 5-4】图 5-20 表示一铰接柱脚的双跨等截面柱框架。要求确定边柱和中柱在框架平面内的计算长度。

【解】先计算框架中诸构件的截面惯性矩。

横梁：$I_0=10\times800^3/12+2\times350\times16^3/12+2\times16\times350\times408^2=2291302400(\text{mm}^4)$

边柱：$I_1=10\times360^3/12+2\times300\times12^3/12+2\times12\times300\times186^2=288057600(\text{mm}^4)$

中柱：$I_2=10\times460^3/12+2\times300\times16^3/12+2\times16\times300\times238^2=625100533(\text{mm}^4)$

再计算横梁的线刚度与边柱的线刚度之比，$K_0=\dfrac{I_0H}{I_1L}=\dfrac{2291302400\times8\times10^3}{288057600\times12\times10^3}=5.3$

图 5-20 是一个有侧移框架，柱的下端与柱基础铰接，上端与横梁刚接，查表 5-1 得边柱的计算长度系数：

$$\mu=2.07-\frac{(5.3-5)}{(10-5)}\times(2.07-2.03)=2.068$$

用近似公式计算

$$\mu=2\sqrt{1+0.38/5.3}=2.07$$

两个横梁的线刚度之和与中柱线刚度比值，$K_1=\dfrac{2I_0H}{I_2L}=\dfrac{2\times2291302400\times8\times10^3}{625100533\times12\times10^3}=4.9$

查表 5-1 得到中柱的计算长度系数

$$\mu=2.07+\frac{(5-4.9)}{(5-1)}\times(2.33-2.07)=2.0765$$

用近似公式计算，$\mu=2\sqrt{1+0.38/4.9}=2.0761$

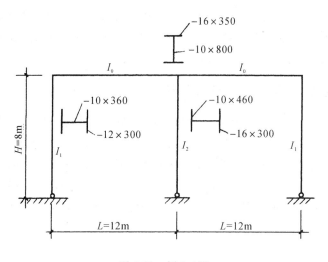

图 5-20 例 5-4 图

两种计算结果是一致的。

5.5 压弯构件的板件稳定

5.5.1 翼缘的稳定

根据受压最大的翼缘和构件等稳定的原则,压弯构件的翼缘一般都在弹塑性状态屈曲。翼缘宽厚比的允许值可以按照下式确定:

柱的局部稳定

$$\frac{b_1}{t} = \sqrt[4]{\eta} \sqrt{\frac{0.425\pi^2 E}{12(1-v^2)\sigma_{cr}}} \qquad (5-22)$$

对长细比在 100 以上的压弯构件,取平均应力 $\sigma_{cr} = 0.95 f_y$,$\eta = 0.4$,可以得到 H 形截面翼缘外伸宽厚比(S4 级)的允许值:

$$\frac{b_1}{t} \leqslant 15\varepsilon_k \qquad (5-23)$$

对于长细比较小的压弯构件,塑性发展更加充分,这一允许宽厚比之值偏大。取 $\sigma_{cr} = 0.97 f_y$,$\eta = 0.2$,得到 $b_1/t = 12.46\varepsilon_k$。如果构件的截面尺寸由平面内的稳定控制,且长细比小于 100,应力又用得较足,则 H 形截面翼缘外伸宽厚比(S3 级)的允许值为:

$$\frac{b_1}{t}13 \leqslant \varepsilon_k \qquad (5-24)$$

《钢结构设计标准》(GB 50017—2017)规定,实腹压弯构件要求不出现局部失稳者,其翼缘宽厚比应符合表 5-3 规定的 S4 级截面要求。

表 5-3　压弯构件的截面板件宽厚比等级及限值

构件	截面板件宽厚比等级		S1 级	S2 级	S3 级	S4 级	S5 级
压弯构件（框架柱）	H形截面	翼缘 b/t	$9\varepsilon_k$	$11\varepsilon_k$	$13\varepsilon_k$	$15\varepsilon_k$	20
		腹板 h_0/t_w	$(33+13\alpha_0^{1.3})\varepsilon_k$	$(38+13\alpha_0^{1.39})\varepsilon_k$	$(40+18\alpha_0^{1.5})\varepsilon_k$	$(45+25\alpha_0^{1.66})\varepsilon_k$	250
	箱形截面	壁板（腹板）间翼缘 b_0/t	$30\varepsilon_k$	$35\varepsilon_k$	$40\varepsilon_k$	$45\varepsilon_k$	—
	圆钢管截面	径厚比 D/t	$50\varepsilon_k^2$	$70\varepsilon_k^2$	$90\varepsilon_k^2$	$100\varepsilon_k^2$	—

5.5.2　腹板的稳定

压弯构件的腹板处于剪应力和非均匀压应力联合作用下（见图 5-21），其弹性屈曲条件为：

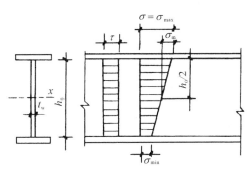

图 5-21　压弯构件腹板受力状态

$$\left[1-\left(\frac{\alpha_0}{2}\right)^5\right]\frac{\sigma}{\sigma_0}+\left(\frac{\alpha_0}{2}\right)^5\left(\frac{\sigma}{\sigma_0}\right)^2+\left(\frac{\tau}{\tau_0}\right)^2=1 \qquad (5\text{-}25)$$

式中：τ,σ——压弯构件在剪力作用下腹板的平均切应力和在弯矩与轴线力的共同作用下腹板边缘的最大压应力；

　　α_0——与腹板上下边缘的最大压应力和最小应力有关的应力梯度，即

$$\alpha_0=(\sigma_{max}-\sigma_{min})/\sigma_{max} \qquad (5\text{-}26)$$

　　τ_0——腹板仅受剪应力作用时的屈曲剪应力，对于柱腹板：

$$\tau_0 = 5.784 \times \frac{\pi^2 E t_w^2}{12(1-\nu^2)h_0^2} \tag{5-27}$$

σ_0——腹板仅受弯矩和轴线压力联合作用时的屈曲应力,即:

$$\sigma_0 = K_\sigma \frac{\pi^2 E t_w^2}{12(1-\nu^2)h_0^2} \tag{5-28}$$

弹性屈曲系数 K_σ 取决于应力梯度 α_0,其值见表 5-4。

表 5-4　在非均匀压应力和剪应力联合作用下腹板的弹性屈曲系数

α_0	0	0.2	0.4	0.6	0.8	1.0	1.2	1.4	1.6	1.8	2.0
$K_\sigma(\tau=0)$	4.00	4.44	4.99	5.69	6.60	7.81	9.50	11.87	15.18	19.52	23.92
$K_e(\tau=0.3\sigma_m)$	4.00	3.91	3.87	4.24	4.68	5.21	5.89	6.68	7.58	9.74	11.30

一般压弯构件的剪应力对腹板屈曲的影响较小。因此,可以寻求比公式(5-25)简便的方法来计算腹板的局部屈曲。对于一定的 α_0,K_σ 为已知,则以不同的剪应力 τ 代入式(5-25),可以得到剪应力和压应力联合作用下的弹性屈曲应力 σ_{cr},并用下式表示:

$$\sigma_{cr} = K_e \frac{\pi^2 E t_w^2}{12(1-\nu^2)h_0^2} \tag{5-29}$$

式中:K_e 为与比值 τ/σ 及 α_0 有关的弹性屈曲系数(见图 5-22)。

从图 5-22 可知,切应力的存在降低了腹板的屈曲应力,其降低的程度与应力梯度 α_0 有关,当 $\alpha_0=2$(即纯弯曲)时影响最大,而 α_0 接近于零(即均匀受压)时影响甚微。对钢结构中的压弯构件,经分析,对厂房柱一类构件可取 τ 为弯曲压应力 σ_m 的 0.3 倍,与板边缘的正应力的关系是 $\tau/\sigma=0.15\alpha_0$。这时,由式(5-25)和式(5-29)即可得到弹性屈曲系数 K_e(见表 5-4)。

由式(5-29)得到的屈曲应力只适用于弹性状态屈曲的板。对于在弯矩作用平面内失稳的

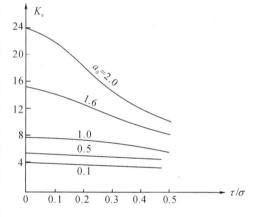

图 5-22　腹板弹性屈曲系数

压弯构件,截面一般都不同程度地开展了塑性。需要根据板的塑性屈曲理论确定腹板的塑性屈曲系数 K_p,用以代替式(5-29)中的 K_e。塑性屈曲系数 K_p 的确定比较复杂,这里不作介绍。一旦确定了 K_p,腹板高厚比的允许值可由 $\sigma_{cr}=f_y$ 确定。

经过计算分析可得 h_0/t_w 限值与 α_0 之间的关系曲线,如图 5-23 中的虚线所示。在计算时假定了腹板塑性区的深度为其高度的四分之一。为了计算上的方便,可以用两段直线替代,如图 5-23 中的实线所示,即:

当 $0 \leqslant \alpha_0 \leqslant 1.6$ 时,$h_0/t_w = 16\alpha_0 + 50$

当 $1.6 < \alpha_0 \leqslant 2.0$ 时,$h_0/t_w = 48\alpha_0 - 1$

实际上,对于长细比小的压弯构件,在弯曲作用平面内失稳时,截面的塑性深度超过 $0.25h_0$,而对于长细比大的压弯构件,塑性深度却不到 $0.25h_0$,有时构件截面的边缘纤维已开始屈服,而腹板还处于弹性状态。

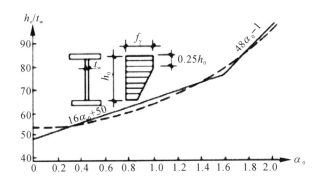

图 5-23　腹板的容许高厚比

对于压弯构件截面由弯矩作用平面内稳定控制的情况,截面受压较大处出现塑性和构件长细比关系不大,因此,《钢结构设计标准》(GB 50017—2017)规定,实腹压弯构件要求不出现局部失稳者,其腹板高厚比应符合表 5-3 规定的 S4 级截面要求。

工字形(H 形)和箱形截面压弯构件的腹板高厚比超过表 5-3 规定的 S4 级截面要求时,应采取类似冷弯薄壁型钢构件中板件计算的方法,以有效截面代替实际截面计算杆件的承载力。

(1)工字形截面腹板受压区的有效宽度应取为:

$$h_e = \rho h \tag{5-30-1}$$

当 $\lambda_{n,p} \leqslant 0.75$ 时:
$$\rho = 1.0 \tag{5-30-2}$$

当 $\lambda_{n,p} > 0.75$ 时:

$$\rho = \frac{1}{\lambda_{n,p}}\left(1 - \frac{0.19}{\lambda_{n,p}}\right) \tag{5-30-3}$$

$$\lambda_{n,p} = \frac{h_0/t_w}{28.1\sqrt{k_\sigma}} \cdot \varepsilon_k \tag{5-30-4}$$

$$k_\sigma = \frac{16}{2-\alpha_0 + \sqrt{(2-\alpha_0)^2 + 0.112\alpha_0^2}} \tag{5-30-5}$$

式中:h_c、h_e——分别为腹板受压区宽度和有效宽度,当腹板全部受压时,$h_c = h_0$;

ρ——有效宽度系数,按式(5-30-2)和(5-30-3)计算;

α_0——参数,应按式(5-26)计算。

(2)工字形截面腹板有效宽度 h_e 应按下列公式计算:

当截面全部受压,即 $\alpha_0 \leqslant 1$ 时,如图 5-24(a)所示:
$$h_{e1} = 2h_e/(4+\alpha_0) \tag{5-30-6}$$
$$h_{e2} = h_e - h_{e1} \tag{5-30-7}$$

当截面部分受拉,即 $\alpha > 1$ 时,如图 5-24(b)所示:
$$h_{e1} = 0.4h_e \tag{5-30-8}$$
$$h_{e2} = 0.6h_e \tag{5-30-9}$$

(3)箱形截面压弯构件翼缘宽厚比超限时也应按式(5-30-1)计算其有效宽度,计算时取 $k_\sigma = 4.0$。有效宽度在两侧均等分布。

【例 5-5】验算例题 5-3 中压弯构件的板件宽厚比是否在规范容许范围之内。

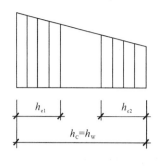

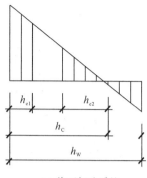

(a) 截面全部受压　　　　　　　　　(b) 截面部分受拉

图 5-24　有效宽度的分布

【解】已知：$A=13600 \text{mm}^2$，$I_x=1259861333 \text{mm}^4$，轴线压力 $N=700 \text{kN}$，在构件中央截面有最大弯矩 $M=300 \text{kN} \cdot \text{m}$。

(1) 检验翼缘的宽厚比

$b_1/t=(250-10)/2/12=10<15$，满足 S4 级要求。

(2) 检验腹板的高厚比

先计算腹板边缘的应力，以压应力为正值，拉应力为负值。

在腹板的上边缘：

$$\sigma_{\max}=\frac{N}{A}+\frac{My_1}{I_x}=\frac{700\times10^3}{13600}+\frac{300\times10^6\times380}{1259861333}=51.5+90.5=142(\text{N/mm}^2)$$

在腹板的下边缘：

$$\sigma_{\min}=\frac{N}{A}-\frac{My_1}{I_x}=\frac{700\times10^3}{13600}-\frac{300\times10^6\times380}{1259861333}=51.5-90.5=-39(\text{N/mm}^2)$$

应力梯度：

$$\alpha_0=\frac{\sigma_{\max}-\sigma_{\min}}{\sigma_{\max}}=\frac{142-(-39)}{142}=1.27$$

腹板高厚比的允许值：

$$\left[\frac{h_0}{t_w}\right]=(45+25\alpha_0^{1.66})\varepsilon_k=(45+25\times1.27^{1.66})\times1=82.2$$

截面实际的高厚比 $\dfrac{h_0}{t_w}=\dfrac{760}{10}=76<82.2$，满足要求。

5.6　实腹式压弯构件的设计

实腹式压弯构件的设计

5.6.1　截面形式

对于压弯构件，当承受的弯矩较小时其截面形式与一般的轴心受压构件相同（见图 3-1）。当弯矩较大时，宜采用在弯矩作用平面内截面高度较大的双轴对称截面或单轴对称截面(见图 5-25)。

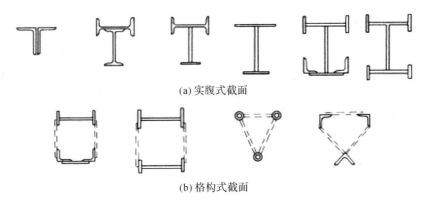

(a) 实腹式截面

(b) 格构式截面

图 5-25 压弯构件的单轴对称截面

5.6.2 截面选择及验算

设计时需首先选定截面的形式,再根据构件所承受的轴力 N、弯矩 M 和构件的计算长度 l_{0x}、l_{0y} 初步确定截面的尺寸,然后进行强度、整体稳定、局部稳定和刚度的验算。由于压弯构件的验算式中所牵涉的未知量较多,根据估计所初选出来的截面尺寸不一定合适,因而初选的截面尺寸往往需要进行多次调整。

(1)强度验算

承受单向弯矩的压弯构件其强度验算用式(5-4),即为:

$$\frac{N}{A_n} \pm \frac{M_x}{\gamma_x W_{nx}} \leqslant f$$

当截面无削弱且 N、M 的取值与整体稳定验算的取值相同而等效弯矩系数为 1.0 时,不必进行强度验算。

(2)整体稳定验算

实腹式压弯构件弯矩作用平面内的稳定采用式(5-12)计算,即

$$\frac{N}{\varphi_x A f} + \frac{\beta_{mx} M_x}{\gamma_x W_{1x}(1-0.8N/N'_{Ex})f} \leqslant 1.0$$

对单轴对称截面(如 T 形截面),还应按式(5-14)进行计算:

$$\left| \frac{N}{A f} - \frac{\beta_{mx} M_x}{\gamma_x W_{2x}(1-1.25N/N'_{Ex})f} \right| \leqslant 1.0$$

实腹式压弯构件弯矩作用平面外的稳定计算采用式(5-21),即

$$\frac{N}{\varphi_y A f} + \eta \frac{\beta_{tx} M_x}{\varphi_b W_{1x} f} \leqslant 1.0$$

(3)局部稳定验算

组合截面压弯构件翼缘的宽厚比和腹板的高厚比应满足表 5-3 的限值要求。

(4)刚度验算

压弯构件的长细比应不超过表 3-2 中规定的允许长细比限值。

5.6.3 构造要求

压弯构件的翼缘宽厚比必须满足局部稳定的要求,否则翼缘屈曲必然导致构件整体失稳。但当腹板屈曲时,由于存在屈曲后强度,构件不会立即失稳,只会使其承载力有所降低。工字形(H 形)截面和箱形截面由于高度较大,为了保证腹板的局部稳定而需要采用较厚的板时,显得不经济。因此,设计中有时采用较薄的腹板,当腹板的高厚比不满足限值的要求时,采取类似冷弯薄壁型钢构件中板件计算的方法,以有效截面代替实际截面计算杆件的承载力;也可在腹板中部设置纵向加劲肋,此时腹板的受压较大,翼缘与纵向加劲肋之间的高厚比应满足表 5-3 的限值要求。

当腹板的 $h_0/t_w > 80$ 时,为防止腹板在施工和运输中发生变形,应设置间距不大于 $3h_0$ 的横向加劲肋。另外,设有纵向加劲肋的同时也应设置横向加劲肋。加劲肋的截面选择与第 4 章中梁的加劲肋截面的设计相同。

大型实腹式柱在受有较大水平力处和运送单元的端部应设置横隔,横隔的设置方法详见图 3-33。

【例 5-6】图 5-26(a)所示为用 Q235 钢焊接的一工字形压弯构件,翼缘为剪切边,承受静力设计偏心压力 N 作用,$N=700\text{kN}$,偏心距 $e=300\text{mm}$,$l=5\text{m}$,构件的两端铰接,试验算构件的强度、稳定和刚度。如不满足要求,应如何设置侧向支承以提高其承载力? 并对改进后的设计进行验算。

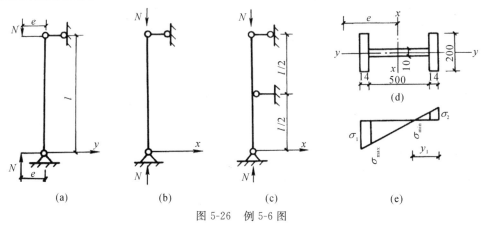

图 5-26 例 5-6 图

【解】(1)计算截面特性:

$$A = 2 \times 20 \times 1.4 + 50 \times 1.0 = 106(\text{cm}^2)$$

$$I_x = \frac{1}{12} \times 1.0 \times 50^3 + 2 \times \frac{1}{12} \times 20 \times 1.4^3 + 2 \times 20 \times 1.4 \times 25.7^2 = 4.741 \times 10^4(\text{cm}^4)$$

$$W_{1x} = \frac{2I_x}{h} = \frac{2 \times 4.741 \times 10^4}{52.8} = 1796(\text{cm}^3)$$

$$I_y = \frac{1}{12} \times 50 \times 1.0^3 + 2 \times \frac{1}{12} \times 1.4 \times 20^3 = 1.871 \times 10^3(\text{cm}^4)$$

$$i_x = \sqrt{\frac{I_x}{A}} = \sqrt{\frac{4.741 \times 10^4}{106}} = 21.1(\text{cm})$$

$$i_y = \sqrt{\frac{I_y}{A}} = \sqrt{\frac{1.871 \times 10^3}{106}} = 4.2(\text{cm})$$

（2）验算构件在弯矩作用平面内的稳定：

$$\lambda_x = \frac{l_{0x}}{i_x} = \frac{500}{21.1} = 23.7$$

属 b 类截面，查附表 4-2 得 $\varphi_x = 0.958$

$$N'_{Ex} = \frac{\pi^2 EA}{1.1\lambda_x^2} = \frac{3.14^2 \times 206 \times 10^3 \times 106 \times 10^2}{1.1 \times 23.7^2} = 34845 \times 10^3 (\text{N}) = 34845(\text{kN})$$

对于两端偏心距 e 相等，即两端偏心弯矩相等的情况，$\beta_{mx} = 1.0$。

查表 4-2，$\gamma_x = 1.05$，$M_x = Ne = 700 \times 300 = 2.1 \times 10^5 (\text{kN} \cdot \text{m})$

$$\frac{N}{\varphi_x Af} + \frac{\beta_{mx} M_x}{\gamma_x W_{1x}(1 - 0.8\frac{N}{N'_{Ex}})f} = \frac{700 \times 10^3}{0.958 \times 106 \times 10^2 \times 215} +$$

$$\frac{1.0 \times 2.1 \times 10^8}{1.05 \times 1796 \times 10^3 \times (1 - 0.8 \times \frac{700 \times 10^3}{34845 \times 10^3}) \times 215} = 0.321 + 0.526 = 0.847 < 1.0$$

（3）验算构件在弯矩作用平面外的稳定：

$$\lambda_y = l_{0y}/i_y = \frac{500}{4.2} = 119$$

焊接工字形截面，翼缘为剪切边，对 y 轴属 c 类轴心受压构件截面，查附表 4-3 得，$\varphi_y = 0.383$。

对于两端偏心距 e 相等，即两端偏心弯矩相等的情况，$\beta_{tx} = 1.0$。

对双轴对称工字形截面，当 $\lambda_y \leqslant 120\varepsilon_k$ 时，

$$\varphi_b = 1.07 - \frac{\lambda_y^2}{44000\varepsilon_k^2} = 1.07 - \frac{119^2}{44000 \times 1.0} = 0.748$$

代入验算公式：

$$\frac{N}{\varphi_y Af} + \frac{\beta_{tx} M_x}{\varphi_b W_{1x}f} = \frac{700 \times 10^3}{0.383 \times 106 \times 10^2 \times 215} + \frac{1.0 \times 2.1 \times 10^8}{0.748 \times 1796 \times 10^3 \times 215}$$

$$= 0.802 + 0.727 = 1.529 > 1.0$$

在弯矩作用平面外的稳定性不满足要求。

在构件中央 $l/2$ 处，加一侧向支承点，阻止绕 y 轴失稳，如图 5-26(c)所示。

$\lambda_y = 250/4.2 = 59.5$，属 c 类轴心受压构件截面，查附表 4-3 得 $\varphi_y = 0.712$

$$\varphi_b = 1.07 - \frac{\lambda_y^2}{44000\varepsilon_k^2} = 1.07 - \frac{59.5^2}{44000 \times 1.0} = 0.989$$

代入验算公式：

$$\frac{N}{\varphi_y Af} + \frac{\beta_{tx} M_x}{\varphi_b W_{1x}f} = \frac{700 \times 10^3}{0.712 \times 106 \times 10^2 \times 215} + \frac{1.0 \times 2.1 \times 10^8}{0.989 \times 1796 \times 10^3 \times 215}$$

$$= 0.431 + 0.550 = 0.981 < 1.0$$

满足要求。不过从计算结果可以看出，尽管绕 y 轴加了一个侧向支承，但由于 λ_y 比 λ_x 仍大很多，因而构件在弯矩作用平面外的弯扭失稳承载力仍低于构件在弯矩作用平面内的弯曲失稳承载力。因截面无削弱且 N、M 的取值与整体稳定验算的取值相同而等效弯矩系数为 1.0，不必进行强度验算。

（4）局部稳定验算：

翼缘板：由于强度计算中考虑了塑性 $\gamma_x > 1.0$，因而翼缘自由外伸宽度部分的宽厚比限值为 $13\varepsilon_k$。

$$\frac{b_1}{t} = \frac{(100-5)}{14} = 6.8 < 13$$

腹板：

腹板边缘的最大应力和最小应力，如图 5-26(e) 所示。

$$\sigma_{max} = \frac{N}{A} + \frac{M}{W} \times \frac{h_0}{h} = \frac{700 \times 10^3}{106 \times 10^2} + \frac{2.1 \times 10^8}{1796 \times 10^3} \times \frac{500}{528} = 66.04 + 110.73 = 176.77 (\text{N/mm}^2)$$

$$\sigma_{min} = \frac{N}{A} - \frac{M}{W} \times \frac{h_0}{h} = \frac{700 \times 10^3}{106 \times 10^2} - \frac{2.1 \times 10^8}{1796 \times 10^3} \times \frac{500}{528} = 66.04 - 110.73 = -44.69 (\text{N/mm}^2)$$

$$\alpha_0 = \frac{\sigma_{max} - \sigma_{min}}{\sigma_{max}} = \frac{176.77 - (-44.69)}{176.77} = 1.25$$

腹板高厚比限值为：

$$(40 + 18\alpha_0^{1.5})\varepsilon_k = (40 + 18 \times 1.25^{1.5}) \times 1.0 = 65.16$$

腹板实际高厚比为：

$$\frac{h_0}{t_w} = \frac{500}{10} = 50 < 65.16，满足要求 S 级，当然也满足 S4 级要求。$$

（5）刚度验算：

查表 3-3 得：$[\lambda] = 150$。实际最大 $\lambda = 59.5 < [\lambda] = 150$，满足要求。

5.7 格构式压弯构件的设计

格构式压弯构件的设计

截面高度较大的压弯构件采用格构式可以节省材料，所以格构式压弯构件一般用于厂房的框架柱和高大的独立支柱。由于截面的高度较大且受有较大的外剪力，故构件常常用缀条连接。缀板连接的格构式压弯构件较少采用。

常用的格构式压弯构件截面如图 5-25(b) 所示。当柱中弯矩不大或正负弯矩的绝对值相差不大时，可用对称的截面形式；如果正负弯矩的绝对值相差较大时，常采用不对称截面，并将较大肢放在受压较大的一侧。

5.7.1 弯矩绕虚轴作用的格构式压弯构件

格构式压弯构件通常使弯矩绕虚轴作用（见图 5-27(c)、(d)），对此种构件应进行下列计算：

（1）弯矩作用平面内的整体稳定性计算

弯矩绕虚轴作用的格构式压弯构件，由于截面中部空心，不能考虑塑性的深入发展，故弯矩作用平面内的整体稳定计算适宜采用边缘屈服准则。在根据此准则导出的相关式 (5-11) 中，引入等效弯矩系数 β_{mx} 并考虑抗力分项系数后，得：

$$\frac{N}{\varphi_x Af} + \frac{\beta_{mx}M_x}{W_{1x}(1 - \frac{N}{N'_{Ex}})f} \leqslant 1.0 \tag{5-31}$$

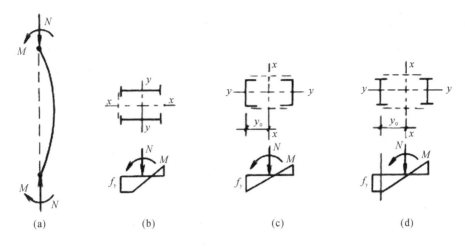

图 5-27　格构式压弯构件的计算简图

式中:$W_{1x}=I_x/y_0$,I_x 为对 x 轴(虚轴)的毛截面惯性矩。当距 x 轴最远的纤维属于肢件的腹板时,如图 5-27(c)所示截面,y_0 为由 x 轴到压力较大分肢腹板边缘的距离;当距 x 轴最远的纤维属于肢件翼缘的外伸部分时,如图 5-27(d)所示截面,y_0 为由 x 轴到压力较大分肢轴线的距离。φ_x 是由构件绕虚轴的换算长细比 λ_{0x} 确定的 b 类截面轴心压杆稳定系数。

（2）弯矩作用平面外的整体稳定性

弯矩绕虚轴作用的压弯构件,在弯矩作用平面外的整体稳定性一般由分肢的稳定计算得到保证,故不必再计算整个构件在平面外的整体稳定性。

（3）分肢的稳定计算

将缀条式压弯构件视为一平行弦桁架,将构件的两个分肢看作桁架体系的弦杆,两分肢的轴心力应按下列公式计算(见图 5-28):

分肢 1:
$$N_1=N\frac{z_2}{a}+\frac{M_x}{a}\qquad(5\text{-}32)$$

分肢 2:
$$N_2=N-N_1\qquad(5\text{-}33)$$

缀条式压弯构件的分肢按轴心压杆计算。分肢的计算长度,在缀材平面内取缀条体系的节间长度;在缀条平面外,取整个构件两侧向支撑点间的距离。

进行缀板式压弯构件的分肢计算时,除轴心力 N_1(或 N_2)外,还应考虑由剪力作用引起的局部弯矩,按实腹式压弯构件验算单肢的稳定性。

（4）缀材的计算

计算压弯构件的缀材时,应取构件实际剪力和按式(3-51)计算所得剪力两者中的较大值。其计算方法与格构式轴心受压构件相同。

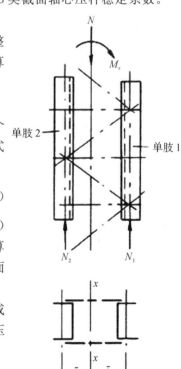

图 5-28　单肢计算简图

5.7.2 弯矩绕实轴作用的格构式压弯构件

当弯矩作用在与缀材面相垂直的主平面内时(见图 5-27(b)),构件绕实轴产生弯曲失稳,它的受力性能与实腹式压弯构件完全相同。因此,弯矩绕实轴作用的格构式压弯构件,弯矩作用平面内和平面外的整体稳定计算均与实腹式构件相同,在计算弯矩作用平面外的整体稳定时,长细比应取换算长细比,整体稳定系数取 $\varphi_b = 1.0$。

缀材(缀板或缀条)所受剪力按式(3-51)计算。

5.7.3 格构柱的横隔及分肢的局部稳定

对格构式柱,不论截面大小均应设置横隔,横隔的设置方法与轴心受压格构柱相同,构造可参见图 3-33。

格构柱分肢的局部稳定设计计算要求同实腹式柱。

【例 5-7】图 5-29 所示为一单层厂房框架柱的下柱,在框架平面内(属有侧移框架柱)的计算长度为 $l_{0x} = 21.7\text{m}$,在框架平面外的计算长度(作为两端铰接)$l_{0y} = 12.21\text{m}$,钢材为 Q235。试验算此柱在下列组合内力(设计值)作用下的承载力。

第一组(使分肢 1 受力最大),$M_x = 3340\text{kN} \cdot \text{m}$,$N = 4500\text{kN}$,$V = 210\text{kN}$

第二组(使分肢 2 受力最大),$M_x = 2700\text{kN} \cdot \text{m}$,$N = 4400\text{kN}$,$V = 210\text{kN}$

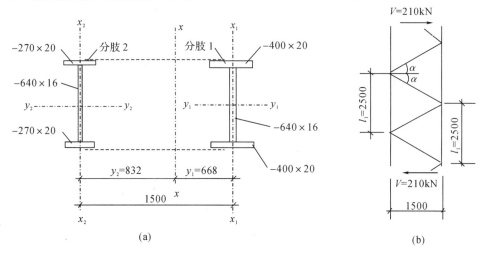

图 5-29 例 5-7 图

【解】(1)截面几何特性计算:

分肢 1:
$$A_1 = 2 \times 40 \times 2 + 64 \times 1.6 = 262.4(\text{cm}^2)$$

$$I_{y1} = \frac{1}{12}[40 \times 68^3 - 38.4 \times 64^3] = 209200(\text{cm}^4), i_{y1} = \sqrt{\frac{209200}{262.4}} = 28.24(\text{cm})$$

$$I_{x1} = \frac{1}{12} \times 64 \times 1.6^3 + 2 \times \frac{1}{12} \times 2 \times 40^3 = 21355(\text{cm}^4), i_{x1} = \sqrt{\frac{21355}{262.4}} = 9.02(\text{cm})$$

分肢 2:
$$A_2 = 2 \times 27 \times 2 + 64 \times 1.6 = 210.4(\text{cm}^2)$$

$$I_{y2} = \frac{1}{12}[27 \times 68^3 - 25.4 \times 64^3] = 152600\text{cm}^4, i_{y2} = \sqrt{\frac{152600}{210.4}} = 26.93(\text{cm})$$

$$I_{x2} = \frac{1}{12} \times 64 \times 1.6^3 + 2 \times \frac{1}{12} \times 2 \times 27^3 = 6583(\text{cm}^4), i_{x2} = \sqrt{\frac{6583}{210.4}} = 5.59(\text{cm})$$

整个截面： $A = 262.4 + 210.4 = 472.8(\text{cm}^2)$

$$y_1 = \frac{210.4 \times 1500}{472.8} = 668(\text{mm})$$

$$I_x = 21355 + 262.4 \times 66.8^2 + 6583 + 210.4 \times 83.2^2 = 2655269(\text{cm}^4)$$

$$i_x = \sqrt{\frac{2655269}{472.8}} = 74.9(\text{cm})$$

(2)斜缀条截面选择(见图 5-29(b))

假想剪力：

$$V = \frac{Af}{85\varepsilon_k} = \frac{472.8 \times 10^2 \times 205}{85 \times 1.0} = 114 \times 10^3(\text{N}) = 114(\text{kN}), 小于实际剪力 V = 210\text{kN}$$

缀条内力及长度：$\text{tg}\alpha = \frac{1250}{1500} = 0.833, \alpha = 39.8°$

$$N_c = \frac{210}{2\cos39.8°} = 136.7(\text{kN}), l = \frac{150}{\cos39.8°} = 195(\text{cm})$$

选用单角钢∟$100 \times 8, A = 15.6\text{cm}^2, i_{\min} = 1.98\text{cm}$，

$$\lambda = \frac{195 \times 0.9}{1.98} = 88.6 < [\lambda] = 150, 查附表 4\text{-}2(\text{b 类截面})得 \varphi = 0.631$$

单角钢单面连接的设计强度折减系数为

$$\eta = 0.6 + 0.0015\lambda = 0.6 + 0.0015 \times 88.6 = 0.733$$

验算缀条稳定

$$\frac{N_c}{\eta\varphi Af} = \frac{136.7 \times 10^3}{0.733 \times 0.631 \times 15.6 \times 10^2 \times 215} = 0.88 < 1.0$$

(3)验算弯矩作用平面内的整体稳定

$$\lambda_x = \frac{l_{0x}}{i_x} = \frac{21.7 \times 10^2}{74.9} = 29$$

换算长细比 $\lambda_{0x} = \sqrt{\lambda_x^2 + 27\frac{A}{A_1}} = \sqrt{29^2 + 27 \times \frac{472.8}{2 \times 15.6}} = 35.4 < [\lambda] = 150$

查附表 4-2(b 类截面)得 $\varphi_x = 0.916$

$$N'_{Ex} = \frac{\pi^2 EA}{1.1\lambda_{0x}^2} = \frac{3.14^2 \times 206 \times 10^3 \times 472.8 \times 10^2}{1.1 \times 35.4^2} = 69663 \times 10^3(\text{N})$$

① 第一组内力,使分肢 1 受压最大

对有侧移框架,$\beta_{mx} = 1 - 0.36\frac{N}{N_{cr}} = 1 - 0.36 \times \frac{4500}{\frac{69663}{1.1}} = 0.974$

$$W_{1x} = \frac{I_x}{y_1} = \frac{2655269}{66.8} = 39750(\text{cm}^3)$$

$$\frac{N}{\varphi_x Af} + \frac{\beta_{mx}M_x}{W_{1x}(1 - \frac{N}{N'_{Ex}})f} = \frac{4500 \times 10^3}{0.916 \times 472.8 \times 10^2 \times 205}$$

$$+ \frac{0.974 \times 3340 \times 10^6}{39750 \times 10^3 \times (1 - \frac{4500 \times 10^3}{69663 \times 10^3}) \times 205} = 0.507 + 0.427 = 0.934 < 1.0$$

② 第二组内力,使分肢 2 受压最大

对有侧移框架,$\beta_{mx} = 1 - 0.36 \dfrac{N}{N_{cr}} = 1 - 0.36 \times \dfrac{4400}{\dfrac{69663}{1.1}} = 0.975$

$$W_{2x} = \frac{I_x}{y_2} = \frac{2655269}{83.2} = 31914 (\text{cm}^3)$$

$$\frac{N}{\varphi_x A f} + \frac{\beta_{mx} M_x}{W_{1x}\left(1 - \dfrac{N}{N'_{Ex}}\right)f} = \frac{4400 \times 10^3}{0.916 \times 472.8 \times 10^2 \times 205}$$

$$+ \frac{0.975 \times 2700 \times 10^6}{31914 \times 10^3 \times \left(1 - \dfrac{4400 \times 10^3}{69663 \times 10^3}\right) \times 205} = 0.496 + 0.441 = 0.926 < 1.0$$

(4)验算分肢 1 的稳定(用第一组内力)

最大压力:$N_1 = \dfrac{0.832}{1.5} \times 4500 + \dfrac{3340}{1.5} = 4722 (\text{kN})$

$$\lambda_{x1} = \frac{250}{9.02} = 27.7 < [\lambda] = 150$$

$$\lambda_{y1} = \frac{1221}{28.24} = 43.2 < [\lambda] = 150$$

查附表 4-2(b 类截面),$\varphi_{min} = 0.886$

$$\frac{N_1}{\varphi_{min} A_1 f} = \frac{4722 \times 10^3}{0.886 \times 262.4 \times 10^2 \times 205} = 0.99 < 1.0$$

(5)验算分肢 2 的稳定(用第二组内力)

最大压力:$N_2 = \dfrac{0.668}{1.5} \times 4400 + \dfrac{2700}{1.5} = 3759 (\text{kN})$

$$\lambda_{x2} = \frac{250}{5.59} = 44.7 < [\lambda] = 150$$

$$\lambda_{y2} = \frac{1221}{26.93} = 45.3 < [\lambda] = 150$$

查附表 4-2(b 类截面),$\varphi_{min} = 0.877$

$$\frac{N_2}{\varphi_{min} A_2 f} = \frac{3759 \times 10^3}{0.877 \times 210.4 \times 10^2 \times 205} = 0.99 < 1.0$$

(6)分肢局部稳定验算

经判断,只需验算分肢 1 的局部稳定。

此分肢属轴心受压构件,应按式(3-35)和式(3-37)进行验算。

因 $\lambda_{x1} = 27.7$,$\lambda_{y1} = 43.2$,得 $\lambda_{max} = 43.2$

翼缘:$\dfrac{b_1}{t} = \dfrac{190}{20} = 9.5 < (10 + 0.1\lambda_{max})\varepsilon_k = (10 + 0.1 \times 43.2) \times 1.0 = 14.32$

腹板:$\dfrac{h_0}{t_w} = \dfrac{640}{16} = 40 < (25 + 0.5\lambda_{max})\varepsilon_k = (25 + 0.5 \times 43.2) \times 1.0 = 46.6$

从以上验算结果看,此截面是合适的。

思考题

5-1 压弯构件在弯矩作用平面内的整体失稳形态是什么屈曲?

5-2 压弯构件在弯矩作用平面外的整体失稳形态是什么屈曲?

5-3 关于弯矩作用平面内等效弯矩系数 β_{mx},与荷载类型有关吗? 常用的荷载类型有哪些?

5-4 为什么压弯构件弯矩作用平面外的稳定在计算 φ_b 时,工字形(含 H 型钢)截面可以采用近似公式 $\varphi_b = 1.07 - \dfrac{\lambda_y^2}{44000\varepsilon_k^2}$?

5-5 弯矩绕虚轴作用的格构式压弯构件,为什么不需计算构件在弯矩作用平面外的整体稳定? 它的分肢稳定性如何计算?

5-6 弯矩绕实轴作用的格构式压弯构件,在计算弯矩作用平面外的整体稳定时,构件的长细比为什么取换算长细比,φ_b 为什么取 1.0?

5-7 影响等截面框架柱计算长度的主要因素有哪些?

5-8 什么是框架的有侧移失稳和无侧移失稳?

习   题

5-9 有一两端铰接长度为 4m 的偏心受压柱,用 Q235 钢的 HN400×200×8×13 做成,压力的设计值为 490kN,两端偏心距相同,皆为 20cm。试验算其承载力。

5-10 图 5-30 所示悬臂柱,承受偏心距为 25cm 的设计压力 1600kN。在弯矩作用平面外有支撑体系对柱上端形成支点(见图 5-30(b))。要求选定热轧 H 型钢或焊接工字形截面,材料为 Q235(注:当选用焊接工字形截面时,可试用翼缘 2—400×20,焰切边,腹板—460×12)。

5-11 习题 5-10 中,如果弯矩作用平面外的支撑改为如图 5-31 所示,所选截面需要如何调整才能适应? 调整后柱截面面积可减少多少?

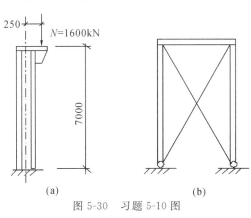

图 5-30 习题 5-10 图

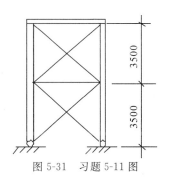

图 5-31 习题 5-11 图

5-12 某压弯格构式缀条柱如图 5-32 所示,两端铰接,柱高为 8m。承受压力设计荷载值 $N＝600kN$,弯矩 $M＝100kN \cdot m$,缀条采用单角钢 L45×5,倾角为 45°,钢材为 Q235,试验算该柱的整体稳定性。

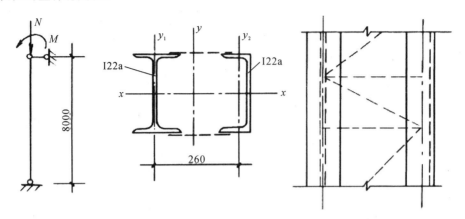

图 5-32 习题 5-12 图

5-13 图 5-33 为 Q235 钢焰切边工字形截面柱,两端铰接,截面无削弱,承受轴心压力的设计值 $N＝900kN$,跨中集中力设计值为 $F＝100kN$。(1)验算平面内稳定性;(2)根据平面外稳定性不低于平面内的原则,确定此柱需要几道侧向支撑点。

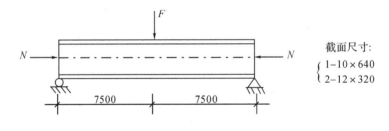

图 5-33 习题 5-13 图

5-14 确定图 5-34 所示两种无侧移框架的柱计算长度,各杆惯性矩相同。

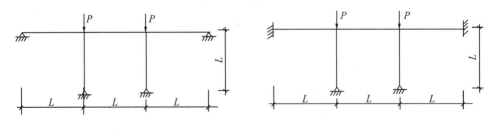

图 5-34 习题 5-14 图

5-15 确定图 5-35 所示两种有侧移框架的柱计算长度,各杆惯性矩相同。

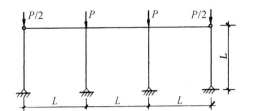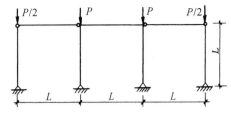

图 5-35　习题 5-15 图

第6章 钢结构的连接和节点

钢结构是由钢板、型钢等通过连接制成基本构件(如梁、柱、桁架等),再运到工地安装连接成整体结构,如厂房、桥梁等。因此在钢结构中,连接占有很重要的地位,设计任何钢结构都会遇到连接问题。

钢结构常用的连接方法有焊缝连接、铆钉连接和螺栓连接(见图6-1)。

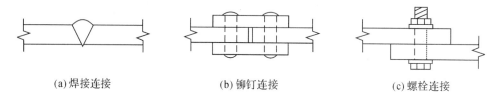

(a)焊接连接   (b)铆钉连接   (c)螺栓连接

图 6-1 钢结构的连接方式

焊缝连接是现代钢结构最主要的连接方式,任何形状的结构都可用焊缝连接。其优点是构造简单,加工方便,节省钢材。焊缝连接一般不需拼接材料,省钢省工,而且能实现自动化操作,生产效率较高。目前土木工程中焊接结构占绝对优势。但是焊缝质量易受材料、操作的影响,对钢材性能要求较高,且焊接残余应力和残余变形对结构有不利影响。

铆钉连接需要先在构件上开孔,用加热的铆钉进行铆合,有时也可用常温的铆钉进行铆合,但需要较大的铆合力。铆钉连接的优点是传力可靠,韧性和塑性较好,质量易于检查,适用于经常承受动力荷载作用、荷载较大和跨度较大的结构。但是由于铆钉连接费钢费工,现在已很少采用。

螺栓连接有普通螺栓连接和高强度螺栓连接之分。普通螺栓连接的优点是施工简单,拆装便利,不需要特殊设备。缺点是用钢量多。螺栓连接适用于安装连接和需经常拆卸的结构。

高强度螺栓是用强度较高的钢材制作,安装时通过特制的扳手,以较大扭矩上紧螺帽,使螺杆产生很大的预拉力。高强度螺栓的预拉力把被连接的部件夹紧,使部件的接触面间产生很大的摩擦力。当考虑外力通过摩擦力来传递时,称为高强度螺栓摩擦型连接。高强度螺栓摩擦型连接的优点是加工方便,对构件的削弱较小,可拆换,能承受动力荷载,耐疲劳,韧性和塑性好,包含了普通螺栓和铆钉的各自优点,目前已成为代替铆钉连接的优良连接。此外,高强度螺栓也可依靠螺杆抗剪和孔壁承压来传力。这种连接称为高强度螺栓承压型连接。

除上述常用连接方式外,在薄壁钢结构中还经常采用射钉、自攻螺钉和焊钉等连接方式。射钉和自攻螺钉主要用于薄板之间的连接,如压型钢板与梁连接,具有安装操作方便的特点。焊钉用于混凝土与钢板连接,使两种材料能共同工作。

6.1 焊接方法和焊接连接形式

6.1.1 焊接方法

钢结构中一般采用的焊接方法有电弧焊、电阻焊和气体保护焊。

1. 电弧焊

电弧焊是利用通电后焊条和焊件之间产生的强大电弧提供热源,熔化焊条,滴落在焊件被电弧吹成凹槽的熔池中,并与焊件熔化部分结合形成焊缝,将两焊件连接成一整体。电弧焊的焊缝质量比较可靠,是最常用的一种焊接方法。

电弧焊分为焊条电弧焊(见图 6-2)和自动或半自动电弧焊(见图 6-3)。焊条电弧焊是通电后在涂有焊药的焊条与焊件之间产生电弧,熔化焊条而形成焊缝。焊药则随焊条熔化而形成熔渣覆盖在焊缝上,同时产生一种气体,隔离空气与熔化的液体金属,使它不与外界空气接触,保护焊缝不受空气中有害气体的影响。手工电弧焊焊条应与焊件的金属强度相适应。对 Q235 钢焊件宜用 E43 型系列焊条;对 Q345 钢焊件宜用 E50 型系列焊条;对 Q390 钢焊件宜用 E55 型系列焊条。当不同钢种的钢材连接时,宜用与低强度钢材相适应的焊条。

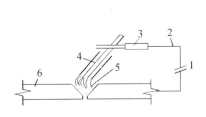

1-电源　2-导线　3-夹具
4-焊条　5-电弧　6-焊件

图 6-2　焊条电弧焊

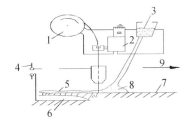

1-转盘　2-电动机　3-焊剂漏斗　4-电源　5-熔化的
焊剂电弧　6-焊缝金属　7-焊件　8-焊剂　9-移动方向

图 6-3　自动埋弧焊

自动或手工埋弧焊采用没有涂层的焊丝,插入从漏斗中流出的覆盖在被焊金属上面的焊剂中,通电后由于电弧作用熔化焊丝和焊剂,熔化后的焊剂浮在熔化金属表面保护熔化金属,使之不与外界空气接触,有时焊剂还可提供焊缝必要的合金元素,以此改善焊缝质量。焊接进行时,焊接设备或焊体自行移动,焊剂不断由漏斗漏下,电弧完全被埋在焊剂之内。同时,绕在转盘上的焊丝也不断自动熔化和下降进行焊接。对 Q235 的焊件,可采用 H08、H08A、H08MnA 等焊丝,对 Q345 钢焊件可采用 H08A、H08MnA 和 H10Mn2 焊丝;对 Q390 焊件可采用 H08MnA、H10Mn2 和 H08MnMoA 焊丝。自动埋弧焊的焊缝质量均匀,塑性好,冲击韧性高,耐蚀性强。手工埋弧焊除人工操作前进外,其余与自动埋弧焊相同。

2. 电阻焊

电阻焊利用电流通过焊件接触点表面产生的热量来熔化金属,再通过压力使其焊合。

冷弯薄壁型钢的焊接常采用电阻焊(见图 6-4)。电阻焊适用于板叠厚度不超过 12mm 的焊接。

3. 气体保护焊

气体保护焊是利用惰性气体或 CO_2 气体作为保护介质,在电弧周围形成保护层,使被熔化的金属不与空气接触,电弧加热集中,熔化深度大,焊接速度快,焊缝强度高,塑性好。CO_2 气体保护焊采用高锰、高硅型焊丝,具有较强的抗锈蚀能力,焊缝不易产生气孔,适用于低碳钢、低合金高强度钢的焊接。

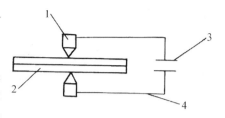

1-夹具 2-焊件 3-电源 4-导线

图 6-4 电阻焊

6.1.2 焊缝连接形式

焊缝连接形式可按构件相对位置、构造和施焊位置进行划分。

1. 按被连接构件的相对位置分类

焊件的连接形式按被连接构件的相对位置可分为对接头、T 形接头、搭接头和角接头四种类型(见图 6-5)。

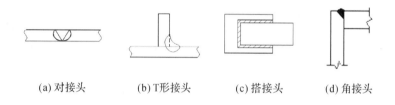

(a) 对接头　　　(b)T形接头　　　(c)搭接头　　　(d)角接头

图 6-5 焊接连接形式

2. 按焊缝本身构造分类

焊缝连接形式按构造可分为对接焊缝和角焊缝两种。对接焊缝位于被连接板件或其中一个板件的平面内;角焊缝位于两个被连接板件的边缘位置。

对接焊缝按作用力的方向与焊缝长度的相对位置可分为对接正焊缝和对接斜焊缝(见图 6-6)。

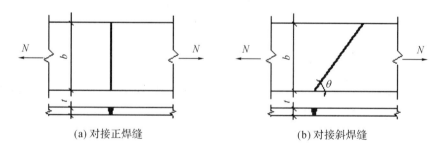

(a) 对接正焊缝　　　　　　　　　　(b) 对接斜焊缝

图 6-6 对接正焊缝和对接斜焊缝示意图

角焊缝分为侧面角焊缝和正面角焊缝(见图 6-7)。焊缝轴线(长度方向)与焊件受力方向垂直的焊缝称为正面角焊缝,与受力方向平行的焊缝称为侧面角焊缝。它沿长度方向的布置分连续角焊缝和断续角焊缝两种形式(见图 6-8)。连续角焊缝受力情况较好,断续角焊缝容易引起应力集中现象,重要结构应避免采用,但可用于一些次要的构件或次要的焊接连接中。断续角焊缝焊段长度不得小于 $10h_f$ 或 50mm,且其间断净距 L 不宜太长,一般在受压构件中不应大于 $15t$,在受拉构件中不应大于 $30t$,t 为较薄焊件的厚度。腐蚀环境中不宜采用断续角焊缝。

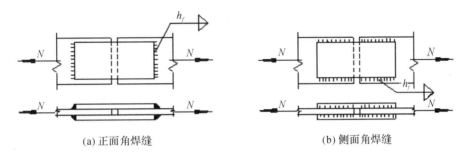

(a) 正面角焊缝　　　　　　　(b) 侧面角焊缝

图 6-7　侧面角焊缝和正面角焊缝示意图

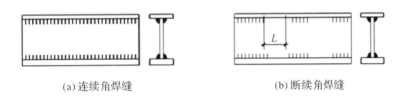

(a) 连续角焊缝　　　　　　　(b) 断续角焊缝

图 6-8　连续角焊缝和断续角焊缝示意图

3. 按施焊位置分类

按施焊时焊缝在焊件之间的相对空间位置分为俯焊(平焊)、立焊、横焊和仰焊等(见图 6-9)。俯焊的焊接工作最方便,质量也最好,应尽量采用;立焊和横焊的质量及生产效率比俯焊差一些;仰焊的操作条件最差,焊缝质量不易保证,应尽量避免采用。

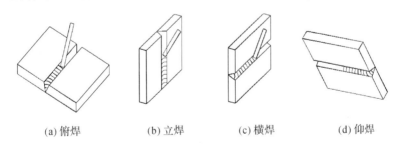

(a) 俯焊　　　(b) 立焊　　　(c) 横焊　　　(d) 仰焊

图 6-9　焊缝的施焊位置

6.1.3　焊缝连接的优缺点

焊接连接与铆钉、螺栓连接比较有下列优点:

①不需要在钢材上打孔钻眼,既省工省时,又不减少材料的截面面积,使材料得到充分利用;

②任何形状的构件都可直接连接,一般不需要辅助零件,使连接构造简单,传力路线短,

适应面广；

③焊接连接的气密性和水密性都较好，结构刚性也较大，结构的整体性较好。

但是，焊缝连接也存在下列问题：

①由于高温作用在焊缝附近形成热影响区，钢材的金相组织和机械性能发生变化，材质变脆；

②焊接的残余应力会使结构发生脆性破坏，降低压杆稳定的临界荷载，同时残余变形还会使构件尺寸和形状发生变化；

③焊接结构具有连续性，局部裂缝一经发生便容易扩展到整体。

由于以上原因，焊接结构的低温冷脆问题就比较突出。设计焊接结构时，应经常考虑焊接连接的上述特点，要扬长避短。遇到重要的焊接结构，结构设计与焊接工艺要密切配合，选择一个最佳的设计和施工方案。

6.1.4 焊缝的缺陷及焊缝质量检验

1. 焊缝缺陷

焊缝在焊接过程中会在焊缝金属或附近热影响区钢材表面或内部产生缺陷，常见的缺陷有裂纹、焊瘤、烧穿、弧坑、气孔、夹渣、咬边、未熔合、未焊透等（见图 6-10）；另外还存在焊缝外形尺寸不符合要求、焊缝成型不良等缺陷。其中，裂纹是焊缝连接中最危险的缺陷，产生裂纹的原因很多，如钢材化学成分不当、焊接工艺条件选择不当等。

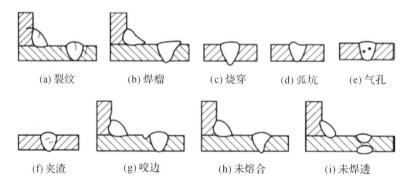

| (a) 裂纹 | (b) 焊瘤 | (c) 烧穿 | (d) 弧坑 | (e) 气孔 |

| (f) 夹渣 | (g) 咬边 | (h) 未熔合 | (i) 未焊透 |

图 6-10 焊缝缺陷

2. 焊缝质量检查

焊缝缺陷将削弱焊缝的受力面积，而且缺陷处形成应力集中，成为连接破坏的根源。因此焊缝质量检验极为重要。

焊缝质量检验一般可用外观检查及内部无损检验，前者检查外观缺陷和几何尺寸，后者检查内部缺陷。内部无损检验目前广泛采用超声波检验。超声波检验使用灵活、经济，对内部缺陷反应灵敏，但不易识别缺陷性质，因此，有时还用磁粉检验、荧光检验等较简单的方法作为辅助。此外还可采用 X 射线或 γ 射线透照拍片，但其应用不及超声波探伤广泛。

《钢结构工程施工质量验收规范》规定焊缝按其检验方法和质量要求分为一级、二级和三级。三级焊缝只要求对全部焊缝做外观检查且符合三级质量标准；一级、二级焊缝则除外观检查外，还要求一定数量的超声波检验并符合相应级别的质量标准，其中一级焊缝探伤比例为 100%,二级焊缝探伤比例为 20%。角焊缝由于连接处钢板之间存在未熔合的部位,故一般按三级焊缝进行外观检查,特殊情况下可以要求按二级焊缝进行外观检查。

6.1.5　焊缝符号

焊缝符号一般由引出线、图形符号和辅助符号三部分组成。引出线由横线和带箭头的斜线组成。箭头指到图形当中的相应焊缝处,横线的上下用来标注图形符号和焊缝尺寸。当引出线的箭头指向焊缝所在位置一侧时,将图形符号和焊缝尺寸标注在横线的上面;反之,则将图形符号和焊缝尺寸标注在水平横线的下面。必要时,可以在水平横线的末端加一尾部作为标注其他说明的地方。图形符号表示焊缝的基本形式,如用 ∠ 表示角焊缝,V 表示 V 形坡口的对接焊缝。辅助符号表示焊缝的辅助要求,如三角旗表示现场安装焊缝等。表 6-1 列举了一些常用焊缝符号标注方法,可供参考。

表 6-1　焊缝符号标注方法

内容	对接焊缝			三面围焊	周围焊缝
	I 形坡口	V 形坡口	T 形接头(不焊透)		
焊缝形式	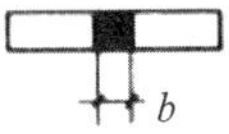	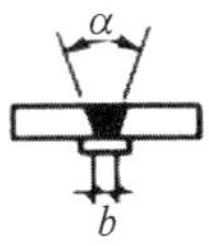	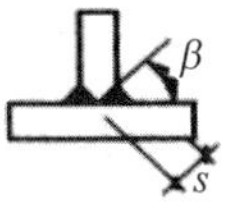	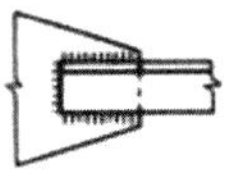	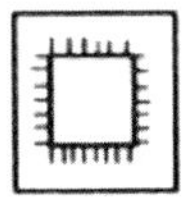
标注方法	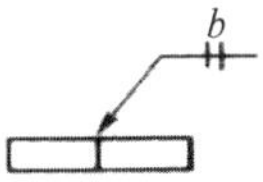	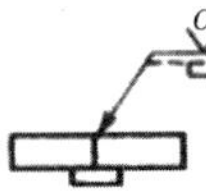		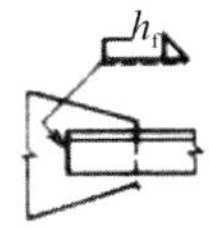	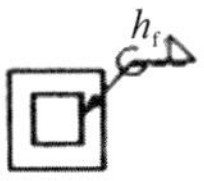

内容	角焊缝					塞焊缝
	单面焊缝	双面焊缝	搭接接头	安装焊缝	双梯形接头	
双缝形式		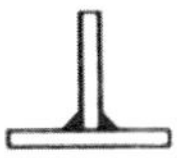			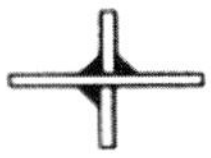	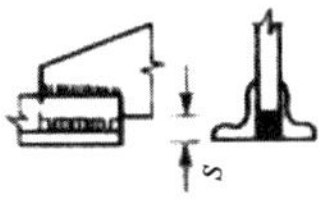
标注方法	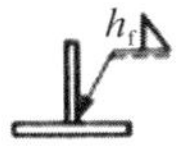	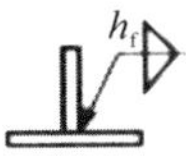		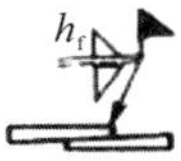	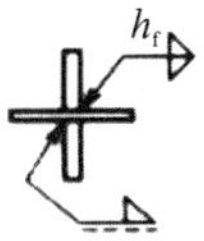	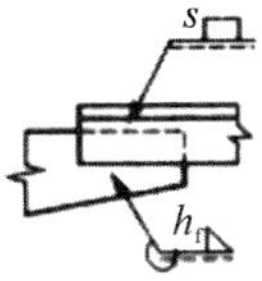

当焊缝分布比较复杂或用上述标注方法无法表达清楚时,可在图形上加栅线表示(见图 6-11)。

(a) 正面焊缝　　　　　(b) 背面焊缝　　　　　(c) 安装焊缝

图 6-11　栅线表示

6.2 角焊缝的构造和计算

直角角
焊缝连接

6.2.1 角焊缝的型式和构造

角焊缝按焊缝焊脚边之间的夹角 α 不同可分为直角角焊缝($\alpha=90°$)(见图 6-12)和斜角角焊缝($\alpha\neq90°$)(见图 6-13)两类。在钢结构中,最常用的是直角角焊缝,斜角角焊缝主要用于钢管结构或杆件倾斜相交,其间不用节点板而直接焊接时。直角角焊缝的截面形式有普通型(见图 6-12(a))、直线型(见图 6-12(b))和等边凹型(见图 6-12(c))。一般情况下采用普通型,由于这种焊缝传力线曲折,有一定的应力集中现象。因此,在直接承受动力荷载的连接中,为改善受力性能,常采用直线型或凹型焊缝。

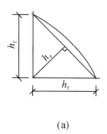
(a)
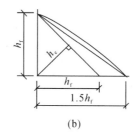
(b)
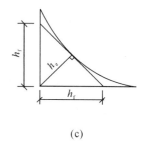
(c)

图 6-12 直角角焊缝截面

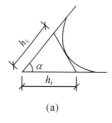
(a)
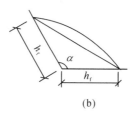
(b)
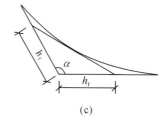
(c)

图 6-13 斜角角焊缝截面

角焊缝的焊脚尺寸是指焊缝根角至焊缝外边的尺寸 h_f(见图 6-12)。普通焊缝最小截面在 $45°$ 方向,不计凸出部分的余高,$h_e=0.7h_f$ 称为焊缝截面的计算厚度;对于平坡凸型或凹型焊缝,为了计算统一,其焊脚尺寸 h_f 和计算厚度 h_e 按图 6-12(b)、(c)采用。

斜角角焊缝的焊脚尺寸 h_f 按图 6-13 采用,两焊脚边夹角为 $60°<\alpha\leqslant135°$ 的 T 形连接的斜角角焊缝,其计算厚度 h_e(见图 6-14)为:

当根部间隙 b、b_1 或 $b_2\leqslant1.5mm$ 时,$h_e=h_f\cos\dfrac{\alpha}{2}$;当根部间隙 b、b_1 或 $b_2>1.5mm$ 但 $\leqslant$ 5mm 时,$h_e=\left[h_f-\dfrac{b(或\ b_1、b_2)}{\sin\alpha}\right]\cos\dfrac{\alpha}{2}$。

当 $30° \leqslant \alpha \leqslant 60°$ 或 $\alpha < 30°$ 时,斜角角焊缝计算厚度 h_e 应按现行国家标准《钢结构焊接规范》(GB 50661) 的有关规定计算取值。

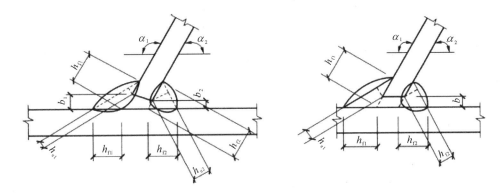

图 6-14　T 形连接的根部间隙和焊缝截面

角焊缝的主要尺寸为焊脚尺寸 h_f 和焊缝计算长度 l_w。考虑施焊时起弧和落弧的影响,每条焊缝的计算长度 l_w 取其实际长度减去 $2h_f$。

角焊缝的焊脚尺寸不宜过小,过小则焊缝冷却过快,易产生收缩裂纹等缺陷。钢结构设计标准(GB 50017—2017)规定的角焊缝最小焊脚尺寸如表 6-2 所示,其中母材厚度 t 的取值与焊接方法有关。当采用不预热的非低氢焊接方法进行焊接时,t 等于焊接连接部位中较厚件厚度,宜采用单道焊缝;当采用预热的非低氢焊接方法或低氢焊接方法进行焊接时,t 等于焊接连接部位中较薄件厚度。此外,对于承受动荷载的角焊缝最小焊脚尺寸不宜小于 5mm。

表 6-2　角焊缝最小焊脚尺寸(mm)

母材厚度 t	角焊缝最小焊脚尺寸 h_f
$t \leqslant 6$	3
$6 < t \leqslant 12$	5
$12 < t \leqslant 20$	6
$t > 20$	8

为避免焊缝烧穿较薄的焊件,减小主体金属的翘曲和焊接残余应力,角焊缝的焊脚尺寸不宜太大。

对板边缘的角焊缝(见图 6-15),则应满足 $h_f \leqslant t (t \leqslant 6\text{mm})$ 或 $h_f \leqslant t - (1 \sim 2)\text{mm} (t > 6\text{mm})$。对塞焊或槽焊的 h_f 应满足 $h_f = t (t \leqslant 16\text{mm})$ 或 $h_f > \max(t/2, 16) (t > 16\text{mm})$。

角焊缝的长度不宜过小,侧面角焊缝和正面角焊缝的计算长度不得小于 $8h_f$ 和 40mm,因为长度过小会使杆件局部加热严重,且起弧、落弧坑相距太近,加上一些可能产生的缺陷,使焊缝不够可靠。侧面角焊缝的计算长度也不宜大于 $60h_f$。当大于上述数值时,其超过部分在计算中可不予考虑;也可采用焊缝承载力设计值乘以折减系数 $\alpha_f = 1.5 - \dfrac{l_w}{120h_f} \geqslant 0.5$ 的方式来处理。

因为侧面角焊缝应力沿长度分布不均匀,两端较中间大,焊缝越长其差别也越大,太长

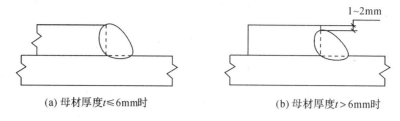

(a) 母材厚度$t \leqslant 6$mm时　　　　　(b) 母材厚度$t > 6$mm时

图 6-15　搭接焊缝沿母材棱边的最大焊脚尺寸

时侧面角焊缝两端应力可先达到极限而破坏,此时焊缝中部还未充分发挥其承载力,这种应力分布不均匀,对承受动力荷载的构件更加不利。因此受动力荷载的侧缝长度比受静力荷载的侧缝长度限制严格。若内力沿侧面角焊缝全长均匀分布,则其计算长度不受此限。

　　传递轴向力的部件,其搭接连接最小搭接长度应为较薄件厚度的 5 倍,且不应小于 25mm(见图 6-16),并应施焊纵向或横向双角焊缝。

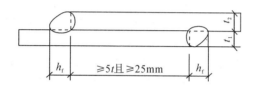

图 6-16　搭接连接双角焊缝的要求

　　只采用纵向角焊缝连接型钢杆件端部时,型钢杆件的宽度不应大于 200mm,当宽度大于 200mm 时,应加横向角焊缝或中间塞焊;型钢杆件每一侧纵向角焊缝的长度不应小于型钢杆件的宽度。

　　型钢杆件搭接连接采用围焊时,在转角处应连续施焊。杆件端部搭接角焊缝作绕焊时,绕焊长度不应小于焊脚尺寸的 2 倍,并应连续施焊。

　　杆件与节点板的连接焊缝宜采用两面侧焊(见图 6-17(a)),也可用三面围焊(见图 6-17(b)),所有围焊的转角必须连续施焊。当角焊缝的端部在构件的转角处时,为避免起落弧缺陷发生在应力集中较大的转角处,宜连续绕转角加焊一段长度,此长度为 $2h_f$。

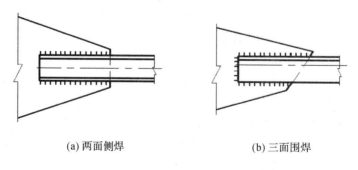

(a) 两面侧焊　　　　　(b) 三面围焊

图 6-17　杆件与节点板的角焊缝连接

6.2.2　角焊缝的工作性能及强度

角焊缝中正面角焊缝的应力状态要比侧面角焊缝复杂得多,应力集中现象明显,塑性性能差。

1. 角焊缝的强度

角焊缝的应力分布比较复杂,正面角焊缝与侧面角焊缝工作差别较大。侧面角焊缝截面只有剪应力,应力分布沿焊缝长度不均匀,两端大而中间小(见图 6-18),焊缝长度越长,越不均匀。破坏起点常在焊缝两端,破坏截面以 45°截面居多。正面角焊缝在外力作用下应力分布如图 6-19 所示,从图中看出,应力状态比侧面角焊缝复杂,各个方向均存在拉应力、压应力和剪应力作用,焊缝的根部产生应力集中,通常总是在根脚处首先出现裂缝,然后扩及整个焊缝截面以致断裂。正面角焊缝的破坏强度比侧面角焊缝的破坏强度要高一些,二者之比约为 1.35~1.55。

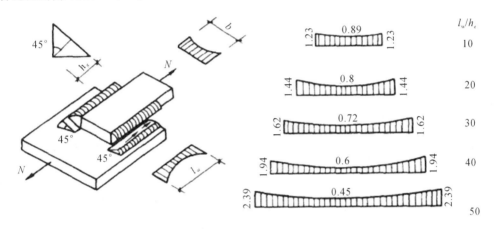

图 6-18　侧面角焊缝应力分布

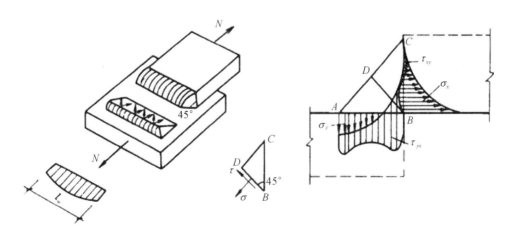

图 6-19　正面角焊缝应力分布

2. 角焊缝有效截面上的应力

在外力作用下,直角角焊缝有效厚度截面上产生三个方向应力,即 $\sigma_\perp$、$\tau_\perp$、$\tau_{/\!/}$(见

图 6-20)。三个方向应力与焊缝强度间的关系,可用下式表示:

$$\sqrt{\sigma_\perp^2 + 3(\tau_\perp^2 + \tau_{/\!/}^2)} \leqslant \sqrt{3}\, f_f^w \tag{6-1}$$

式中:$\sigma_\perp$——垂直于角焊缝有效截面上的正应力;

$\tau_\perp$——有效截面上垂直于焊缝长度方向的切应力;

$\tau_{/\!/}$——有效截面上平行于焊缝长度方向的切应力;

f_f^w——角焊缝的强度设计值(见附表 1-2)。

3. 基本计算公式

由于式(6-1)使用不方便,可以通过下述变换得到实用的计算公式。

图 6-20 中,外力 N_y 垂直于焊缝长度方向,且通过焊缝重心,沿焊缝长度产生平均应力 σ_f,其值为:

$$\sigma_f = \frac{N_y}{h_e l_w} \tag{6-1-1}$$

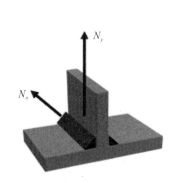
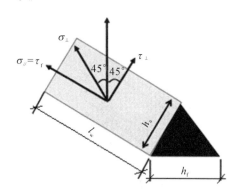

图 6-20 直角角焊缝有效截面上的应力

σ_f 不是正应力,也不是切应力,对直角焊缝来说可分解为 $\sigma_\perp$ 与 $\tau_\perp$,即:

$$\sigma_\perp = \tau_\perp = \frac{\sigma_f}{\sqrt{2}} \tag{6-1-2}$$

另外,外力 N_x 平行于焊缝长度方向,且通过焊缝重心,沿焊缝长度方向产生平均切应力 τ_f,其值为:

$$\tau_f = \frac{N_x}{h_e l_w} = \tau_{/\!/} \tag{6-1-3}$$

式中:h_e——焊缝的有效厚度,对直角角焊缝取 $h_e = 0.7 h_f$;

l_w——焊缝计算长度。

将式(6-1-2)中的 $\sigma_\perp$、$\tau_\perp$ 和式(6-1-3)中的 $\tau_{/\!/}$ 代入式(6-1),经整理后可得:

$$\sqrt{\left(\frac{\sigma_f}{\beta_f}\right)^2 + \tau_f^2} \leqslant f_f^w \tag{6-2}$$

对正面角焊缝,$N_x = 0$,只有垂直于焊缝长度方向的轴心力 N_y 作用,计算公式为:

$$\sigma_f = \frac{N_y}{h_e l_w} \leqslant \beta_f f_f^w \tag{6-3}$$

对侧面角焊缝,$N_y = 0$,只有平行于焊缝长度方向的轴心力 N_x 作用,计算公式为:

$$\tau_\mathrm{f} = \frac{N_x}{h_\mathrm{e} l_\mathrm{w}} \leqslant f_\mathrm{f}^\mathrm{w} \tag{6-4}$$

式中：β_f——正面角焊缝的强度设计值增大系数，对于承受静力荷载和间接承受动力荷载的结构，$\beta_\mathrm{f}=1.22$；对直接承受动力荷载的结构，正面角焊缝的刚度大，韧性差，应力集中现象较严重，应取 $\beta_\mathrm{f}=1.0$；

σ_f——按焊缝有效截面计算，垂直于焊缝长度方向的应力；

τ_f——按焊缝有效截面计算，沿焊缝长度方向的切应力。

6.2.3　角焊缝的计算

1. 轴心力(拉力、压力和剪力)作用下角焊缝的计算

通过焊缝重心作用一轴向力 N，焊缝的应力可认为是均匀分布的。图 6-21(a)所示为采用侧面角焊缝的双盖板连接，按式(6-4)计算侧面角焊缝的强度；当采用正面角焊缝连接时，按式(6-3)计算焊缝强度。当采用三面围焊时，对矩形拼接板可先按式(6-3)计算正面角焊缝所能承担的内力 N'，然后再由力 $N-N'$ 按(6-4)式计算侧面角焊缝。

为了使传力比较平顺并减小拼接盖板四角处的应力集中，可将拼接盖板做成菱形(见图 6-21(b))，简化计算可统一按(6-4)式，不考虑正面角焊缝的强度设计值增大系数。

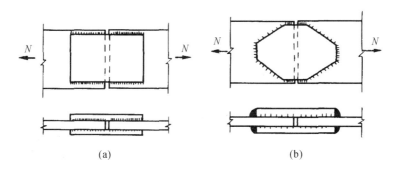

(a)　　　　　　　　　　　　　(b)

图 6-21　盖板连接

2. 轴心力作用下，角钢与节点板连接的角焊缝计算

角钢用侧缝连接时(见图 6-22(a))，由于角钢截面形心到肢背和肢尖的距离不相等，靠近形心的肢背焊缝承受较大的内力。设 N_1 和 N_2 分别为角钢肢背与肢尖焊缝承担的内力，由平衡条件可知：

$$N_1 + N_2 = N$$
$$N_1 e_1 = N_2 e_2$$

解上式得肢背和肢尖受力为：

$$N_1 = \frac{e_2}{e_1 + e_2} N = k_1 N \tag{6-5}$$

$$N_2 = \frac{e_1}{e_1 + e_2} N = k_2 N \tag{6-6}$$

式中：N——角钢承受的轴心力设计值；

k_1、k_2——角钢角焊缝的内力分配系数，设计时可按表 6-3 采用，也可取 $k_1 \approx \dfrac{2}{3}$、$k_2 \approx \dfrac{1}{3}$。

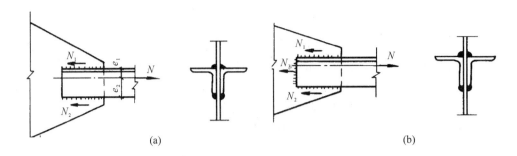

(a)　　　　　　　　　　　　　　　　　　　　(b)

图 6-22　角钢连接

表 6-3　　角钢角焊缝的内力分配系数

角钢类型	连接形式	内力分配系数	
		肢背 k_1	肢尖 k_2
等肢角钢		0.70	0.30
不等肢角钢短肢连接		0.75	0.25
不等肢角钢长肢连接		0.65	0.35

在 N_1、N_2 作用下,侧焊缝的直角角焊缝计算公式为:

$$\frac{N_1}{0.7h_{f1}\sum l_{w1}} \leqslant f_f^w \qquad (6\text{-}7\text{-}1)$$

$$\frac{N_2}{0.7h_{f2}\sum l_{w2}} \leqslant f_f^w \qquad (6\text{-}7\text{-}2)$$

式中:h_{f1}、h_{f2}——肢背、肢尖的焊脚尺寸;

$\sum l_{w1}$、$\sum l_{w2}$——肢背、肢尖的焊缝计算长度之和。

当角钢采用三面围焊时(见图 6-22(b)),计算时先选定正面角焊缝的焊脚尺寸 h_{f3},并算出它所能承受的内力,即:

$$N_3 = 0.7h_{f3}\sum l_{w3}\beta_f f_f^w \qquad (6\text{-}8\text{-}1)$$

式中:h_{f3}——正面角焊缝的焊脚尺寸;

$\sum l_{w3}$——正面角焊缝的焊缝计算长度,$\sum l_{w3}=b$(b 为角钢的肢宽)。

通过平衡关系得肢背和肢尖侧焊缝受力为:

$$N_1 = k_1 N - \frac{N_3}{2} \qquad (6\text{-}8\text{-}2)$$

$$N_2 = k_2 N - \frac{N_3}{2} \qquad (6\text{-}8\text{-}3)$$

在 N_1 和 N_2 作用下,侧焊缝的计算公式与式(6-7-1)、式(6-7-2)相同。

【**例 6-1**】图 6-23 所示用拼接板的对接连接,被连接板截面为 —14×350,拼接盖板宽度 $b = 300\text{mm}$,厚度 $t_2 = 8\text{mm}$。承受轴心力设计值 $N = 930\text{kN}$(静力荷载),钢材为 Q235,采用 E43 系列焊条,焊条电弧焊,采用三面围焊。试设计此连接。

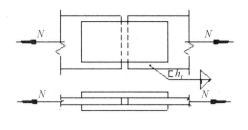

图 6-23　例 6-1 图

【**解**】根据钢板和拼接盖板的厚度,角焊缝的焊脚尺寸取 $h_f = 6\text{mm}$,满足构造要求。

由附表查得 $f_f^w = 160 \text{ N/mm}^2$。

采用三面围焊,正面角焊缝的长度为拼接盖板的宽度,即 $\sum l'_w = 2 \times 300 = 600(\text{mm})$,所承受的内力 N' 为:

$$N' = \beta_f h_e \sum l'_w f_f^w = 1.22 \times 0.7 \times 6 \times 600 \times 160 = 491904(\text{N})$$

所需侧焊缝的总计算长度为:

$$\sum l_w = \frac{N - N'}{h_e f_f^w} = \frac{930000 - 491904}{0.7 \times 6 \times 160} = 652(\text{mm})$$

一条焊缝的实际长度:

$$l = \frac{\sum l_w}{4} + h_f = \frac{652}{4} + 6 = 169(\text{mm}),\text{取 } 170\text{mm}。$$

拼接盖板的长度为:

$$L = 2l + \text{构件间隙} = 2 \times 170 + 10 = 350(\text{mm})$$

【**例 6-2**】计算三面围焊的角钢连接(见图 6-24),角钢为 2∟140×90×12,连接板厚度 $t = 12\text{mm}$,承受轴心力设计值 $N = 1000\text{kN}$。钢材为 Q235B,焊条 E43 型,焊条电弧焊。焊脚尺寸为 $h_f = 8\text{mm}$,焊缝强度设计值 $f_f^w = 160 \text{ N/mm}^2$。求角钢所需焊缝长度。

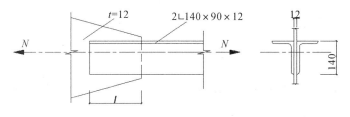

图 6-24　例 6-2 图

【**解**】首先计算正面角焊缝所能承受的力:

$$N_3 = 0.7 h_{f3} \sum l_{w3} \beta_f f_f^w = 1.22 \times 0.7 \times 8 \times 2 \times 140 \times 160 = 306074(\text{N}) = 306.074(\text{kN})$$

肢背和肢尖侧焊缝受力:

$$N_1 = k_1 N - \frac{1}{2} N_3 = 0.65 \times 1000 - \frac{1}{2} \times 306.074 = 496.963 (\text{kN})$$

$$N_2 = k_2 N - \frac{1}{2} N_3 = 0.35 \times 1000 - \frac{1}{2} \times 306.074 = 196.963 (\text{kN})$$

肢背和肢尖所需焊缝长度：

$$l_{w1} = \frac{N_1}{2 \times 0.7 h_f f_f^w} = \frac{496.963 \times 10^3}{2 \times 0.7 \times 8 \times 160} = 277 (\text{mm})$$

$$l_{w2} = \frac{N_2}{2 \times 0.7 h_f f_f^w} = \frac{196.963 \times 10^3}{2 \times 0.7 \times 8 \times 160} = 110 (\text{mm})$$

侧焊缝的实际长度为：

$$l_1 = l_{w1} + h_f = 277 + 8 = 285 (\text{mm})，可取 290\text{mm}$$

$$l_2 = l_{w2} + h_f = 110 + 8 = 118 (\text{mm})，可取 120\text{mm}$$

3. 在弯矩、轴力和剪力共同作用下角焊缝计算

牛腿或支托通常通过其端部的角焊缝连接于支承构件上，可能同时承受轴力 N、剪力 V 和弯矩 M，如图 6-25 所示。计算角焊缝时，可先分别计算角焊缝在 N、V、M 作用下所产生的应力，并判断该应力对焊缝产生正面角焊缝受力（垂直于焊缝长度方向），还是侧面角焊缝受力（平行于焊缝长度方向）。正面角焊缝受力用 σ_f 表示，侧面角焊缝受力用 τ_f 表示。

在轴力 N 作用下，在焊缝有效截面上产生垂直于焊缝长度方向的均匀应力，属于正面角焊缝受力性质，则：

$$\sigma_A^N = \frac{N}{A_f} = \frac{N}{h_e \sum l_w} \tag{6-9-1}$$

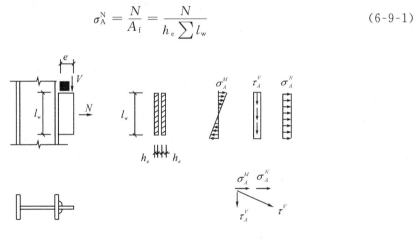

图 6-25 受弯矩、剪力、轴力作用的角焊缝

在剪力 V 作用下，产生平行于焊缝长度方向的应力，属于侧面角焊缝受力性质，在受剪截面上应力分布是均匀的，得：

$$\tau_A^V = \frac{V}{A_f} = \frac{V}{h_e \sum l_w} \tag{6-9-2}$$

在弯矩 M 作用下，角焊缝有效截面上产生垂直于焊缝长度方向的应力，应力呈三角形分布，角焊缝受力为正面角焊缝性质，其应力的最大值为：

$$\sigma_A^M = \frac{M}{W_f} \tag{6-9-3}$$

从图 6-25 可见，焊缝上端 A 处最危险，分别求得该点轴力 N 作用下的应力 σ_A^N，剪力 V 作用下的应力 τ_A^V，弯矩 M 作用下的应力 σ_A^M 后，对应力进行组合，代入式(6-2)进行验算，即应满足：

$$\sqrt{\left(\frac{\sigma_A^N+\sigma_A^M}{\beta_f}\right)^2+(\tau_A^V)^2}\leqslant f_f^w \qquad (6\text{-}9\text{-}4)$$

当只有轴力 N 和剪力 V 作用时，则：

$$\sqrt{\left(\frac{\sigma_A^N}{\beta_f}\right)^2+(\tau_A^V)^2}\leqslant f_f^w \qquad (6\text{-}9\text{-}5)$$

当只有轴力 N 和弯矩 M 作用时，则：

$$\sigma_A^N+\sigma_A^M\beta_f\leqslant f_f^w \qquad (6\text{-}9\text{-}6)$$

当只有剪力 V 和弯矩 M 共同作用时，则：

$$\sqrt{\left(\frac{\sigma_A^M}{\beta_f}\right)^2+(\tau_A^V)^2}\leqslant f_f^w \qquad (6\text{-}9\text{-}7)$$

当只有弯矩 M 作用时，则：

$$\sigma_A^M\leqslant\beta_f f_f^w \qquad (6\text{-}9\text{-}8)$$

设计时，一般已知角焊缝的实际长度，可按构造要求先假定焊脚尺寸 h_f，算出各应力分量后，代入式(6-2)验算焊缝危险点的强度。如不满足，则可调整 h_f，直到使计算结果符合要求为止。

4. 在扭矩、剪力和轴力共同作用下角焊缝计算

图 6-26 所示的搭接连接中，力 N 通过围焊缝的形心 O 点，而力 V 距 O 点的距离为 $(e+a)$。将力 V 向围焊缝的形心 O 点处简化，可得到剪力 V 和扭矩 $T=V(e+a)$。计算角焊缝在扭矩 T 作用下产生的应力时，采用如下假定：①被连接构件是绝对刚性的，而角焊缝则是弹性的；②被连接构件绕角焊缝有效截面形心 O 旋转，角焊缝上任意一点的应力方向垂直该点与形心的连线，且应力大小与其距离 r 的大小成正比。

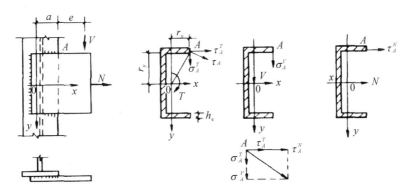

图 6-26　受扭、受剪、受轴心力作用的角焊缝应力

图中在扭矩作用下 A 点由扭矩引起的剪应力最大。扭矩 T 在 A 点引起的应力为

$$\tau_A=\frac{Tr}{J} \qquad (6\text{-}10\text{-}1)$$

式中：N——角焊缝有效截面的极惯性矩，$J=I_x+I_y$。

式(6-10-1)所得出的应力与焊缝的长度方向成斜角,将其沿 x 轴和 y 轴分解得:

$$\tau_A^T = \frac{Tr_y}{J} \qquad \text{(侧面角焊缝受力性质)}$$

$$\sigma_A^T = \frac{Tr_x}{J} \qquad \text{(正面角焊缝受力性质)}$$

由剪力 V 引起的应力均匀分布,A 点处应力垂直于焊缝长度方向,属于正面角焊缝受力性质,可按式(6-9-1)计算出 σ_A^V。由轴力 N 引起的应力在 A 点处平行于焊缝长度方向,属侧面角焊缝受力性质,可按式(6-9-2)计算出 τ_A^N。然后按下式进行验算:

$$\sqrt{\left(\frac{\sigma_A^T+\sigma_A^V}{\beta_f}\right)^2+(\tau_A^T+\tau_A^N)^2}\leqslant f_f^w \qquad (6\text{-}10\text{-}2)$$

【例 6-3】 如图 6-27 所示为板与柱翼缘用直角角焊缝连接,钢材采用 Q235,焊条为 E43 系列焊条,焊条电弧焊,焊脚尺寸 $h_f=10\text{mm}$,$f_f^w=160 \text{ N/mm}^2$,受静力荷载作用,已知 $F=250\text{kN}$,$P=150\text{kN}$,试验算此焊缝是否安全。

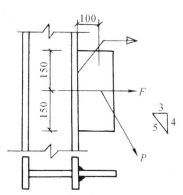

【解】 一条焊缝的计算长度 $l_w=300-2\times10=280$(mm)大于 $8h_f=8\times10=80$(mm),且小于 $60h_f=60\times10=600$(mm),符合构造要求。

将力 F、P 向焊缝形心简化得:

$$V=\frac{4}{5}P=\frac{4}{5}\times150=120(\text{kN})$$

图 6-27 例 6-3 图

$$N=F+\frac{3}{5}P=250+\frac{3}{5}\times150=340(\text{kN})$$

$$M=Ve=120\times0.1=12(\text{kN}\cdot\text{m})$$

$$\sigma_f^M=\frac{6M}{h_e\sum l_w^2}=\frac{6\times12\times10^6}{0.7\times10\times2\times280^2}=65.6(\text{N/mm}^2)$$

$$\sigma_f^N=\frac{N}{h_e\sum l_w}=\frac{340\times10^3}{0.7\times10\times2\times280}=86.7(\text{N/mm}^2)$$

$$\tau_f^V=\frac{V}{h_e\sum l_w}=\frac{120\times10^3}{0.7\times10\times2\times280}=30.6(\text{N/mm}^2)$$

$$\sqrt{\left(\frac{\sigma_f^M+\sigma_f^N}{\beta_f}\right)^2+(\tau_f^V)^2}=\sqrt{\left(\frac{65.6+86.7}{1.22}\right)^2+(30.6)^2}=128.5(\text{N/mm}^2)<f_f^w=160\text{ N/mm}^2$$

满足强度要求。

【例 6-4】 如图 6-28 所示牛腿连接,采用三面围焊直角角焊缝。钢材采用 Q235,焊条采用 E43 型系列焊条,焊条电弧焊,焊脚尺寸 $h_f=8\text{mm}$,试求按角焊缝连接所确定的牛腿的最大承载力。

【解】 ①计算角焊缝有效截面的形心位置和焊缝截面的惯性矩。

由于焊缝是连续围焊,所以焊缝的计算长度可取板边长度。焊缝的形心位置:

$$x_1=\frac{2\times0.7\times8\times200\times105.6+0.7\times8\times311.2\times2.8}{0.7\times8\times(2\times200+300+5.6\times2)}=60.6(\text{mm})$$

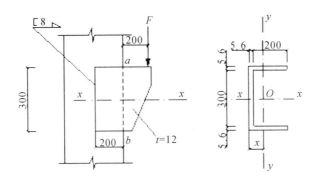

图 6-28   例 6-4 图

围焊缝的惯性矩：

$$I_x = \frac{0.7 \times 8 \times 311.2^3}{12} + 2 \times \frac{200 \times (0.7 \times 8)^3}{12} + 2 \times 0.7 \times 8 \times 200 \times 152.8^2 = 66369556 (mm^4)$$

$$I_y = \frac{311.2 \times (0.7 \times 8)^3}{12} + 311.2 \times 0.7 \times 8 \times (60.6 - 2.8)^2 +$$

$$2 \times \frac{0.7 \times 8 \times 200^3}{12} + 2 \times 0.7 \times 8 \times 200 \times (100 - 60.6)^2 = 16770656 (mm^4)$$

$$J = I_x + I_y = 66369556 mm^4 + 16770656 mm^4 = 83140212 mm^4$$

②将力 F 向焊缝形心简化得：

$$T = (200 + 200 + 5.6 - 60.6)F = 345F (kN \cdot m)$$

$$V = F (kN)$$

③计算角焊缝有效截面上 a 点各应力的分量：

$$\tau_{fa}^T = \frac{Tr_y}{J} = \frac{350F \times 10^3 \times 150}{83140212} = 0.631F$$

$$\sigma_{fa}^T = \frac{Tr_x}{J} = \frac{350F \times 10^3 \times (200 + 5.6 - 60.6)}{83140212} = 0.61F$$

$$\sigma_{fa}^V = \frac{V}{A_f} = \frac{F \times 10^3}{(2 \times 200 + 311.2) \times 0.7 \times 8} = 0.251F$$

④求最大承载力 F_{max}。根据角焊缝基本计算公式，a 点的合应力应小于或等于 f_f^w，即：

$$\sqrt{\left(\frac{0.61F + 0.251F}{1.22}\right)^2 + (0.631F)^2} \leqslant f_f^w = 160 \ N/mm^2$$

解得 $F \leqslant 169 kN$，故 $F_{max} = 169 kN$。

5. 焊接梁翼缘焊缝的计算

图 6-29 所示的由两块翼缘板及一块腹板组成的工字形梁，用角焊缝连牢，称为翼缘焊缝。梁受荷弯曲时，由于翼缘焊缝作用，翼缘腹板将以工字形截面的形心轴为中和轴整体弯曲，翼缘与腹板之间不产生相对滑移。梁弯曲时翼缘焊缝的作用是阻止腹板和翼缘之间产生滑移，因而承受与焊缝平行方向的剪力。

若在工字形梁腹板边缘处取出单元体 A，单元体的垂直及水平面上将有成对互等的切应力 $\tau_1 = \frac{VS_1}{I_x t_w}$，沿梁单位长度的水平剪力为：

157

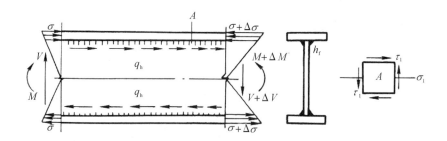

图 6-29　翼缘焊缝的水平剪力

$$q_{\mathrm{h}} = \tau_1 t_{\mathrm{w}} = \frac{VS_1}{I_x t_{\mathrm{w}}} t_{\mathrm{w}} = \frac{VS_1}{I_x} \qquad (6\text{-}11\text{-}1)$$

则翼缘焊缝应满足强度条件 $\tau_{\mathrm{f}} = \dfrac{q_{\mathrm{h}}}{2 \times 0.7 h_{\mathrm{f}} \times 1} \leqslant f_{\mathrm{f}}^{\mathrm{w}}$

$$h_{\mathrm{f}} = \frac{q_{\mathrm{h}}}{1.4 f_{\mathrm{f}}^{\mathrm{w}}} = \frac{VS_1}{1.4 f_{\mathrm{f}}^{\mathrm{w}} I_x} \qquad (6\text{-}11\text{-}2)$$

式中：V——计算截面处的剪力；

$\quad\ S_1$——一个翼缘对中和轴的面积矩；

$\quad\ I_x$——所计算截面的惯性矩。

按式(6-11-2)所选 h_{f} 同时应满足构造要求。当梁的翼缘上承受有固定集中荷载并且未设置加劲肋时，或者当梁翼缘上有移动集中荷载时，翼缘焊缝不仅承受水平剪力 q_{h} 的作用，还要承受由集中力 F 产生的垂直剪力作用，单位长度的垂直剪力 q_{v} 由式(6-11-3)计算：

$$q_{\mathrm{v}} = \sigma_{\mathrm{c}} t_{\mathrm{w}} = \frac{\psi F}{l_z t_{\mathrm{w}}} \cdot t_{\mathrm{w}} = \frac{\psi F}{l_z} \qquad (6\text{-}11\text{-}3)$$

在单位水平剪力 q_{h} 和单位垂直剪力 q_{v} 的共同作用下，翼缘焊缝强度应满足下式要求：

$$\tau_{\mathrm{f}} = \sqrt{\left(\frac{q_{\mathrm{h}}}{2 \times 0.7 h_{\mathrm{f}}}\right)^2 + \left(\frac{q_{\mathrm{v}}}{\beta_{\mathrm{f}} \times 2 \times 0.7 h_{\mathrm{f}}}\right)^2} \leqslant f_{\mathrm{f}}^{\mathrm{w}}$$

故需要的角焊缝焊脚尺寸为：

$$h_{\mathrm{f}} = \frac{1}{1.4 f_{\mathrm{f}}^{\mathrm{w}}} \sqrt{q_{\mathrm{h}}^2 + \frac{1}{\beta_{\mathrm{f}}^2} q_{\mathrm{v}}^2} = \frac{1}{1.4 f_{\mathrm{f}}^{\mathrm{w}}} \sqrt{\left(\frac{VS_1}{I_x}\right)^2 + \left(\frac{\psi F}{\beta_{\mathrm{f}} l_z}\right)^2} \qquad (6\text{-}11\text{-}4)$$

式(6-11-4)中，$\beta_{\mathrm{f}} = 1.22$(静力或间接动力荷载)或 1.0(直接动力荷载)。

设计时一般先按构造要求假定 h_{f} 值，然后验算。

6.3　对接焊缝的构造和计算

6.3.1　对接焊缝的构造

对接焊缝按照坡口形式分有直边缝、单边 V 形缝、双边 V 形缝、U 形缝、K 形缝、X 形缝等(见图 6-30)。

当焊件厚度很小时($t \leqslant 10\mathrm{mm}$，$t$ 为钢板厚度)，可采用直边焊缝。对于一般厚度($t =$

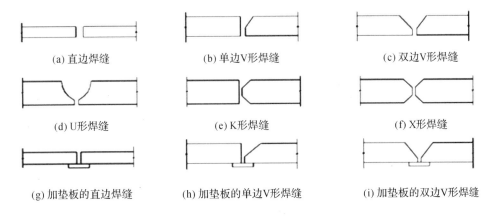

(a) 直边焊缝	(b) 单边V形焊缝	(c) 双边V形焊缝
(d) U形焊缝	(e) K形焊缝	(f) X形焊缝
(g) 加垫板的直边焊缝	(h) 加垫板的单边V形焊缝	(i) 加垫板的双边V形焊缝

图 6-30　对接焊缝的结构

10～20mm)的焊件,可采用有斜坡口的单边 V 形焊缝或双边 V 形焊缝,以使斜坡口和焊缝根部共同形成一个焊条能够运转的施焊空间,使焊缝易于焊透。对于较厚的焊件($t>$20mm)则应采用 V 形焊缝、U 形焊缝、K 形焊缝、X 形焊缝。对于 V 形焊缝和 U 形焊缝为单面施焊,但在焊缝根部还需要清除焊根并进行补焊。对于没有条件补焊者,要事先在根部加垫板(见图 6-30(g)、(h)、(i)),以保证焊透。当焊件可随意翻转施焊时,使用 K 形焊缝和X 形焊缝较好。

在钢板厚度或宽度有变化的焊接中,为了使构件传力均匀,减少应力集中,应在板的一侧或两侧做成坡度不大于 1∶2.5 的斜坡(见图 6-31),形成平缓的过渡。若板厚相差不大于4mm,则可不做斜坡。

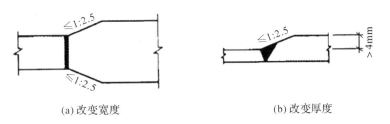

| (a) 改变宽度 | (b) 改变厚度 |

图 6-31　不同宽度或厚度的钢板连接

对接焊缝的起点和终点,常因不能熔透而出现凹形的焊口,受力后易出现裂缝及应力集中。为消除这种不利情况,施焊时常将焊缝两端施焊至引弧板上,然后再将多余的部分割掉(见图 6-32),并用砂轮将表面磨平。在工厂焊接时可采用引弧板,在工地焊接时,除了受动力荷载的结构外,一般不用引弧板,而是计算时扣除焊缝两端各 t(连接件较小厚度)长度。

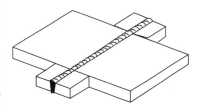

图 6-32　对接焊缝的引弧板

由于对接焊缝形成了被连接构件截面的一部分,一般希望焊缝的强度不低于母材的强度,对于对接焊缝的抗压强度能够做到,但抗拉强度就不一定能够做到,因为焊缝中的缺陷如气泡、夹渣、裂纹等对焊缝抗拉强度的影响随焊缝质量检验标准的要求不同而有所不同。

6.3.2 对接焊缝的计算

对接焊缝中的应力分布情况与焊件原来的情况基本相同。设计时采用与被连接构件相同的计算公式。对于按一、二级标准检验焊缝质量的重要构件,对接焊缝和构件等强,不必计算。只对有拉应力构件中的三级对接直焊缝,需进行焊缝抗拉强度计算。

1. 轴心受力的对接焊缝计算

轴心受力的对接焊缝(见图 6-33)是指作用力 N 通过焊件截面形心,且垂直焊缝长度方向,按下式计算其强度:

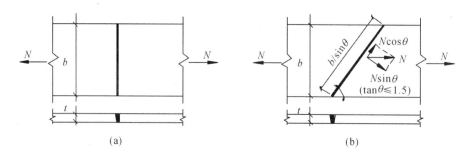

图 6-33 轴心受力的对接焊缝连接

$$\sigma = \frac{N}{l_w t} \leqslant f_t^w \text{ 或 } f_c^w \tag{6-12}$$

式中:N——轴心拉力或压力的设计值;

l_w——焊缝计算长度,当采用引弧板时,取焊缝实际长度;当未采用引弧板时每条焊缝取实际长度减去 $2t$;

t——在平接接头中为连接件的较小厚度,在 T 形连接中为腹板厚度;

f_t^w、f_c^w——对接焊缝的抗拉、抗压强度设计值,可由附表 1-2 查得。

当正对接焊缝连接的强度低于焊件的强度时,为了提高连接的承载能力,可以改用斜对接焊缝(见图 6-33(b))。当对接斜焊缝和作用力间夹角 θ 符合 $\tan\theta \leqslant 1.5$ 时,可不计算焊缝强度。

2. 弯矩和剪力共同作用的对接焊缝计算

矩形截面的对接焊缝,弯矩作用下焊缝产生正应力,剪力作用下焊缝产生切应力。矩形截面的对接焊缝,其正应力和切应力分布分别为三角形与抛物线形(见图 6-34(a)),应分别计算正应力和剪应力:

$$\sigma_{max} = \frac{M}{W_w} \leqslant f_t^w \tag{6-13-1}$$

$$\tau_{max} = \frac{V S_w}{I_w t} \leqslant f_v^w \tag{6-13-2}$$

式中:W_w——焊缝计算截面的截面模量;

I_w——焊缝截面对其中和轴的惯性矩;

S_w——焊缝截面在计算剪应力处以上部分或以下部分对中和轴的面积矩;

f_v^w——对接焊缝的抗剪强度设计值(见附表 1-2)。

对于工字形、箱形等构件,对接焊缝除按上式(6-13-1)和(6-13-2)分别验算最大正应力和最大切应力外,在腹板与翼缘交接处(见图 6-34(b)),焊缝截面同时受有较大的正应力 σ_1 和较大的切应力 τ_1 作用,还应计算折算应力,其公式为:

$$\sigma_{eq}=\sqrt{\sigma_1^2+3\tau_1^2}\leqslant 1.1f_t^w \tag{6-13-3}$$

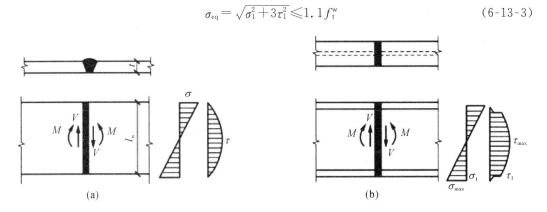

图 6-34　受弯矩和剪力共同作用的对接焊缝

3. 轴力、弯矩和剪力共同作用下的对接焊缝计算

轴力、弯矩和剪力共同作用时,对接焊缝最大正应力应为轴力和弯矩引起的正应力之和,切应力按式(6-13-2)验算。对于工字形、箱形截面,还要计算腹板与翼缘交界处的折算应力,折算应力仍然按式(6-13-3)计算。

【例 6-5】如图 6-35 所示两块钢板采用对接焊缝。已知钢板宽度 b 为 600mm,板厚 t 为 8mm,轴心拉力 $N=950$kN,钢材为 Q235,焊条用 E43 型,焊条电弧焊,不采用引弧板。问焊缝承受的最大应力是多少?

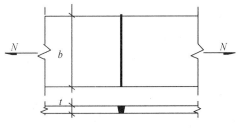

图 6-35　例 6-5 图

【解】因轴力通过焊缝形心,假定焊缝受力均匀分布,可按式(6-12)计算。不采用引弧板,则 l_w 为:

$$l_w=l-2t=600-2\times 8=584(mm)$$

$$\sigma=\frac{N}{l_w t}=\frac{950\times 10^3}{584\times 8}=203.3(N/mm^2)$$

焊缝承受的最大应力是 203.3N/mm²。

【例 6-6】试计算图 6-36 所示牛腿与柱连接的对接焊缝所能承受的最大荷载 F(设计值)。已知牛腿截面尺寸为:翼缘板宽度 $b_1=160$mm,厚度 $t_1=10$mm,腹板高度 $h=240$mm,厚度 $t=10$mm。钢材为 Q235,焊条为 E43 型,焊条电弧焊,施焊时不用引弧板,焊缝质量为三级。

【解】1. 确定对接焊缝计算截面的几何特性

(1)确定中和轴的位置

$$y_1=\frac{(160-2\times 10)\times 10\times 5+(240-10)\times 10\times 125}{(160-2\times 10)\times 10+(240-10)\times 10}=79.6(mm)$$

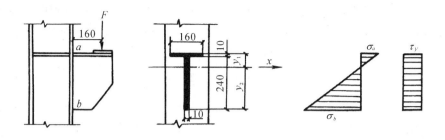

图 6-36 例 6-6 图

$$y_2 = 250 - 79.6 = 170.4 \text{(mm)}$$

(2)焊缝计算截面的几何特征

$$I_x = \frac{1}{12} \times 10 \times (240-10)^3 + (240-10) \times 10 \times (125-79.6)^2 +$$

$$\frac{1}{12} \times (160-2 \times 10) \times 10^3 + (160-2 \times 10) \times 10 \times (79.6-5)^2 = 22682725 \text{(mm}^4\text{)}$$

腹板焊缝计算截面的面积：

$$A_w = (240-10) \times 10 = 2300 \text{(mm}^2\text{)}$$

2. 确定焊缝所能承受的最大荷载设计值 F

将力 F 向焊缝截面形心简化得：

$$M = Fe = 160F, \quad V = F$$

查附表 1-2 得，$f_c^w = 215 \text{ N/mm}^2$，$f_t^w = 185 \text{ N/mm}^2$，$f_v^w = 125 \text{ (N/mm}^2)$

点 a 的拉应力 σ_a^M，且要求 $\sigma_a^M \leqslant f_t^w$，即：

$$\sigma_a^M = \frac{My_1}{I_x} = \frac{160 \times F \times 79.6}{22682725} = 0.56 \times 10^3 F = f_t^w = 185 \text{ (N/mm}^2)$$

解得：$F = 330.4 \text{kN}$

点 b 的压应力 σ_b^M，且要求 $\sigma_b^M \leqslant f_c^w$，即：

$$\sigma_b^M = \frac{My_2}{I_x} = \frac{160 \times F \times 170.4}{22682725} = 1.202 \times 10^3 F = f_c^w = 215 \text{ (N/mm}^2)$$

解得：$F = 178.9 \text{kN}$

由 $V = F$ 产生的切应力 τ_v，且要求 $\tau_v \leqslant f_v^w$（此处取腹板平均切应力计算）

$$\tau_v = \frac{F}{2300} = 0.435 \times 10^{-3} F = f_v^w = 125 \text{ (N/mm}^2)$$

解得：$F = 287.5 \text{kN}$

点 b 的折算应力要求不大于 $1.1 f_t^w$，即：

$$\sqrt{(\sigma_b^M)^2 + 3\tau_v^2} = \sqrt{(1.202 \times 10^3 F)^2 + 3 \times (0.435 \times 10^3 F)^2} = 1.1 f_t^w = 1.1 \times 185 = 203.5 \text{ (N/mm}^2)$$

解得：$F = 143.5 \text{kN}$

故此焊缝所能承受的最大荷载设计值 F 为 143.5kN。

6.3.3 不焊透对接焊缝的计算

在钢结构的设计中，有时遇到板件较厚，而板件间连接受力较小，且要求焊接结构的外观齐平美观时,可以采用部分熔透的对接焊缝(见图 6-37)和 T 形对接与角接组合焊缝(见图 6-37(c))。其工作情况与角焊缝类似,故按角焊缝进行计算,其强度应按式(6-2)~式(6-4)计算,当熔合线处焊缝截面边长等于或接近于最短距离 s 时,抗剪强度设计值应按角焊缝的强度设计值乘以 0.9。在垂直于焊缝长度方向的压力作用下,取 $\beta_f=1.22$,其他情况取 $\beta_f=1.0$,其计算厚度 h_e 宜按下列规定取值,其中 s 为坡口深度,即根部至焊缝表面(不考虑余高)的最短距离(mm);α 为 V 形、单边 V 形或 K 形坡口角度:

① 对 V 形坡口(见图 6-37(a)),当 $\alpha\geqslant60°$ 时,$h_e=s$;当 $\alpha<60°$ 时,$h_e=0.75s$。

② 对单边 V 形和 K 形坡口(见图 6-37(b)、(c)),当 $\alpha=45°\pm5°$ 时,$h_e=s-3$。

③ 对 U 形和 J 形坡口(见图 6-37(d)、(e)),当 $\alpha=45°\pm5°$ 时,$h_e=s$。

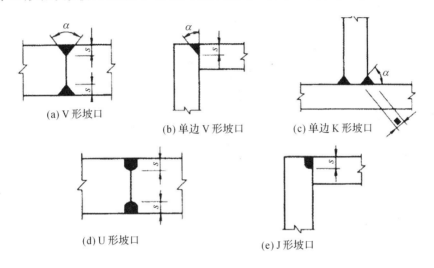

(a) V 形坡口　　(b) 单边 V 形坡口　　(c) 单边 K 形坡口　　(d) U 形坡口　　(e) J 形坡口

图 6-37　部分熔透的对接焊缝和 T 形对接与角接组合焊缝截面

6.4　焊接残余应力和焊接残余变形

6.4.1　焊接残余应力的产生原因和对钢结构的影响

钢结构在焊接过程中,局部区域受到高温作用,引起不均匀的加热和冷却,使构件产生焊接变形。由于在冷却时,焊缝和焊缝附近的钢材不能自由收缩,受到约束而产生焊接残余应力。焊接残余变形和焊接残余应力是焊接结构的主要问题之一,它将影响结构的实际工作。焊接残余应力有纵向残余应力、横向残余应力和沿厚度方向残余应力。纵向残余应力指沿焊缝长度方向的应力,横向残余应力是垂直于焊缝长度方向且平行于构件表面的应力,沿厚度方向的残余应力则是垂直于焊缝长度方向且垂直于构件表面的应力。这三种残余应力都是由收缩变形引起的。

1. 纵向焊接残余应力

在两块钢板上施焊时,钢板上产生不均匀的温度场,焊缝附近温度最高达 1600℃以上,其邻近区域温度较低,而且下降很快(见图 6-38)。由于不均匀温度场,产生了不均匀的膨胀。焊缝附近高温处的钢材膨胀最大,受到周围膨胀小的区域的限制,产生了热状态塑性压缩。焊缝冷却时钢材收缩,焊缝区收缩变形受到两侧钢材的限制而产生纵向拉力,两侧因中间焊缝收缩而产生纵向压力,这就是纵向收缩引起的纵向应力,如图 6-38 所示。

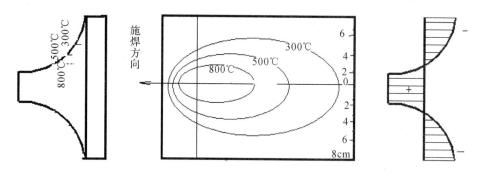

图 6-38 施焊时焊缝及附近的温度场和纵向焊接残余应力

由三块钢板拼成的工字钢(见图 6-39),腹板与翼缘用角焊缝连接,翼缘与腹板连接处因焊缝收缩受到两边钢板的阻碍而产生纵向拉应力,两边因中间收缩而产生压应力,因而形成中部焊缝区受拉而两边钢板受压的纵向应力。腹板纵向应力分布则相反,由于腹板与翼缘焊缝收缩受到腹板中间钢板的阻碍而受拉,腹板中间受压,因而形成中间钢板受压而两边焊缝区受拉的纵向应力。

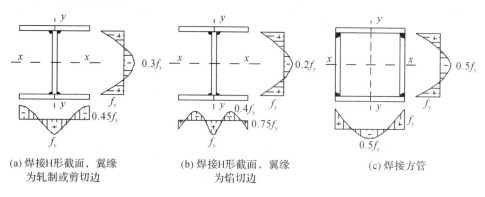

(a) 焊接H形截面,翼缘
为轧制或剪切边

(b) 焊接H形截面,翼缘
为焰切边

(c) 焊接方管

图 6-39 焊缝纵向残余应力分布

2. 横向焊接残余应力

横向焊接残余应力由两部分组成:一部分是焊缝纵向收缩,使两块钢板趋向于形成反方向的弯曲变形,但实际上焊缝将两块钢板联成整体,在焊缝中部产生横向拉应力,而两端则产生横向压应力(见图 6-40(a)、(b))。另一部分是由于焊缝在施焊过程中冷却时间的不同,先焊的焊缝已经凝固,且具有一定强度,会阻止后焊焊缝的横向自由膨胀,使它发生横向塑性压缩变形。当先焊部分凝固后,中间焊缝部分逐渐冷却,后焊部分开始冷却,这三部分产生杠杆作用,结果后焊部分收缩而受拉,先焊部分因杠杆作用也受拉,中间部分受压。这两种横向应力叠加成最后的横向应力。

横向收缩引起的横向应力与施焊方向和先后次序有关。焊缝冷却时间不同产生的应力分布也不同(见图 6-40(c)、(d)、(e))。

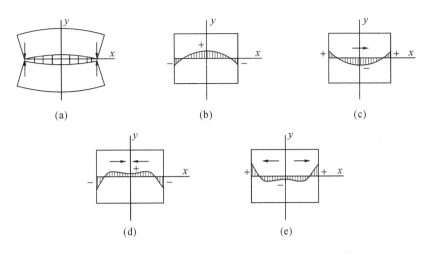

图 6-40　横向焊接残余应力

3. 沿厚度方向的焊接残余应力

焊接厚钢板时,焊缝需要多层施焊,焊缝与钢板接触面和与空气接触面散热较快而先冷却结硬,中间后冷却而收缩受到阻碍,形成中间焊缝受拉、四周受压的状态(见图 6-41)。因而焊缝除了纵向和横向应力 σ_x、σ_y 之外,还存在沿厚度方向的应力 σ_z。当钢板厚度小于 25mm 时,厚度方向的应力不大,但板厚大于等于 50mm 时,厚度方向应力可达 $50\mathrm{N/mm^2}$ 左右,将大大降低构件的塑性。

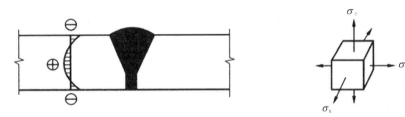

图 6-41　厚板中的残余应力

4. 焊接残余应力的影响

(1)焊接残余应力对静力强度的影响

在常温下承受静力荷载的焊接结构,当没有严重的应力集中,且所用钢材具有较好的塑性时,焊接残余应力不影响结构的静力强度,对承载能力没有影响,因为焊接应力加上外力引起的应力达到屈服点后,应力不再增大,外力由两侧弹性区承担,直到全截面达到屈服点为止。

设轴心受拉构件在受荷前(即 $N=0$)截面上就存在纵向焊接残余应力,并假设其分布如图 6-42(a)所示。由于截面 A_t 部分的焊接残余拉应力已达屈服点 f_y,在轴心力 N 作用下该区域的应力将不再增加,如果钢材具有一定的塑性,拉力 N 就仅由受压的弹性区 A_e 承担。两侧受压区应力由原来受压逐渐变为受拉,最后应力也达到屈服点 f_y,这时全截面应力都达到 f_y,如图 6-42(b)所示。

由于焊接残余应力自相平衡,所以受拉区应力面积 A_t 必然和受压区应力面积 A_e 相等,即 $A_t = A_c = btf_y$,则构件全截面达到屈服点 f_y 时所承受的外力 $N_y = A_t + (B-b)tf_y = Btf_y$,而 Btf_y 也就是无焊接残余应力且无应力集中现象的轴心受拉构件,当全截面上的应力达到 f_y 时所承受的外力。由此可知,有焊接残余应力构件的承载能力和无焊接残余应力者完全相同,即焊接残余应力不影响结构的静力强度。

(2)焊接残余应力对结构刚度的影响

残余应力会降低结构的刚度。如有残余应力的轴心受拉构件(见图6-42),当加载时,图6-42(a)中的中部塑性区 b 逐渐加宽,而两侧弹性区 $B-b$ 逐渐减小。由于 $B-b<B$,所以有残余应力时对应于拉力增量 ΔN 的拉应变 $\Delta\varepsilon_1 = \Delta N/[(B-b)tE]$ 一定大于无残余应力时的拉应变 $\Delta\varepsilon_2 = \Delta N/BtE$(见图6-42(c)),必然导致构件变形增大,刚度降低。

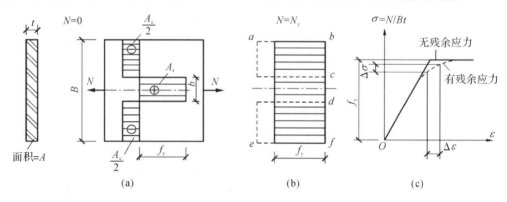

图 6-42 有焊接残余应力时的应力与应变

(3)焊接残余应力对构件稳定性的影响

焊接残余应力使压杆的挠曲刚度减小,从而降低压杆的稳定性。

(4)焊接残余应力对疲劳强度的影响

焊缝及其近旁的较高焊接残余应力对疲劳强度有不利影响,将使疲劳强度降低。

(5)焊接残余应力对低温冷脆的影响

由于焊缝中存在三向应力,阻碍了塑性变形,在低温下使裂缝易发生和发展,加速构件的脆性破坏。

6.4.2 减少焊接残余应力和焊接残余变形的方法

焊接变形与焊接应力相伴而生。在焊接过程中,由于焊区的收缩变形,构件总要产生一些局部鼓起、歪曲、弯曲或扭曲等,这是焊接结构的缺点。焊接变形包括纵向收缩、横向收缩、弯曲变形、角变形、波浪变形、扭曲变形等(见图6-43)。

残余应力是构件截面内存在的自相平衡的初始应力。其产生的原因主要是:①焊接时存在不均匀加热和不均匀冷却;②型钢热轧后的不均匀冷却;③板边缘经火焰切割后的热塑性收缩;④构件经冷校正产生的塑性变形。

减少焊接残余应力和焊接残余变形的方法有:

(1)采取合理的焊接次序,例如钢板对接时,可采用分段施焊(见图6-44(a)),厚焊缝采用分层施焊(见图6-44(b)),工字形顶接采用对角跳焊(见图6-44(c)),钢板分块拼焊(见图6-44(d))。

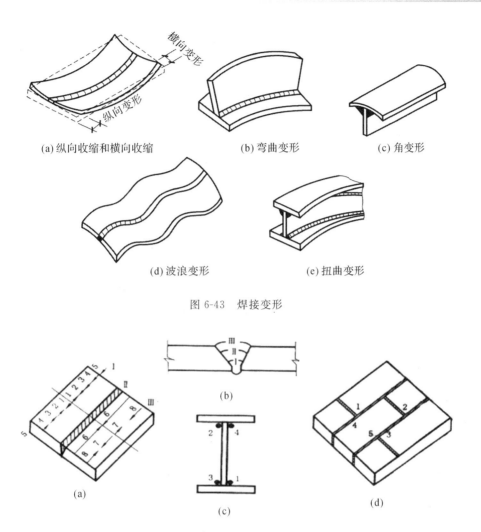

(a)纵向收缩和横向收缩　　(b)弯曲变形　　(c)角变形

(d)波浪变形　　(e)扭曲变形

图 6-43　焊接变形

图 6-44　合理的焊接次序

（2）尽可能采用对称焊缝,使其变形相反而相互抵消,并在保证安全可靠的前提下,避免焊缝厚度过大。

（3）施焊前给构件一个与焊接残余变形相反的预变形,使构件在焊接后产生的变形正好与之抵消。这种方法可以减少焊接后的变形量,但不能根除焊接应力。

（4）对于小尺寸的杆件,可在焊前预热,或焊后回火（加热到 600℃ 左右,然后缓慢冷却）,可以消除焊接残余应力。焊接后对焊件进行锤击,也可减少焊接应力与焊接变形。此外,也可采用机械方法校正或氧-乙炔局部加热来消除焊接变形。

6.5 螺栓连接的构造

6.5.1 螺栓的排列

螺栓在构件上的布置、排列应满足受力要求、构造要求和施工要求。

(1)受力要求

在受力方向,螺栓的端距过小时,钢板有被剪断的可能。当各排螺栓距和线距过小时,构件有沿直线或折线破坏的可能。对受压构件,当沿作用力方向的螺栓距过大时,在被连接的板件间易发生张口或鼓曲现象。因此,从受力的角度规定了最大和最小的容许间距。

(2)构造要求

当螺栓栓距及线距过大时,被连接构件接触面不够紧密,潮气易侵入缝隙而产生腐蚀,所以规定了螺栓的最大容许间距。

(3)施工要求

要保证一定的施工空间,便于转动螺栓扳手,因此规定了螺栓最小容许间距。

根据上述要求,钢板上螺栓的排列规定见图 6-45 和表 6-4。

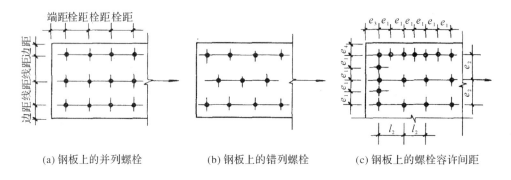

(a)钢板上的并列螺栓　　　(b)钢板上的错列螺栓　　　(c)钢板上的螺栓容许间距

图 6-45　钢板上螺栓的排列

表 6-4　钢板上的螺栓容许间距

名　称	位置和方向			最大容许间距 (取两者的较小值)	最小容许间距
中心间距	任意方向	外　　排		$8d_0$ 或 $12t$	$3d_0$
		中间排	构件受压力	$12d_0$ 或 $18t$	
			构件受拉力	$16d_0$ 或 $24t$	
中心至构件 边缘的距离	顺　内　力　方　向				$2d_0$
	垂直内 力方向	剪切边或手工切割边		$4d_0$ 或 $8t$	$1.5d_0$
		轧制边、 自动气割 或锯割边	高强度螺栓		$1.5d_0$
			其他螺栓		$1.2d_0$

注:1. d_0 为螺栓孔径,对槽孔为短向尺寸,t 为外层较薄板件的厚度;

2. 钢板边缘与刚性构件(如角钢,槽钢等)相连的高强度螺栓的最大间距,可按中间排的数值采用;

3. 计算螺栓孔引起的截面削弱时可取 $d+4$mm 和 d_0 的较大者。

根据表 6-4 的排列要求,螺栓在型钢(见图 6-46)上排列的间距应满足表 6-5～表 6-7 的要求。在 H 型钢截面上排列螺栓如图 6-46(d)所示,腹板上的 c 值可参照普通工字钢,翼缘上的 e 值或 e_1、e_2 值可根据其外伸宽度参照角钢。

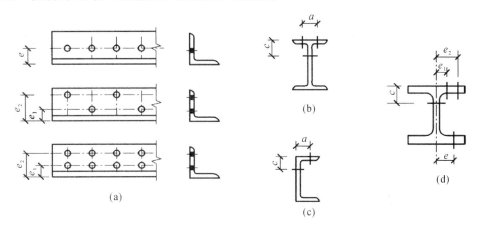

图 6-46　型钢上的螺栓排列

表 6-5　角钢上螺栓容许最小间距　　　　　　　　　　　　　(单位:mm)

肢宽		40	45	50	56	63	70	75	80	90	100	110	125	140	160	180	200
单行	e	25	25	30	30	35	40	40	45	50	55	60	70				
	d_0	12	13	14	15.5	17.5	20	22	22	24	24	26	26				
双行错列	e_1												55	60	70	70	80
	e_2												90	100	120	140	160
	d_0												24	24	26	26	26
双行并列	e_1														60	70	80
	e_2														130	140	160
	d_0														24	24	26

表 6-6　工字钢和槽钢腹板上的螺栓容许距离　　　　　　　　　(单位:mm)

工字钢型号	12	14	16	18	20	22	25	28	32	36	40	45	50	56	63
线距 c_{min}	40	45	45	45	50	50	55	60	60	65	70	75	75	75	75
槽钢型号	12	14	16	18	20	22	25	28	32	38	40				
线距 c_{min}	40	45	50	50	55	55	55	60	65	70	75				

表 6-7　工字钢和槽钢翼缘上的螺栓容许距离　　　　　　　　　(单位:mm)

工字钢型号	12	14	16	18	20	22	25	28	32	36	40	45	50	56	63
线距 a_{min}	40	40	50	55	60	65	65	70	75	80	80	85	90	95	95
槽钢型号	12	14	16	18	20	22	25	28	32	38	40				
线距 a_{min}	30	35	35	40	40	45	45	45	50	56	60				

6.5.2 螺栓连接的构造要求

螺栓连接除满足螺栓排列的容许距离外,还应满足下列构造要求:

(1)当杆件在节点上或拼接接头的一端时,永久性的螺栓(或铆钉)数不宜少于两个。对组合构件的缀条,其端部连接可采用一个螺栓(或铆钉)。

(2)C级普通螺栓的孔径 d_0 较螺栓公称直径 d 大 1.0～1.5mm;高强度螺栓承压型连接采用标准圆孔时,其孔径 d_0 可按表 6-8 采用;高强度螺栓摩擦型连接可采用标准孔、大圆孔和槽孔,孔型尺寸可按表 6-8 采用;采用扩大孔连接时,同一连接面只能在盖板和芯板其中之一的板上采用大圆孔或槽孔,其余仍采用标准孔。

表 6-8 高强度螺栓连接的孔型尺寸匹配 （单位:mm）

螺栓公称直径			M12	M16	M20	M22	M24	M27	M30
孔型	标准孔	直径	13.5	17.5	22	24	26	30	33
	大圆孔	直径	16	20	24	28	30	35	38
	槽孔	短向	13.5	17.5	22	24	26	30	33
		长向	22	30	37	40	45	50	55

(3)在高强度螺栓连接范围内,构件接触面的处理方法应在施工图中注明。

(4)C级普通螺栓宜用于沿其杆轴方向受拉的连接,在下列情况下可用于受剪连接:
①承受静力荷载或间接承受动力荷载结构中的次要连接;②承受静力荷载的可拆卸结构的连接;③临时固定构件用的安装连接。

(5)对直接承受动力荷载的普通螺栓受拉连接,应采用双螺帽或其他能防止螺帽松动的有效措施。

(6)当型钢构件拼接采用高强度螺栓连接时,其拼接件宜采用钢板。

(7)沉头和半沉头铆钉不得用于沿其杆轴方向受拉的连接。

(8)沿杆轴方向受拉的螺栓(或铆钉)连接中的端板(法兰板),应适当增强其刚度(如加设加劲肋),以减少撬力对螺栓(或铆钉)抗拉承载力的不利影响。

6.5.3 螺栓的符号表示

螺栓及其孔眼图例见表 6-9,在钢结构施工图上需要将螺栓及其孔眼的施工要求用图例表示清楚,以免引起混淆。

表 6-9 螺栓及其孔眼图例

名称	永久螺栓	高强度螺栓	安装螺栓	圆形螺栓孔	长圆形螺栓孔
图例	◇	◆	◈	● φ	⊟ b

6.6 C级普通螺栓连接的工作性能和计算

6.6.1 C级普通螺栓连接的工作性能

普通螺栓分为C级螺栓和A、B级螺栓两种。C级螺栓一般采用Q235钢制作,用未加工的圆钢制成,尺寸不够精确,只需Ⅱ类孔,栓径与孔径相差 1.0~1.5mm,便于安装,但螺杆与钢板孔壁不够紧密,受剪

普通螺栓连接

时工作性能较差,在螺栓群中各螺栓所受剪力也不均匀,因此适用于承受拉力的连接中,有时也可以用于不重要的受剪连接中。在受到拉剪联合作用的安装连接中,可设计成螺栓受拉、支托受剪的连接形式。A、B级螺栓一般采用45号钢或35号钢制作,栓杆与栓孔的加工都有严格要求,栓杆由车床加工而成,表面光滑,尺寸准确,要求用Ⅰ类孔。B级螺栓栓径与孔径相差 0.2~0.5mm,受力性能较C级螺栓为好,但制造安装较复杂,费用较高,在钢结构中很少采用。

C级普通螺栓连接按螺栓传力方式可以分为抗剪螺栓和抗拉螺栓。当外力垂直于螺杆时,该螺栓为抗剪螺栓(见图 6-47(a)),当外力沿螺栓杆长方向时,该螺栓为抗拉螺栓(见图 6-47(b))。

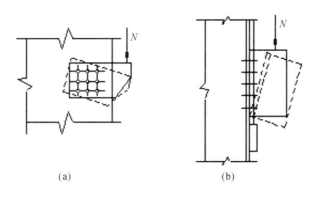

图 6-47 抗剪螺栓与抗拉螺栓

1. 抗剪螺栓连接的工作性能

抗剪螺栓连接在受力以后,当外力并不大时,首先由构件间的摩擦力来传递外力。当外力继续增大而超过极限摩擦力后,构件之间出现相对滑移,螺栓杆开始接触螺栓孔壁而使螺栓杆受剪,孔壁则受压。

抗剪螺栓连接可能出现五种破坏形式:①螺杆剪切破坏(见图 6-48(a));②钢板孔壁挤压破坏(见图 6-48(b));③构件本身由于截面开孔削弱过多而被拉断(见图 6-48(c));④由于钢板端部螺栓孔端距太小而被剪坏(见图 6-48(d));⑤由于钢板太厚,螺栓杆直径太小,发生螺栓杆弯曲破坏(见图 6-48(e))。其中,前三种破坏要进行计算;而后两种破坏则用限制端距 $e_3 \geqslant 2d_0$ 和板叠厚度不超过 $5d$(d 为螺栓直径)等构造措施来防止。

单个抗剪螺栓的设计承载力按下列两式计算:

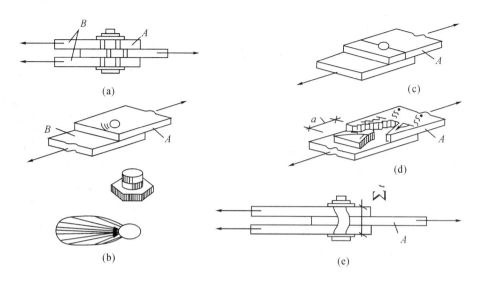

图 6-48 受剪螺栓的破坏情况

抗剪承载力设计值
$$N_v^b = n_v \frac{\pi d^2}{4} f_v^b \tag{6-14}$$

承压承载力设计值
$$N_c^b = d \sum t f_c^b \tag{6-15}$$

式中：n_v——单个螺栓的受剪面数，单剪（见图 6-49(a)）$n_v = 1$，双剪（见图 6-49(b)）$n_v = 2$；

四剪（见图 6-49(c)）$n_v = 4$；

d——螺栓杆直径（铆钉连接取孔径 d_0）；

$\sum t$——在同一受力方向的承压构件的较小总厚度；

f_v^b, f_c^b——C级普通螺栓的抗剪、承压强度设计值（见附表 1-3）。

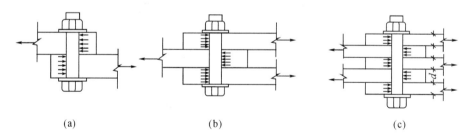

图 6-49 受剪螺栓的剪面数和承压厚度

单个抗剪螺栓的承载力设计值应取 N_v^b 和 N_c^b 的最小值 $N_{\min}^b$。

2. 抗拉螺栓连接的工作性能

在抗拉螺栓连接中，外力使被连接构件的接触面有互相脱开的趋势而使螺栓受拉，最后螺栓杆被拉断而破坏。

单个抗拉螺栓的承载力设计值为：

$$N_t^b = \frac{\pi d_e^2}{4} f_t^b \tag{6-16}$$

式中：d_e——普通螺栓或锚栓在螺纹处的有效直径，取值见附表 7-1，铆钉连接取孔径 d_0；

f_t^b——普通螺栓、锚栓和铆钉的抗拉强度设计值(见附表 1-3)。

螺栓受拉时,通常不可能使拉力正好作用在每个螺栓轴线上,而是通过与螺杆垂直的板件传递。在图 6-50(a)所示的 T 形连接中,如果连接件的刚度较小,受力后与螺栓垂直的连接件总会有变形,因而形成杠杆作用,螺栓有被撬开的趋势,使螺杆中的拉力增加并产生弯曲现象。螺栓实际所受拉力为 $N_t = N + Q$,连接件的刚度愈小,撬力 Q 愈大。实际计算中撬力值很难计算。目前在计算中对普通螺栓连接采用不考虑撬力而用降低螺栓抗拉强度设计值的方法予以解决(即 $f_t^b = 0.8f$)。此外,在构造上也可以采取一些措施来减少或消除撬力,如设置加劲肋(见图 6-50(b))或增加连接件厚度等。

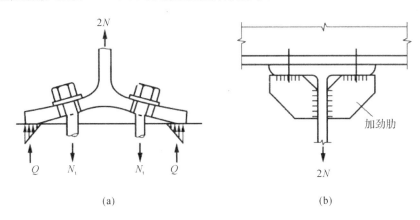

图 6-50　抗拉螺栓连接与撬力

6.6.2　螺栓群的计算

螺栓群的计算是在单个螺栓计算的基础上进行的。

1. 螺栓群在轴向力作用下的抗剪计算

当外力通过螺栓群形心时,如螺栓连接处于弹性阶段,螺栓群中的各螺栓受力不等,两端螺栓较中间的受力为大(见图 6-51(a));当外力再继续增大,使受力大的螺栓超过弹性极限而达到塑性阶段,各螺栓承担的荷载逐渐接近,最后趋于相等(见图 6-51(b))直到破坏。计算时可假定所有螺栓受力相等,并用下式算出所需要的螺栓数目:

$$n = \frac{N}{N_{\min}^b} \tag{6-17}$$

式中:N——连接件中的轴心力设计值。

当构件的节点处或拼接接头的一端螺栓很多,且沿受力方向的连接长度 l_1 过大时,端部的螺栓会因受力过大而首先破坏,随后依次向内发展,逐个破坏。因此标准规定当 $l_1 > 15d_0$(d_0 为孔径)时,应将螺栓或铆钉的承载力设计值乘以折减系数 $\beta = 1.1 - l_1/(150d_0)$;当 $l_1 > 60d_0$ 时,折减系数 $\beta = 0.7$。

2. 螺栓群在扭矩作用下的抗剪计算

螺栓群在扭矩作用下,每个螺栓实际受剪。计算时假定:①被连接构件是绝对刚性的,螺栓则是弹性的;②各螺栓都绕螺栓群的形心 O 旋转,其受力大小与到螺栓群形心的距离成正比,方向与螺栓到形心的连线相垂直(见图 6-52)。

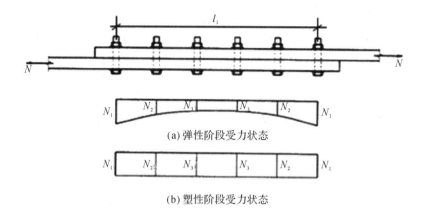

(a) 弹性阶段受力状态

(b) 塑性阶段受力状态

图 6-51　螺栓群的不均匀受力状态

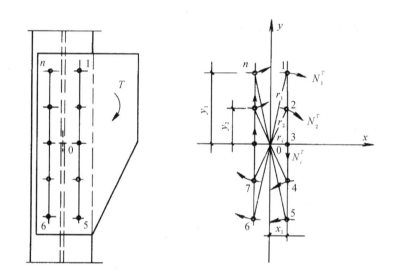

图 6-52　扭矩作用下受剪螺栓群的受力情况

设螺栓 $1,2,\cdots,n$ 到螺栓群形心 O 点的距离为 $r_1,r_2,\cdots,r_n$,各螺栓承受的力分别为 $N_1^T,N_2^T,\cdots,N_n^T$。根据平衡条件得:

$$T=N_1^T r_1+N_2^T r_2+\cdots+N_n^T r_n \tag{6-18-1}$$

螺栓受力大小与其距形心的距离成正比,即:

$$\frac{N_1^T}{r_1}=\frac{N_2^T}{r_2}=\cdots=\frac{N_n^T}{r_n} \tag{6-18-2}$$

将式(6-18-2)代入式(6-18-1)得:

$$T=\frac{N_1^T}{r_1}(r_1^2+r_2^2+r_3^2+\cdots+r_n^2)=\frac{N_1^T}{r_1}\sum r_i^2$$

$$N_1^T=\frac{Tr_1}{\sum r_i^2}=\frac{Tr_1}{(\sum x_i^2+\sum y_i^2)} \tag{6-18-3}$$

当螺栓群布置在一个狭长带时,若 $y_1>3x_1$,r_1 趋近于 y_1,$\sum x_i^2$ 可忽略不计,则式

(6-18-3) 可写成：

$$N_1^T = \frac{Ty_1}{\sum y_i^2} \qquad (6\text{-}18\text{-}4)$$

受力最大螺栓所承受的剪力应不大于螺栓的抗剪承载力设计值，即：

$$N_1^T \leqslant N_{min}^b \qquad (6\text{-}19)$$

3. 螺栓群在扭矩、剪力和轴力共同作用下的抗剪计算

螺栓群在通过其形心的剪力 V 和轴力 N 作用下(见图 6-53)，每个螺栓受力相同，每个螺栓受力为：

$$N_{1y}^V = \frac{V}{n} \quad (\downarrow)$$

$$N_{1x}^N = \frac{N}{n}(\rightarrow)$$

在扭矩 T 作用下，螺栓 1 受力最大，将 N_1^T 分解为水平和竖直方向的分力：

$$N_{1x}^T = N_1^T \frac{y_1}{r_1} = \frac{Ty_1}{\sum x_i^2 + \sum y_i^2}$$

$$N_{1y}^T = N_1^T \frac{x_1}{r_1} = \frac{Tx_1}{\sum x_i^2 + \sum y_i^2}$$

因此在扭矩、剪力和轴力共同作用下，螺栓群中受力最大的一个螺栓所承受的合力及强度条件为：

$$N_1 = \sqrt{(N_{1x}^T + N_{1x}^N)^2 + (N_{1y}^T + N_{1y}^V)^2} \leqslant N_{min}^b \qquad (6\text{-}20)$$

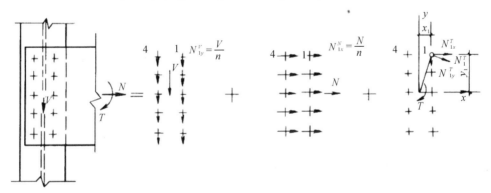

图 6-53　扭矩、剪力和轴力共同作用下受剪螺栓群的受力情况

4. 螺栓群在轴力作用下的抗拉计算

当外力通过螺栓群形心，假定所有受拉螺栓受力相等，所需的螺栓数目为：

$$n = \frac{N}{N_t^b} \qquad (6\text{-}21)$$

式中：N——螺栓群承受的轴向力；

N_t^b——单个抗拉螺栓的承载力设计值，按式(6-16)计算。

5. 螺栓群在弯矩作用下的抗拉计算

图 6-54 所示为在弯矩 M 作用下的螺栓群，上部螺栓受拉，使得连接的上部板件有分离

的趋势,螺栓群的旋转中和轴下移。通常近似地假定螺栓群绕最下边的一排螺栓旋转,各排螺栓所受的拉力的大小与距最下一排螺栓的距离成正比。因此:

$$M = m(N_1^M y_1 + N_2^M y_2 + \cdots + N_n^M y_n)$$

可得螺栓最大内力为:

$$N_1^M = \frac{My_1}{m\sum y_i^2} N_t^b \qquad (6\text{-}22)$$

式中:m—— 螺栓排列的列数,在图 6-54 中 $m = 2$。

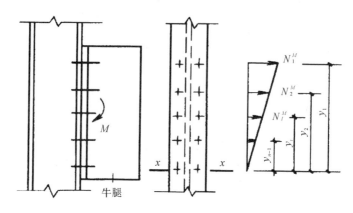

图 6-54　在弯矩作用下螺栓群的受力情况

6. 同时承受剪力和拉力的螺栓群的计算

图 6-55 所示的连接,将作用力 V 移至螺栓群的形心时,螺栓群同时承受剪力 V 和弯矩 $M = Ve$ 作用。

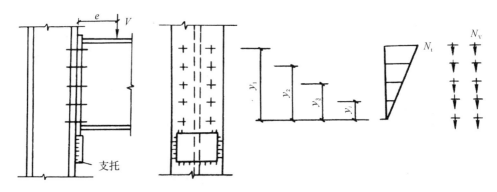

图 6-55　剪力和拉力共同作用下螺栓群的受力情况

(1)支托是临时性的

只作为安装时的临时支撑,不传递剪力。在剪力 V 作用下,各个螺栓均匀受力,每个螺栓受力为:

$$N_v = \frac{V}{n}$$

在弯矩 M 作用下,螺栓群中受力最大的螺栓,按式(6-22)计算其所受拉力:

$$N_1^M = \frac{My_1}{m\sum y_i^2}$$

螺栓在拉力和剪力共同作用下安全工作的条件应满足下列两式：

$$\sqrt{\left(\frac{N_v}{N_v^b}\right)^2 + \left(\frac{N_1^M}{N_t^b}\right)^2} \leqslant 1 \tag{6-23}$$

$$N_v \leqslant N_c^b \tag{6-24}$$

式中：N_v^b、N_c^b、N_t^b——单个螺栓的抗剪、承压和抗拉承载力设计值。

（2）支托是永久性的

此时剪力由支托承受，弯矩由螺栓承受，则螺栓按式（6-22）计算。支托与柱翼缘采用角焊缝连接，按下式计算：

$$\tau_f = \frac{\alpha V}{h_e \sum l_w} \leqslant f_f^w \qquad (\alpha = 1.25 \sim 1.35) \tag{6-25}$$

【例 6-7】 两钢板截面为 —18 × 410，钢材 Q235，承受轴心力 $N = 1250\text{kN}$（设计值），采用 M20 普通粗制螺栓拼接，孔径 $d_0 = 21.5\text{mm}$，试设计此连接。

【解】（1）确定连接盖板截面

采用双盖板拼接，根据等强度原则，截面尺寸选 10 × 410，与被连接钢板截面面积接近且稍大，钢材亦为 Q235。

（2）计算需要的螺栓数目和布置螺栓

查附表 1-3 得，$f_v^b = 140\text{N/mm}^2$，$f_c^b = 305\text{N/mm}^2$。

单个螺栓抗剪承载力设计值为：

$$N_v^b = n_v \frac{\pi d^2}{4} f_v^b = 2 \times \frac{3.14 \times 20^2}{4} \times 140 = 87920(\text{N}) = 87.92(\text{kN})$$

单个螺栓承压承载力设计值为：

$$N_c^b = d \sum t f_c^b = 20 \times 18 \times 305 = 109800(\text{N}) = 109.8(\text{kN})$$

连接所需要的螺栓数目为：

$$n \geqslant \frac{N}{N_{min}^b} = \frac{1250}{87.92} = 14.2，\text{取 } n = 16 \text{ 个。}$$

采用并列布置，如图 6-56 所示。连接盖板尺寸为 —10 × 410 × 710。中距、端距、边距均符合构造要求。

3. 验算被连接钢板的净截面强度

被连接钢板 Ⅰ-Ⅰ 截面受力最大，连接盖板则是 Ⅱ-Ⅱ 截面受力最大，但后者截面面积稍大，故只验算被连接钢板即可。

毛截面面积 $A = 410 \times 18 = 7380(\text{mm}^2)$

净截面面积 $A_n = A - n_1 d_0 t = 410 \times 18 - 4 \times 21.5 \times 18 = 5832(\text{mm}^2)$

毛截面屈服 $\sigma = \dfrac{N}{A} = \dfrac{1250 \times 10^3}{7380} = 169.4\,(\text{N/mm}^2) < f = 205\,(\text{N/mm}^2)$

净截面断裂 $\sigma = \dfrac{N}{A_n} = \dfrac{1250 \times 10^3}{5832} = 214.3\,(\text{N/mm}^2) < 0.7 f_u = 0.7 \times 370 = 259\,(\text{N/mm}^2)$

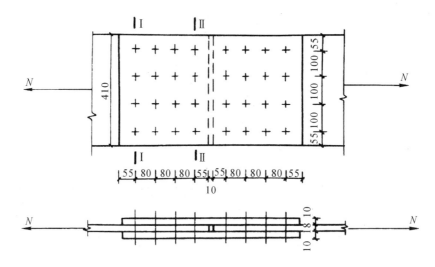

图 6-56　例 6-7 图

符合要求。

【例 6-8】如图 6-57 所示,采用普通螺栓连接,钢材为 Q235,$F = 60$kN,采用 M20 普通螺栓(C 级),孔径 $d_0 = 21.5$mm,试验算此连接的强度。

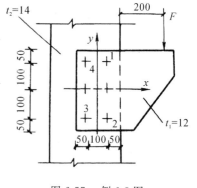

图 6-57　例 6-8 图

【解】将偏心力 F 向螺栓群形心简化得:

$$T = eF = 300 \times 60 = 1.8 \times 10^4 \text{(kN} \cdot \text{mm)}$$

$$V = F = 60 \text{kN}$$

查附表 1-3 得,$f_v^b = 140 \text{N/mm}^2$,$f_c^b = 305 \text{N/mm}^2$

单个螺栓的抗剪承载力设计值为:

$$N_v^b = n_v \frac{\pi d^2}{4} f_v^b = 1 \times \frac{3.14 \times 20^2}{4} \times 140$$

$$= 43960 \text{(N)} = 43.96 \text{(kN)}$$

单个螺栓的承压承载力设计值为:

$$N_c^b = d \sum t f_c^b = 20 \times 12 \times 305 = 73200 \text{(N)} = 73.2 \text{(kN)}$$

在 T 和 V 作用下,1 号螺栓所受剪力最大,则:

$$N_{1x}^T = \frac{Ty_1}{\sum x_i^2 + \sum y_i^2} = \frac{18000 \times 100}{6 \times 50^2 + 4 \times 100^2} = 32.73 \text{(kN)}$$

$$N_{1y}^T = \frac{Tx_1}{\sum x_i^2 + \sum y_i^2} = \frac{18000 \times 50}{6 \times 50^2 + 4 \times 100^2} = 16.36 \text{(kN)}$$

$$N_{1y}^V = \frac{V}{n} = \frac{60}{6} = 10 \text{(kN)}$$

$$N_1 = \sqrt{(N_{1x}^T)^2 + (N_{1y}^T + N_{1y}^V)^2} = \sqrt{(32.73)^2 + (16.36 + 10)^2} = 42.03 \text{(kN)}$$

$$N_1 < N_{\min}^b = 43.96 \text{(kN)}$$

故此连接强度满足要求。

【例 6-9】如图 6-58 所示,梁用普通螺栓与柱翼缘($t = 10$mm)相连接,承受外力 $F =$

200kN(设计值),$e = 150$mm,梁端竖板下有承托。钢材采用 Q235,螺栓为M20的C级螺栓,孔径$d_0 = 21.5$mm,螺栓布置如图6-58所示。试按考虑承托传递全部剪力和承托不传递剪力两种情况分别验算此连接的强度。

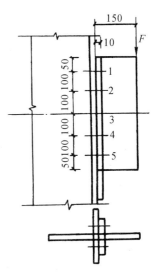

图6-58　例6-9图

【解】将外力F向螺栓群形心简化,得

$$V = F = 200\text{kN}$$

$$M = eF = 150 \times 200 = 3 \times 10^4(\text{kN} \cdot \text{mm})$$

(1) 剪力V全部由承托传递,螺栓群只承受弯矩M,假设螺栓群绕最下一排螺栓旋转。

单个螺栓抗拉承载力设计值为(A_e查附表8-1):

$$N_t^b = \frac{\pi d_e^2}{4}f_t^b = A_e f_t^b = 244.8 \times 170 = 41616\text{N} = 41.62\text{kN}$$

作用于单个螺栓的最大拉力为:

$$N_1^M = \frac{My_1}{m\sum y_i^2} = \frac{3 \times 10^4 \times 400}{2 \times (100^2 + 200^2 + 300^2 + 400^2)}$$

$$= 20(\text{kN}) < N_t^b = 41.62(\text{kN})$$

此连接满足强度要求。

(2) 承托不承受剪力,此时螺栓群同时承受剪力V和弯矩M作用。螺栓群为拉力和剪力联合作用。

单个螺栓的抗剪承载力设计值为:

$$N_v^b = n_v \frac{\pi d^2}{4}f_v^b = 1 \times \frac{3.14 \times 20^2}{4} \times 140 = 43960(\text{N}) = 43.96(\text{kN})$$

$$N_c^b = d\sum t f_c^b = 20 \times 10 \times 305 = 61000(\text{N}) = 61(\text{kN})$$

单个螺栓抗拉承载力设计值为:

$$N_t^b = \frac{\pi d_e^2}{4}f_t^b = A_e f_t^b = 244.8 \times 170 = 41616(\text{N}) = 41.62(\text{kN})$$

单个螺栓的最大拉力为:

$$N_1^M = \frac{My_1}{m\sum y_i^2} = \frac{3 \times 10^4 \times 400}{2 \times (100^2 + 200^2 + 300^2 + 400^2)} = 20(\text{kN}) < N_t^b = 41.62(\text{kN})$$

单个螺栓的最大剪力为:

$$N_v = \frac{V}{n} = \frac{200}{10} = 20(\text{kN}) < N_{min}^b = 43.96\text{kN}$$

螺栓在拉力和剪力联合作用下:

$$\sqrt{\left(\frac{N_v}{N_v^b}\right)^2 + \left(\frac{N_1^M}{N_t^b}\right)^2} = \sqrt{\left(\frac{20}{43.96}\right)^2 + \left(\frac{20}{41.62}\right)^2} = 0.662 < 1.0$$

$$N_v = 20\text{kN} < N_c^b = 61\text{kN}$$

此连接满足强度要求。

6.7 高强度螺栓连接的工作性能和计算

6.7.1 高强度螺栓的工作性能

高强度螺栓连接

高强度螺栓的杆身、螺帽和垫圈都要用抗拉强度很高的钢材制作。高强螺栓的性能等级分为 10.9 级（20MnTiB 钢和 30VB 钢）和 8.8 级（40B 钢、45 号钢和 35 号钢）。45 号钢或 40B 钢只能用于直径不大于 24mm 的高强螺栓。现在工程中已逐渐采用 20MnTiB 作为高强度螺栓的专用钢。

高强度螺栓有摩擦型连接和承压型连接两种。

高强度螺栓摩擦型连接是依靠被连接构件间的摩擦力传递外力，安装时将螺栓拧紧，使螺杆产生预拉力压紧构件接触面，靠接触面的摩擦力来阻止其相互滑移，以达到传递外力的目的。当剪力等于摩擦力时，即为连接的承载力极限状态。高强度螺栓摩擦型连接与普通螺栓连接的重要区别，就是完全不靠螺杆的抗剪和孔壁的承压来传力，而是靠钢板间接触面的摩擦力传力，如图 6-59 所示。

高强度螺栓承压型连接的传力特征是当剪力超过摩擦力时，构件间产生相对滑移，螺杆与孔壁接触，使螺杆受剪和孔壁受压，破坏形式与普通螺栓相同。以螺杆被剪坏或孔壁承压破坏为承载力极限状态。承压型连接承载力高于摩擦型连接，但变形较大（见图 6-59），不适用于直接承受动力荷载的结构。

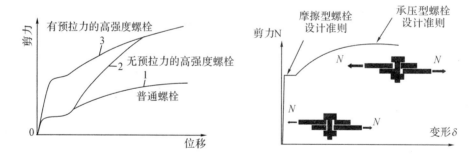

图 6-59 螺栓受力过程比较与高强度螺栓的设计准则

标准孔高强度螺栓的构造和排列要求，与普通螺栓的构造及排列要求相同。

1. 高强度螺栓的预拉力

高强度螺栓的预拉力是通过扭紧螺帽实现的。一般采用扭矩法、转角法和扭剪法。

（1）扭矩法

采用可直接显示扭矩的特制扳手，根据事先测定的扭矩和螺栓拉力之间的关系施加扭矩，使之达到预定预拉力。

（2）转角法

先用人工扳手初拧螺母至拧不动为止，再终拧，即以初拧时拧紧的位置为起点，根据螺栓直径和板叠厚度所确定的终拧角度,自动或人工控制旋拧螺母至预定角度,即为达到预定的预拉力值。

（3）扭剪法

采用扭剪型高强度螺栓（见图 6-60）,该螺栓端部设有梅花头,拧紧螺帽时,靠拧转螺栓梅花头切口处截面来控制预拉力值。

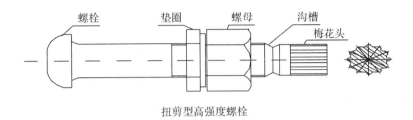

图 6-60　扭剪型高强度螺栓

高强度螺栓预拉力计算时应考虑:①在扭紧螺栓时扭矩使螺栓产生的剪力将降低螺栓的抗拉承载力;②施加预拉力时补偿应力损失的超张拉;③材料抗力的变异。标准规定预拉力设计值按下式确定:

$$P=\frac{0.9\times0.9}{1.2}\times0.9\ f_u^b A_e=0.608 f_u^b A_e \tag{6-26}$$

式中:f_u^b——高强度螺栓的抗拉强度;

A_e——高强度螺栓的有效截面面积（见附表 7-1）。

高强度螺栓预拉力取值见表 6-10。

表 6-10　一个高强度螺栓的预拉力设计值 P　　　　　　　（单位:kN）

螺栓的承载性能等级	螺栓公称直径（mm）					
	M16	M20	M22	M24	M27	M30
8.8 级	80	125	150	175	230	280
10.9 级	100	155	190	225	290	355

2. 高强度螺栓连接的摩擦面抗滑移系数

使用高强度螺栓摩擦型连接时,被连接构件接触面间的摩擦力不仅和螺栓的预拉力有关,还与被连接构件材料及其接触面处理方法所确定的摩擦面抗滑移系数 μ 有关,常用的处理方法和标准规定的摩擦面抗滑移系数 μ 值见表 6-11。采用承压型连接时,连接处构件接触面应清除油污及浮锈,仅承受拉力的高强度螺栓连接,不要求对接触面进行抗滑移处理。接触面涂红丹或在潮湿、淋雨状态下进行拼装,摩擦面抗滑移系数 μ 将严重降低,故应严格避免,并应采取措施保证连接处表面干燥。

表 6-11　摩擦面的抗滑移系数 μ

连接处构件接触面的处理方法	构件的钢材牌号		
	Q235 钢	Q345 钢或 Q390 钢	Q420 钢或 Q460 钢
喷硬质石英砂或铸钢棱角砂	0.45	0.45	0.45
抛丸(喷砂)	0.40	0.40	0.40
钢丝刷清除浮锈或未经处理的干净轧制面	0.30	0.35	—

注:1. 钢丝刷除锈方向应与受力方向垂直;

2. 当连接构件采用不同钢材牌号时,μ 按相应较低强度者取值;

3. 采用其他方法处理时,其处理工艺及抗滑移系数值均需经试验确定。

6.7.2　高强度螺栓连接的抗剪计算

1. 高强度螺栓摩擦型连接的抗剪承载力设计值

高强度螺栓承受剪力时的设计准则是外力不超过摩擦力。每个螺栓的摩擦阻力大小与摩擦面抗滑移系数 μ、螺栓预拉力 P 及摩擦面数目 n_f 成正比,所以每个螺栓的摩擦阻力应为 $n_f\mu P$。再考虑整个连接中各螺栓受力的不均匀性和孔型系数 k,即得一个高强度螺栓的抗剪承载力设计值为:

$$N_v^b = 0.9 k n_f \mu P \qquad (6-27)$$

式中:k——孔型系数,标准孔取 1.0;大圆孔取 0.85;内力与槽孔长向垂直时取 0.7;内力与槽孔长向平行时取 0.6;

　　　n_f——传力摩擦面数目;

　　　μ——摩擦面的抗滑移系数,按表 6-11 采用;

　　　P——一个高强度螺栓的预拉力设计值,按表 6-10 采用。

2. 高强度螺栓承压型连接的抗剪承载力设计值

高强度螺栓承压型连接受剪时,其最后的破坏形式与普通螺栓相同,因此,在抗剪连接中,每个高强度螺栓承压型连接的抗剪承载力设计值的计算方法与普通螺栓相同,承载力设计值仍按式(6-14)和式(6-15)计算,只是式中的 f_v^b、f_c^b 用承压型高强度螺栓的强度设计值。但当剪切面在螺纹处时,其受剪承载力设计值应按螺纹处的有效面积进行计算。

3. 高强度螺栓群连接的计算

(1)轴力作用下的计算(见图 6-61)

轴力 N 通过螺栓群形心,每个摩擦型连接的高强度螺栓的受力应满足:

$$\frac{N}{n} \leqslant N_v^b \qquad (6-28)$$

式中:N_v^b——单个高强度螺栓的抗剪承载力,按式(6-27)计算。

高强度螺栓摩擦型连接中的构件净截面强度计算与普通螺栓连接不同,要考虑由于摩擦阻力作用,一部分剪力已由孔前摩擦面传递,所以净截面 1-1 上的拉力 $N'<N$。根据试验结果,孔前传力系数可取 0.5,即第一排高强度螺栓所分担的内力,已有 50% 在孔前摩擦面中传递,则构件 1-1 净截面所传内力为 $N' = N\left(1 - \dfrac{0.5n_1}{n}\right)$,然后按式(3-1-3)验算净截面

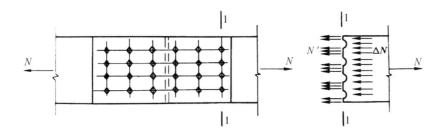

图 6-61　轴力作用下的高强度螺栓连接

强度。

对高强度螺栓承压型连接,构件净截面强度验算和普通螺栓连接相同。

(2)在扭矩作用下及扭矩、剪力和轴力共同作用下的计算

高强度螺栓群在扭矩作用下及扭矩、剪力和轴力共同作用下抗剪计算方法与普通螺栓一样,单个螺栓所受的剪力值应不大于高强度螺栓的承载力设计值。

【例 6-10】如图 6-62 所示,采用 8.8 级 M20 摩擦型高强度螺栓,钢材 Q235,接触面采用喷硬质石英砂处理,标准孔,孔径 $d_0 = 21.5$mm,螺栓排列如图。试求此连接能承受的最大轴心力。

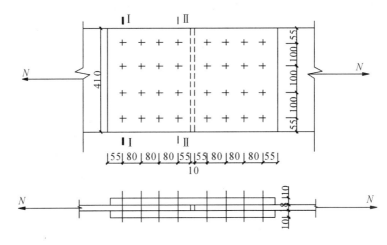

图 6-62　例 6-10 图

【解】(1)确定摩擦型高强度螺栓所能承受的最大轴心力设计值

根据已知条件,查表 6-10、表 6-11 得 $P = 125$kN, $\mu = 0.45$。

$$l_1 = 240\text{mm} < 15d_0 = 322.5\text{mm}$$

故取 $\beta = 1.0$。

单个螺栓的抗剪承载力设计值:

$$N_v^b = 0.9k\mu n_f P = 0.9 \times 1 \times 0.45 \times 2 \times 125 = 101.25(\text{kN})$$

所以一侧螺栓所能承担的轴心力为:

$$N = nN_v^b = 16 \times 101.25 = 1620(\text{kN})$$

（2）构件Ⅰ-Ⅰ截面所能承受的最大轴心力为：

毛截面面积 $A=410\times18=7380(mm^2)$

净截面面积 $A_n=A-n_1d_0t=410\times18-4\times21.5\times18=5832(mm^2)$

毛截面屈服 $N=Af=7380\times205=1512900(N)=1512.9(kN)$

净截面断裂 $N'=N\left(1-\dfrac{0.5n_1}{n}\right)=\left(1-\dfrac{0.5\times4}{16}\right)N=0.875N$

由 $\sigma=\dfrac{N'}{A_n}<0.7f_u$ 得 $N'=0.7A_nf_u=0.875N$

$$N=\frac{0.7A_nf_u}{0.875}=\frac{0.7\times5832\times370}{0.875}=1726272(N)\approx1726.3(kN)$$

此连接所能承受的最大轴心力设计值为 $N_{max}=1512.9kN$

6.7.3 高强度螺栓连接的抗拉计算

1. 高强度螺栓连接的抗拉工作性能

高强度螺栓连接由于预拉力作用，构件间在承受外力作用前已经有较大的挤压力，高强度螺栓受到外拉力作用时，首先要抵消这种挤压力，在克服挤压力之前，螺杆的预拉力基本不变。

如图 6-63 所示，高强度螺栓在外力作用之前，螺杆受预拉力 P，钢板接触面上产生挤压力 C，因钢板刚度很大，挤压应力分布均匀。挤压力 C 与预拉力 P 相平衡，即：

$$C=P \tag{6-29-1}$$

在外力 N_t 作用下，螺栓拉力由 P 增至 P_f，钢板接触面上挤压力由 C 降至 C_f，由平衡条件得：

$$P_f=C_f+N_t \tag{6-29-2}$$

在外力作用下，根据变形协调，螺杆的伸长量应等于构件压缩的恢复量。设螺杆截面面积为 A_b，钢板厚度为 δ，钢板挤压面积为 A_p，由变形关系可得螺栓在 δ 长度内的伸长量等于钢板在 δ 长度内的恢复量，即：

$$\frac{(P_f-P)\delta}{EA_b}=\left(\frac{C-C_f}{EA_p}\right) \tag{6-29-3}$$

将式(6-29-1)、式(6-29-2)代入式(6-29-3)得：

$$P_f=P+\frac{N_t}{1+A_b/A_p} \tag{6-29-4}$$

一般 A_p 远大于 A_b，上式右边第二项约等于第一项的 $0.05\sim0.1$，因此可以认为 $P_f\approx1.1P$。

2. 高强度螺栓连接中抗拉连接计算

（1）高强度螺栓摩擦型连接

试验表明，当外拉力过大时，卸荷后螺栓将发生松弛现象，这对连接抗剪性能是不利的，因此标准规定一个高强度螺栓抗拉承载力不得大于 $0.8P$，即：

$$N_t\leqslant N_t^b=0.8P \tag{6-30}$$

在外力 N 作用下，N 通过螺栓群形心，每个螺栓所受外力相同，一个螺栓受力应满足：

$$\frac{N}{n}\leqslant0.8P \tag{6-31}$$

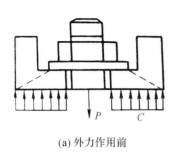 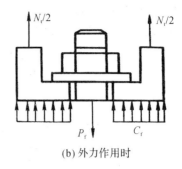

(a) 外力作用前   (b) 外力作用时

图 6-63 高强度螺栓受拉

式中:n——高强度螺栓数。

如图 6-64 所示连接,高强度螺栓群在弯矩 M 作用下,由于高强度螺栓预拉力很大,被连接面一直保持紧密贴合,可认为螺栓群的中和轴位于螺栓群的形心轴线上。这种情况以板不被拉开为条件,得:

$$N_1^M = \frac{My_1}{m\sum y_i^2} \leqslant 0.8P \tag{6-32}$$

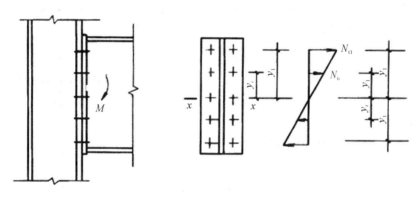

图 6-64 高强度螺栓群在弯矩 M 作用下

(2)高强度螺栓承压型连接

在杆轴受拉的连接中,每个高强度螺栓的受拉承载力设计值的计算方法与普通螺栓相同,承载力设计值仍按式(6-16)计算,只是式中的 f_t^b 用承压型高强度螺栓的强度设计值。

6.7.4 高强度螺栓连接的剪-拉计算

(1)高强度螺栓摩擦型连接

同时承受拉力和剪力作用的高强度螺栓摩擦型连接,随着外力的增大,构件接触面挤压力由 P 变为 $P-N_t$,每个螺栓的抗剪承载力也随之减小,同时摩擦系数也下降。考虑这个影响,标准规定,当高强度螺栓摩擦型连接同时承受摩擦面间的剪力和螺栓杆轴方向的外拉力时,其承载力按下式计算:

$$\frac{N_v}{N_v^b} + \frac{N_t}{N_t^b} \leqslant 1.0 \tag{6-33}$$

（2）高强度螺栓承压型连接

同时承受剪力和杆轴方向拉力的高强度螺栓承压型连接，应按下式计算：

$$\sqrt{\left(\frac{N_v}{N_v^b}\right)^2+\left(\frac{N_t}{N_t^b}\right)^2}\leqslant 1.0 \qquad (6\text{-}34\text{-}1)$$

$$N_v\leqslant\frac{N_c^b}{1.2} \qquad (6\text{-}34\text{-}2)$$

式中：N_v、N_t——每个高强度螺栓所承受的剪力和拉力；

N_v^b、N_t^b、N_c^b——单个高强度螺栓的抗剪、抗拉和承压承载力设计值。

式（6-34-2）右边分母 1.2 是考虑由于螺栓杆轴方向的外拉力使孔壁承压强度的设计值有所降低之故。

高强度螺栓承压型连接仅用于承受静力荷载和间接承受动力荷载的连接中。

【例 6-11】被连接构件钢材为 Q345（Q355）A，8.8 级 M20 的高强度螺栓，接触面钢丝刷清除浮锈。试验算图 6-65 所示高强度螺栓摩擦型连接的强度是否满足设计要求。

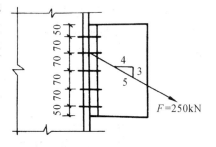

【解】8.8 级 M20 的高强度螺栓，查表 6-10、表 6-11 得高强度螺栓预拉力 $P=125\text{kN}$，抗滑移系数 $\mu=0.35$。

作用于螺栓群形心处的内力为：

$$N=\frac{4}{5}F-\frac{4}{5}\times 250=200(\text{kN})$$

$$V=\frac{3}{5}F=\frac{3}{5}\times 250=150(\text{kN})$$

$$M=Ne=200\times 70=14000(\text{kN}\cdot\text{mm})$$

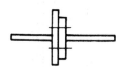

图 6-65　例 6-11 图

每个高强度螺栓的承载力设计值：

$$N_t^b=0.8P=0.8\times 125=100(\text{kN})$$

$$N_v^b=0.9kn_f\mu P=0.9\times 1\times 1\times 0.35\times 125=39.4(\text{kN})$$

最上排单个螺栓所承受的内力：

$$N_t=\frac{N}{n}+\frac{My_1}{m\sum y_i^2}=\frac{200}{10}+\frac{14000\times 140}{2\times 2\times(70^2+140^2)}=40(\text{kN})$$

$$N_v=\frac{V}{n}=\frac{150}{10}=15\text{kN}$$

同时承受拉力和剪力的高强度螺栓承载力验算：

$$\frac{N_v}{N_v^b}+\frac{N_t}{N_t^b}=\frac{15}{39.4}+\frac{40}{100}=0.78<1.0$$

此连接安全。

6.8 连接板节点

6.8.1 连接板节点的计算

(1)连接节点处的板件在拉、剪作用下的强度应按下列公式计算(见图6-66):

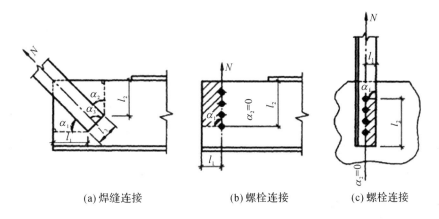

(a)焊缝连接　　　　　(b)螺栓连接　　　　　(c)螺栓连接

图6-66 板件的拉、剪撕裂

$$\frac{N}{\sum(\eta_i A_i)} \leqslant f \tag{6-35-1}$$

$$A_i = t l_i \tag{6-35-2}$$

$$\eta_i = \frac{1}{\sqrt{1 + 2\cos^2\alpha_i}} \tag{6-35-3}$$

式中:N——作用于板件的拉力;

　　A_i——第i段破坏面的截面面积,当为螺栓连接时,应取净截面面积;

　　t——板件厚度;

　　l_i——第i破坏段的长度,应取板件中最危险的破坏线的长度(见图6-66);

　　η_i——第i段的拉剪折算系数;

　　α_i——第i段破坏线与拉力轴线的夹角。

(2)桁架节点板(杆件为轧制T形和双板焊接T形截面者除外)的强度除按式(6-35)计算外,也可用有效宽度法按下式计算:

$$\sigma = \frac{N}{b_e t} f \tag{6-36}$$

式中:b_e——板件的有效宽度,如图6-67所示;当用螺栓(或铆钉)连接时,应减去孔径,孔径应取比螺栓(或铆钉)标称尺寸大4mm。

(3)为了保证桁架节点板在斜腹杆压力作用下的稳定性,受压腹杆连接肢端面中点沿腹杆轴线方向至弦杆的净距离c,应满足下列条件:

①对有竖腹杆相连的节点板,当$c/t \leqslant 15\varepsilon_k$时,可不计算稳定,否则应进行稳定计算。在

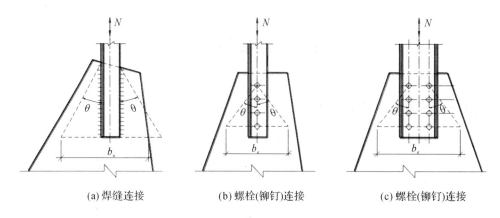

(a) 焊缝连接　　　　　(b) 螺栓(铆钉)连接　　　　　(c) 螺栓(铆钉)连接

θ—应力扩散角,焊接及单排螺栓时可取 30°,多排螺栓时可取 22°

图 6-67　板件的有效宽度

任何情况下,c/t 不得大于 $15\varepsilon_k$。

②对无竖腹杆相连的节点板,当 $c/t \leqslant 10\varepsilon_k$ 时,节点板的稳定承载力可取为 $0.8b_e t f$。当 $c/t > 10\varepsilon_k$ 时,应进行稳定计算。但在任何情况下,c/t 不得大于 $17.5\varepsilon_k$。

6.8.2　连接板节点的构造

在采用上述方法计算节点板的强度和稳定时,尚应满足下列要求:

①节点板边缘与腹杆轴线之间的夹角应不小于 15°;

②斜腹杆与弦杆的夹角应在 30°~60°之间;

③节点板的自由边长度 l_f 与厚度 t 之比不得大于 $60\varepsilon_k$,否则应沿自由边设加劲肋予以加强。

6.9　梁节点

6.9.1　梁的拼接

梁的拼接按施工条件的不同,分为工厂拼接和工地拼接两种。

1. 工厂拼接

如果梁的长度、高度大于钢材的尺寸,常需要先将腹板和翼缘用几段钢材拼接起来,然后再焊接成梁。这些工作一般在工厂进行,因此称为工厂拼接(见图 6-68)。

工厂拼接的位置由钢材尺寸并考虑梁的受力确定。腹板和翼缘的拼接位置最好错开,同时也要与加劲肋和次梁连接位置错开,错开距离不小于 $10t_w$,以便各种焊缝布置分散,减小焊接应力及变形。

翼缘、腹板拼接一般用对接直焊缝,施焊时使用引弧板。这样当用一、二级焊缝时,拼接处与钢材截面可以达到强度相等,因此拼接可以设在梁的任何位置。但是当用三级焊缝时,由于焊缝抗拉强度比钢材抗拉强度低(约低 15%),这时应将拼接布置在梁弯矩较小的位置

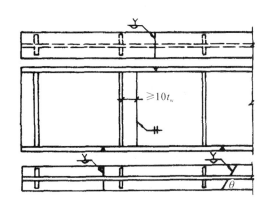

图 6-68　焊接梁的车间拼接

（对腹板），或者采用斜焊缝（对翼缘）。

2. 工地拼接

跨度大的梁，可能由于运输或吊装条件限制，需将梁分成几段运至工地或吊至高空就位后再拼接起来。由于这种拼接是在工地进行，因此称为工地拼接。

工地拼接位置由运输和安装条件确定，一般布置在梁弯矩较小的地方，并且常常将腹板和翼缘在同一截面断开（见图 6-69），以便于运输和吊装。拼接处一般采用对接焊缝，上、下翼缘做成向上的 V 形坡口，以方便工地施焊。同时为了减小焊接应力，应将工厂焊的翼缘焊缝端部留出 500mm 左右不焊，留到工地拼接时按图中施焊顺序最后焊接。这样可以使焊接时有较多的自由收缩余地，从而减小焊接应力。

为了改善拼接处受力情况，工地拼接的梁也可以将翼缘和腹板拼接位置略微错开，如图 6-69 所示。但是这种方式在运输、吊装时需要对端部凸出部分加以保护，以免碰损。

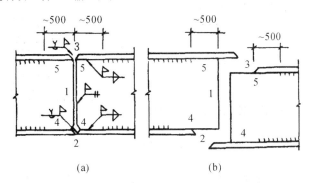

图 6-69　焊接梁的工地拼接

对于需要在高空拼接的梁，考虑高空焊接操作困难，常常采用摩擦型高强度螺栓连接。

对于较重要的或承受动荷载的大型组合梁，考虑工地焊接条件差，焊接质量不易保证，也可采用摩擦型高强度螺栓作梁的拼接。这时梁的腹板和翼缘在同一截面断开，分别用拼接板和螺栓连接（见图 6-70）。拼接处的剪力 V 全部由腹板承担，弯矩 M 则由腹板和翼缘共同承担，并按各自刚度成比例分配。

这样腹板的拼接板及螺栓承受的内力如下。

剪力为 V, 弯矩为:

$$M_{\mathrm{w}} = M\frac{I_{\mathrm{w}}}{I} = M\frac{\dfrac{t_{\mathrm{w}}h_0^3}{12}}{I} \qquad (6\text{-}37\text{-}1)$$

设计时,先确定拼接板的尺寸,布置好螺栓位置,然后进行验算。

翼缘的拼接板及螺栓承受由翼缘分担的弯矩 M_{f} 所产生的轴力 N:

$$N = \frac{M_{\mathrm{f}}}{h_0+t} = M\frac{I_{\mathrm{f}}}{I(h_0+t)} = M\frac{2bt\left(\dfrac{h_0}{2}+t\right)}{I(h_0+t)} \qquad (6\text{-}37\text{-}2)$$

式(6-37-1)、式(6-37-2)中 I 为梁毛截面惯性矩:

$$I = I_{\mathrm{f}} + I_{\mathrm{w}} \qquad (6\text{-}37\text{-}3)$$

式中: I_{f}、I_{w}——分别为翼缘的惯性矩和腹板的惯性矩。

实际设计时,翼缘拼接常常偏安全地按等强度条件设计,即按翼缘面积所能承受的轴力计算:

$$N = A_{\mathrm{f}}f = btf \qquad (6\text{-}37\text{-}4)$$

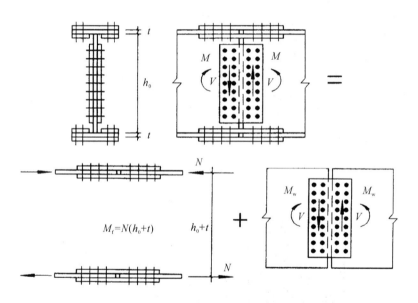

图 6-70　梁的高强度螺栓工地拼接

腹板螺栓群为受剪摩擦型高强度螺栓连接,受剪力 V_{w} 和扭矩 M_{w} 联合作用,应验算角点处最大受剪螺栓。

6.9.2　次梁与主梁的连接

1. 简支次梁与主梁连接

这种连接的特点是次梁只有支座反力传递给主梁。其形式有叠接和侧面连接两种。叠接(见图 6-71)时,次梁直接搁置在主梁上,用螺栓和焊缝固定,这种形式构造简单,但占用建筑高度大,连接刚性差一些。

侧面连接(见图 6-72)是将次梁端部上翼缘切去,端部下翼缘则切去一边,然后将次梁端部与主梁加劲肋用螺栓相连。如果次梁反力较大,螺栓承载力不够时,可用围焊缝(角焊缝)将次梁端部腹板与加劲肋连牢传递反力,这时螺栓只作安装定位用,实际设计时,考虑连接偏心,通常将反力加大 20%~30%来计算焊缝或螺栓。

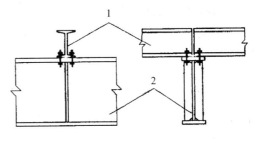

1-次梁 2-主梁

图 6-71 简支梁与主梁叠接

2. 连续次梁与主梁连接

这种连接也分叠接和侧面连接两种形式。叠接时,次梁在主梁处不断开,直接搁置于主梁并用螺栓或焊缝固定。次梁只有支座反力传给主梁。当次梁荷载较重或主梁上翼缘较宽时,可在主梁支承处设置焊于主梁的中心垫板,以保证次梁支座反力中心地传给主梁。

当次梁荷载较重,采用侧面连接时,次梁在主梁上要断开,分别连于主梁两侧。除支座反力传给主梁外,连续次梁在主梁支座处的左右弯矩也要通过主梁传递,因此构造稍复杂一些,常用的形式如图 6-73 所示。按图中构造,先在主梁上次梁相应位置处焊上承托,承托由竖板及水平顶板组成(见图 6-73(a))。安装时先将次梁端部上翼缘切去后安放在主梁承托水平顶板上,再将次梁下翼缘与顶板焊牢(见图 6-73(b)),最后用连接盖板将主次梁上翼缘用焊缝连接起来(见图 6-73(c))。为避免仰焊,连接盖板的宽度应比次梁上翼缘稍窄,承托顶板的宽度则应比次梁下翼缘稍宽。

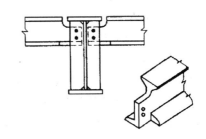

图 6-72 简支梁与主梁侧面连接

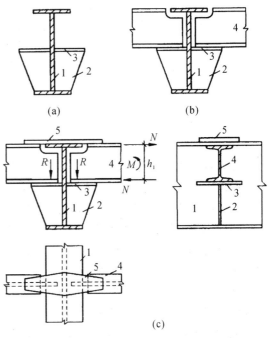

1-主梁 2-承托竖板 3-承托顶板 4-次梁 5-连接盖板

图 6-73 连续次梁与主梁连接的安装过程

在图 6-73 的连接中,次梁支座反力 R 直接传递给承托顶板,再传至主梁。左右次梁的支座负弯矩则分解为上翼缘的拉力和下翼缘的压力组成的力偶。上翼缘的拉力由连接盖板传递,下翼缘的压力则传给承托顶板后,再由承托顶板传给主梁腹板。这样,次梁上翼缘与连接盖板之间的焊缝、次梁下翼缘与承托顶板之间的焊缝以及承托顶板与主梁腹板之间的焊缝应按各自传递的拉力或压力设计。

钢结构各种构件连接形式种类很多,形式各异。设计时,首先要分析连接的传力途径,研究传力是否安全,同时也要注意构造布置合理,施工方便,以便统筹综合地解决好这些问题,做出合理的设计。

6.9.3 梁的支座

平台梁可以支承在柱上,也可以支承在墙上,支承在墙上需要有一个支座,以分散传给墙的支座压力。

梁的支座形式有平板支座、弧形支座、辊轴支座和铰轴式支座等。

平板支座在支承板下产生较大的摩擦力,梁端不能自由转动,支承板下的压力分布不太均匀,应验算下部砌体或混凝土的承压强度,底板厚度应根据支座反力对底板产生的弯矩进行计算,且不宜小于 12mm。

梁的端部支承加劲肋的下端,按端面承压强度设计值进行计算时,应刨平顶紧,其中突缘加劲板的伸出长度不得大于其厚度的 2 倍,并宜采取限位措施(见图 6-74(a)、(b))。

弧形支座和辊轴支座的构造与平板支座相同,只是与梁接触面为弧形,当梁产生挠度时可以自由转动,不会引起支承板下的不均匀受力。弧形支座(见图 6-74(c))和辊轴支座(见图 6-74(d))的支座反力 R 应满足下式要求:

$$R \leqslant 40ndl\,f^2/E \tag{6-38}$$

式中:d——弧形表面接触点曲率半径 r 的 2 倍;

$\quad\quad n$——滚轴数目,对弧形支座 $n=1$;

$\quad\quad l$——弧形表面或滚轴与平板的接触长度。

铰轴支座节点(见图 6-74(e))中,当两相同半径的圆柱形弧面自由接触面的中心角 $\theta \geqslant 90°$时,其圆柱形枢轴的承压应力应按下式计算:

$$\sigma = \frac{2R}{dl} \leqslant f \tag{6-39}$$

式中:d——枢轴直径;

$\quad\quad l$——枢轴纵向接触面长度。

板式橡胶支座设计应符合下列规定:①板式橡胶支座的底面面积可根据承压条件确定;②橡胶层总厚度应根据橡胶剪切变形条件确定;③在水平力作用下,板式橡胶支座应满足稳定性和抗滑移要求;④支座锚栓按构造设置时数量宜为 2~4 个,直径不宜小于 20mm;对于受拉锚栓,其直径及数量应按计算确定,并应设置双螺母防止松动;⑤板式橡胶支座应采取防老化措施,并应考虑长期使用后因橡胶老化进行更换的可能性;⑥板式橡胶支座宜采取限位措施。

受力复杂或大跨度结构宜采用球形支座。球形支座应根据使用条件采用固定、单向滑动或双向滑动等形式。球形支座上盖板、球芯、底座和箱体均应采用铸钢加工制作,滑动面应采取相应的润滑措施,支座整体应采取防尘及防锈措施。

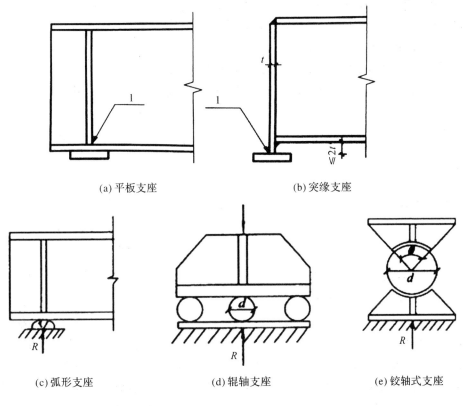

(a) 平板支座　　　　　　　　　　(b) 突缘支座

(c) 弧形支座　　　　(d) 辊轴支座　　　　(e) 铰轴式支座

1-刨平顶紧　　*t*-端板厚度

图 6-74　梁的支座示意图

6.10　柱节点

当受压构件用作柱子时,为了把位于它上面的结构所承受的荷载通过它传给基础,必须把柱的上下端部适当扩大和合理构造,形成柱头和柱脚。轴心受压柱和偏心受压柱因为传递的荷载不同,柱头和柱脚的构造要求也各异,但构造的原则相同。应该做到:传力明确,传力过程简捷,安全可靠,经济合理,并且具有足够的刚度而构造又不复杂。

柱头和柱脚

6.10.1　轴心受压柱的柱头

轴心受压柱的柱头承受由横梁传来的压力 N,图 6-75 所示是典型的实腹式柱的柱头构造。

首先应在柱顶设一块顶板来安放梁。梁的全部压力通过梁端突缘压在柱顶板的中部,有时为了提高顶板的抗弯刚度,可在顶板上加焊一块垫板,在它的下面设加劲肋。这样,柱顶板本身就不需要太厚,一般大于 12mm 即可。

对于实腹式柱,梁传来的全部压力 N 通过梁端突缘和垫板间的端面承压传给垫板,垫板又以挤压传给柱顶板,而垫板只需用一些构造焊缝和顶板焊连固定位置。柱顶板将 N 力分传给前后两个加劲肋,每根加劲肋和柱顶板之间可以采用局部承压传入 $N/2$ 力(当力较大时),也可采用两根角焊缝①传力(当力不大时)。焊缝①受向下的均布剪力作用,计算公式如下:

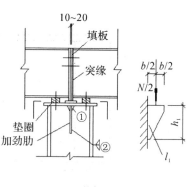

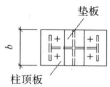

局部承压传力:

$$\sigma = \frac{\frac{N}{2}}{b_l t_l} \leqslant f_{ce} \qquad (6\text{-}40)$$

焊缝①传力:

$$\sigma_f = \frac{\frac{N}{2}}{2 \times 0.7 h_{f1}(b_l - 2h_{f1})} \leqslant \beta_f f_f^w \qquad (6\text{-}41)$$

图 6-75 典型实腹式柱柱头构造

式中:b_l、t_l——柱端加劲肋的宽度和厚度;

$\quad h_{f1}$——角焊缝①的焊脚尺寸;

$\quad f_{ce}$——钢材的端面承压强度设计值。

加劲肋在 $N/2$ 的偏心力作用下,用两根角焊缝②把向下剪力 $N/2$ 和偏心弯矩 $b_l N/4$ 传给柱子腹板,加劲肋犹如悬臂梁的工作,如图 6-75 所示。通常先假设加劲肋的高度 h_l,它就是焊缝②的长度,再进行焊缝验算。加劲肋的宽度 b_l 参照柱顶板的宽度 b 来定,厚度 t_l 应符合局部稳定的要求,取 $t_l \geqslant b_l/15$ 及 $t_l \geqslant 10\text{mm}$,同时不宜比柱腹板厚度超过太多。在验算焊缝②的同时,应按悬臂梁验算加劲肋本身的抗剪和抗弯强度。

焊缝②的强度验算:

$$\sqrt{\left(\frac{\sigma_f}{\beta_f}\right)^2 + (\tau_f)^2} = \sqrt{\left(\frac{\frac{b_l N}{4}}{\beta_f W_f}\right)^2 + \left(\frac{\frac{N}{2}}{A_f}\right)^2} \leqslant f_f^w \qquad (6\text{-}42)$$

式中:W_f——焊缝②的有效截面模量,$W_f = \frac{1}{6} \times 2 \times 0.7 h_{f2}(h_l - 2h_{f2})$;

$\quad A_f$——焊缝②的有效截面面积,$A_f = 2 \times 0.7 h_{f2}(h_l - 2h_{f2})$;

$\quad h_{f2}$——角焊缝②的焊脚尺寸。

加劲肋强度按下式验算:

$$\sigma = \frac{6 \times \frac{b_l N}{4}}{t_l h_l^2} \leqslant f \qquad (6\text{-}43)$$

$$\tau = \frac{1.5 \frac{N}{2}}{t_l h_l} \leqslant f_v \qquad (6\text{-}44)$$

有时,梁传来的压力 N 很大,设计成悬臂梁的加劲肋将很高,才能满足焊缝②的强度要求,这样的构造显得不够合理,这时可把前后两根肋连成一整根,在柱子腹板上开一个槽使其通过,这样就使加劲肋成为双悬臂梁,对它本身的受力状态并未改变,但却使焊缝②的受力大大简化,只承受向下作用的剪力而不传偏心弯矩,因而可以大大缩短。这时应把柱子上

端和加劲肋相连的一段腹板换成较厚的
板(见图 6-76)。

焊缝②按下式验算：

$$\tau_f = \frac{N}{4 \times 0.7 h_{f2}(h_l - 2h_{f2})} \leqslant f_f^w$$

$$(6\text{-}45)$$

加劲肋仍按式(6-43)和式(6-44)
验算。

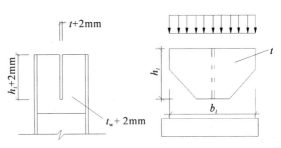

图 6-76　双悬臂加劲肋

为了固定柱顶板的位置,顶板和柱身
应用构造焊缝进行围焊相连。为了固定梁在柱头上的位置,常采用四个粗制螺栓穿过梁的
下翼缘和柱顶板相连。

图 6-77 所示是典型的格构式柱的柱头
构造。由柱顶板、柱端加劲肋和两块柱端缀
板组成。传力过程如下:由梁传来的力 N,
以挤压传力的方式作用于柱端垫板上,经垫
板传给柱顶板。柱顶板则通过挤压或焊缝
①把 N 力传给加劲肋。

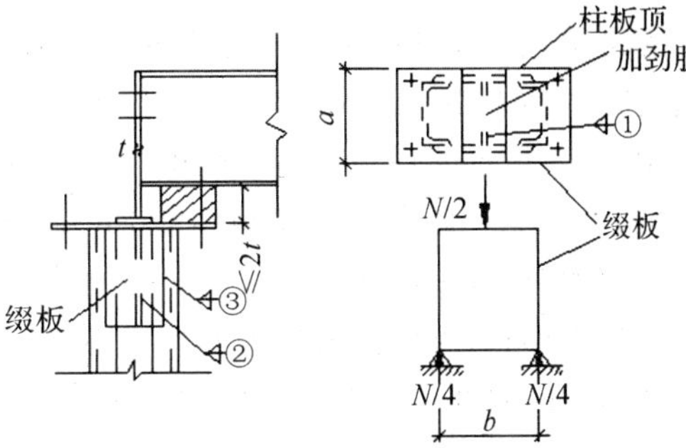

局部承压传力时：

$$\sigma = \frac{N}{a t_l} \leqslant f_{ce} \qquad (6\text{-}46)$$

端焊缝①传力时：

$$\sigma_f = \frac{N}{2 \times 0.7 h_{f1}(a - 2h_{f1})} \leqslant \beta_f f_f^w$$

$$(6\text{-}47)$$

图 6-77　格构式柱的柱头构造

此加劲肋按简支梁计算,承受柱顶板传来的均布荷载 $q = N/a$ 按简支梁验算强度：

$$\sigma = \frac{\frac{1}{8}qa^2}{\frac{1}{6}t_l h_l^2} \leqslant f \qquad (6\text{-}48)$$

$$\tau = \frac{\frac{1.5}{2}qa}{t_l h_l} \leqslant f_v \qquad (6\text{-}49)$$

式中: t_l、h_l——柱端加劲肋的厚度和高度。

加劲肋的支反力为 $N/2$,通过两根角焊缝②传给柱端缀板,焊缝②按下式验算：

$$\tau_f = \frac{\frac{N}{2}}{2 \times 0.7 h_{f2}(h_l - 2h_{f2})} \leqslant f_f^w \qquad (6\text{-}50)$$

柱端缀板近似地视作简支梁,支承在柱肢上,在跨中承受由焊缝②传来的集中力 $N/2$,
应按下列公式验算强度：

$$\sigma = \frac{\dfrac{Nb}{8}}{\dfrac{1}{6}t_l h_l^2} \leqslant f \tag{6-51}$$

$$\tau = \frac{\dfrac{1.5N}{4}}{t_l h_l} \leqslant f_v \tag{6-52}$$

式中:t_l——缀板厚度;

h_l——缀板高度,和柱端加劲肋高度相同。

最后,缀板通过焊缝③,把力传给柱肢,焊缝③按下式验算:

$$\tau_f = \frac{\dfrac{N}{4}}{0.7h_{f3}(h_l - 2h_{f3})} \leqslant f_f^w \tag{6-53}$$

无论是柱端加劲肋和柱端缀板的厚度都应满足板件局部稳定的要求,即厚度不小于承载边的宽度的 1/40,且不小于 10mm。

图 6-78 所示的柱头构造最简单。梁在荷载作用下产生挠曲时,作用于柱顶的压力分布不均匀,可看成三角形分布荷载,如图 6-78(a)所示,这种构造只能用在荷载不大的情况。当荷载较大时,可采用图 6-78(b)中的构造,在正对梁端加劲肋的位置,梁的下翼缘之下贴焊一条集中垫板,可使传力位置明确。不论图 6-78(a)还是图 6-78(b)的构造,都应按一侧梁无活荷载时对柱子可能产生的偏心压力来验算柱子的承载力。

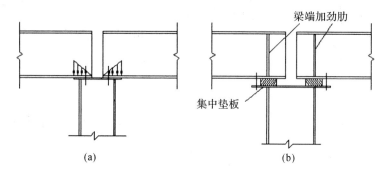

图 6-78　实腹式柱顶端构造

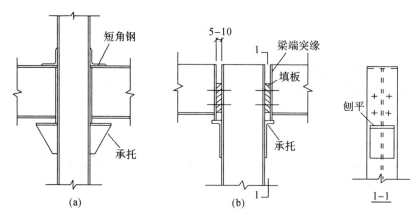

图 6-79　梁和柱侧面连接的构造

梁连接于柱侧的简支构造如图 6-79 所示。当梁传来的支反力不大时,可采用图 6-79 (a)所示的构造,这时支反力经图示的承托传给柱子。梁的上翼缘应设一短角钢和柱身相连,它不能有效地限制梁端发生转角,但能防止梁端在出平面方向产生偏移。图 6-79(b)所示的构造适用于梁的支反力较大的情况,但制造精度要求较高。这时在柱翼缘板上设一块较厚的承托,它的厚度应比梁端突缘板的厚度加大 10~20mm,如果用厚角钢截成,则更便于安装。承托的顶面应刨平,和梁的突缘板以局部承压传力,承托宽度应比梁的突缘板加宽 10mm。承托用角焊缝和柱身焊连,考虑到传来的支反力可能产生偏心的不利因素,按 1.25 倍梁的支反力来计算焊缝:

$$\tau_f = \frac{1.25N}{2 \times 0.7 h_f (l_w - 2h_f)} \leqslant f_f^w \tag{6-54}$$

式中:h_f、l_w——承托和柱身相连的角焊缝的焊脚尺寸和焊缝长度(即承托的长度)。

梁端与柱身间应留 5~10mm 的空隙,安装时加填板并设置构造螺栓,以固定梁的位置。同理,这样的梁柱连接,当左右梁传来的荷载不相等时,柱应按偏心受压进行验算。

【例 6-12】焊接工字形截面柱,腹板—8×450,翼缘板—18×180,承受两梁端传来的轴心压力 1000kN,两梁均以突缘加劲肋支承于柱截面中心轴上,突缘宽 220mm。钢材为 Q235 钢,焊条为 E43 系列。试设计其柱头构造。

【解】(1)按柱截面及梁的突缘加劲肋尺寸决定柱顶板尺寸。长为 450+2×18+20=506(mm);宽 220+20=240(mm);厚 20mm。其中长、宽各加 20mm 是使顶板比柱或梁每边宽 10mm。于是柱顶板尺寸取—510×240×20。

(2)垫板取宽 100mm,厚 20mm。

(3)加劲肋宽度和厚度。根据梁端突缘加劲肋的宽度,腹板两侧加劲肋的宽度为(220-8)/2=106(mm)。

端面承压所需面积为:

$$A \geqslant \frac{N}{f_{ce}} = \frac{1000 \times 10^3}{320} = 3125(mm^2)$$

加劲肋厚度为:

$$t = \frac{3125}{220} = 14.2(mm),取 16mm$$

因为加劲肋厚度为 16mm,故将柱头腹板局部改用 16mm,加劲肋宽度则为 102mm,取 100mm。

(4)加劲肋的高度及其与腹板连接焊缝的厚度的确定。由式(6-43)可得:

$$h_l \geqslant \sqrt{\frac{6 \times \frac{b_l N}{4}}{t_l f}} = \sqrt{\frac{6 \times 100 \times 1000 \times 10^3}{4}{16 \times 215}} = 209(mm)$$

由式(6-44)可得:

$$h_l \geqslant \frac{\frac{1.5N}{2}}{t_l f_v} = \frac{\frac{1.5 \times 1000 \times 10^3}{2}}{16 \times 125} = 375(mm)$$

故加劲肋高度取 380mm。

根据构造要求,取加劲肋与腹板连接焊缝的焊脚尺寸 $h_f = 10mm$,按式(6-42)验算:

$$\sqrt{\left(\frac{\sigma_f}{\beta_f}\right)^2 + (\tau_f)^2} = \sqrt{\left(\frac{\frac{b_i N}{4}}{\beta_f W_f}\right)^2 + \left(\frac{\frac{N}{2}}{A_f}\right)^2}$$

$$= \sqrt{\left(\frac{\frac{100 \times 1000 \times 10^3}{4}}{1.22 \times \frac{2 \times 0.7 \times 10 \times (380-2 \times 10)^2}{6}}\right)^2 + \left(\frac{\frac{1000 \times 10^3}{2}}{2 \times 0.7 \times 10 \times (380-2 \times 10)}\right)^2}$$

$$= 120.14 (\text{N/mm}^2) \leqslant f_f^w = 160 \text{ N/mm}^2$$

经设计计算,最后接头构造如图 6-80 所示。

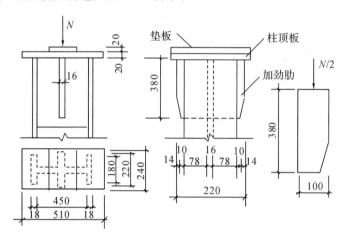

图 6-80　例 6-12 图

6.10.2　轴心受压柱的柱脚

柱脚的构造应使柱身的内力可靠地传给基础,并和基础有牢固的连接。轴心受压柱的柱脚主要传递轴心压力,与基础的连接一般采用铰接(见图 6-81)。

图 6-81 所示是几种常用的平板式铰接柱脚。由于基础混凝土强度远比钢材低,所以必须把柱的底部放大,以增加其与基础顶部的接触面积。图 6-81(a)所示是一种最简单的柱脚构造形式,在柱下端仅焊一块底板,柱中压力由焊缝传至底板,再传给基础。这种柱脚只能用于小型柱,如果用于大型柱,底板会太厚。一般的铰接柱脚常采用图 6-81(b)所示的形式,在柱端部与底板之间增设一些中间传力零件,如靴梁、隔板等,以增加柱与底板的连接焊缝长度,并且将底板分隔成几个区格,使底板的弯矩减小,厚度减薄。

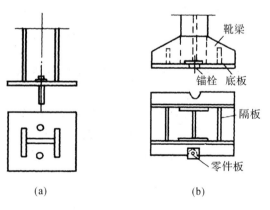

图 6-81　平板式铰接柱脚

柱脚是利用预埋在基础中的锚栓来固定其位置的。铰接柱脚只沿着一条轴线设立两个连接于底板上的锚栓(见图 6-81)。按照构造要求采用 2 个直径为 $20 \sim 24$mm 的锚栓。为了便于安装,底板上的锚栓孔径为锚栓直径的 1.5 至 2 倍,套在锚栓上的零件板是在柱脚安装定位以后焊上的。底板的抗弯刚度较小,锚栓受拉时,底板会产生弯曲变形,阻止柱端转动的抗力不大,因而此种柱脚仍视为铰接。如果用完全符合力学假定的铰,将给安装工作带来很大困难,而且构造复杂,一般情况没有此种必要。

铰接柱脚不承受弯矩,只承受轴向压力和剪力。剪力通常由底板与基础表面的摩擦力传递。当此摩擦力不足以承受水平剪力时,应在柱脚底板下设置抗剪键,抗剪键可用方钢、短 T 字钢或 H 型钢做成。

铰接柱脚通常仅按承受轴向压力计算,轴向压力 N 一部分由柱身传给靴梁、肋板等,再传给底板,最后传给基础;另一部分是经柱身与底板间的连接焊缝传给底板(实际计算可不考虑),再传给基础。然而实际工程中,柱端难于做到齐平,而且为了便于控制柱长的准确性,柱端可能比靴梁缩进一些。

1. 底板的计算

(1)底板的面积

底板的平面尺寸决定于基础材料的抗压能力,基础对底板的压应力可近似认为是均匀分布的,这样,所需要的底板净面积 A_n(底板宽乘长,减去锚栓孔面积)应按下式确定:

$$A_n \geqslant \frac{N}{\beta_c f_c} \tag{6-55}$$

式中:f_c——基础混凝土的抗压强度设计值;

β_c——基础混凝土局部承压时的强度提高系数。

f_c 和 β_c 均按《混凝土结构设计规范》(GB 50010)取值。

(2)底板的厚度

底板的厚度由板的抗弯强度决定。底板可视为一支承在靴梁、隔板和柱端的平板,它承受基础传来的均匀反力。靴梁、肋板、隔板和柱的端面均可视为底板的支承边,并将底板分隔成不同的区格,其中有四边支承、三边支承、两相邻边支承和一边支承等区格(见图 6-82)。

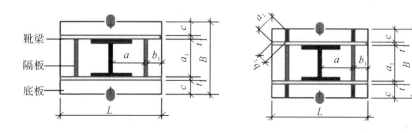

图 6-82　底板支承区格

在均匀分布的基础反力作用下,各区格板单位宽度上的最大弯矩如下。

①四边支承区格

$$M = \alpha q a^2 \tag{6-56}$$

式中:q——作用于底板单位面积上的压应力,$q = N/A_n$;

a——四边支承区格的短边长度;

α——系数,根据长边 b(相当于图示 6-82 中的 a_1)与短边 a 之比按表 6-12 取用。

表 6-12　α 值

b/a	1.0	1.1	1.2	1.3	1.4	1.5	1.6	1.7	1.8	1.9	2.0	3.0	≥4.0
α	0.048	0.055	0.063	0.069	0.075	0.081	0.086	0.091	0.095	0.099	0.101	0.119	0.125

②三边支承区格

$$M=\beta qa_1^2 \tag{6-57}$$

式中：a_1——自由边长度；

　　　β——系数，根据 b_1/a_1 值由表 6-13 查得。b_1 为垂直于自由边的宽度。

表 6-13　β 值

b_1/a_1	0.3	0.4	0.5	0.6	0.7	0.8	0.9	1.0	1.1	≥1.2
β	0.026	0.042	0.058	0.072	0.085	0.092	0.104	0.111	0.120	0.125

当 $b_1/a_1<0.3$ 时，可按悬臂长度为 b_1 的悬臂板计算。

③两相邻边支承区格

$$M=\beta qa_2^2 \tag{6-58}$$

式中：a_2——对角线长度；

　　　β——系数，根据 b_2/a_2 值由表 6-14 查得。b_2 为垂直于对角线的宽度，如图 6-83 所示。

表 6-14　β 值

b_2/a_2	0.3	0.4	0.5	0.6	0.7	0.8	0.9	1.0	1.1	≥1.2
β	0.026	0.042	0.058	0.072	0.085	0.092	0.104	0.111	0.120	0.125

④一边支承区格（即悬臂板）

$$M=\frac{1}{2}qc^2 \tag{6-59}$$

式中：c——悬臂长度。

这几部分板承受的弯矩一般不相同，取各区格板中的最大弯矩 M_{max} 来确定板的厚度 t：

$$t\geqslant\sqrt{\frac{6M_{max}}{f}} \tag{6-60}$$

设计时要注意到靴梁和隔板的布置应尽可能使各区格板中的弯矩相差不要太大，在这种情况下，应调整底板尺寸和重新划分区格。

底板的厚度通常为 20～40mm，最薄一般不得小于 14mm，以保证底板具有必要的刚度，从而满足基础反力是均布的假设。

2. 靴梁的计算

靴梁的高度由其与柱边连接所需要的焊缝长度决定，此连接焊缝承受柱身传来的压力 N，靴梁的厚度比柱翼缘厚度略小，但最小厚度不宜小于 10mm。

靴梁按支承于柱边的双悬臂梁计算，根据所承受的最大弯矩和最大剪力值，验算靴梁的抗弯和抗剪强度。

3. 隔板的计算

为了支承底板，隔板应具有一定刚度，因此隔板的厚度不得小于其宽度 b 的 1/50，一般比靴梁略薄些,高度略小些。

隔板可视为支承于靴梁上的简支梁,荷载可按承受图 6-83 中阴影面积的底板反力计算,按此荷载所产生的内力验算隔板与靴梁的连接焊缝以及隔板本身的强度。注意隔板内侧的焊缝不易施焊,计算时不能考虑受力。

【例 6-13】 试设计轴心受压格构柱的柱脚,柱的截面尺寸如图 6-84 所示。轴线压力设计值 $N=2275\mathrm{kN}$,柱的自重为 5kN,基础混凝土强度等级为 C25,钢材为 Q235 钢。焊条为 E43 系列。

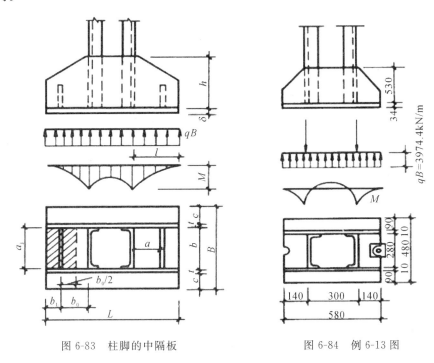

图 6-83　柱脚的中隔板　　　　　　图 6-84　例 6-13 图

【解】 采用如图 6-83 所示的柱脚构造型式。柱脚的具体构造和尺寸如图 6-84 所示。

1. 底板计算

对于 C25 混凝土,考虑了局部承压的有利作用后抗压强度设计值 $f_c=12.9\mathrm{N/mm^2}$。底板所需的净面积:

$$A_n=\frac{N}{f_c}=\frac{(2275+5)\times10^3}{12.9}=176744(\mathrm{mm^2})。$$

底板宽度 $B=b+2t+2c=280+2\times10+2\times90=480(\mathrm{mm})$

所需底板的长度 $L=176744/480=368(\mathrm{mm})$,取 $L=580(\mathrm{mm})$,可以满足其毛面积的要求,安装孔两个,每个孔边取 40mm,削弱面积取 $40\times40=1600(\mathrm{mm^2})$。

底板所承受的均布压力:

$$q=\frac{2280\times10^3}{480\times580-2\times40\times40}=8.28(\mathrm{N/mm^2})<f_c=12.9(\mathrm{N\cdot mm^2})$$

(1)四边支承部分板的弯矩计算:

$$b/a=300/280=1.07,查表 6-12 得,\alpha=0.053。$$

$$M_4=\alpha qa^2=0.053\times8.28\times280^2=34405(\mathrm{N\cdot mm})$$

(2)三边支承部分板的弯矩计算：
$$b_1/a_1 = 140/280 = 0.5,查表 6\text{-}13 得,\beta = 0.058。$$
$$M_3 = \beta q a_1^2 = 0.058 \times 8.28 \times 280^2 = 37651(\text{N} \cdot \text{mm})$$

(3)悬臂部分板的弯矩：
$$M_1 = \frac{1}{2}qc^2 = 0.5 \times 8.28 \times 90^2 = 33534(\text{N} \cdot \text{mm})$$

经过比较知板的最大弯矩为 M_3，取钢材的抗弯强度设计值 $f = 205\text{N}/\text{mm}^2$，得 $t = \sqrt{\dfrac{6 \times 37651}{205}} = 33.2(\text{mm})$，用 34mm，厚度未超过 40mm，所用 f 值无误。

2. 靴梁计算

靴梁与柱身连接的焊脚尺寸用 $h_f = 10\text{mm}$。

靴梁高度根据焊缝长度 l_f 确定，l_f 为：
$$l_f = \frac{N}{4 \times 0.7 \times h_f \times f_f^w} + 2h_f = \frac{2280 \times 10^3}{4 \times 0.7 \times 10 \times 160} + 2 \times 10$$
$$= 528.9(\text{mm}) < 60h_f = 60 \times 10 = 600(\text{mm})$$

靴梁高度取 53cm，厚度取 1.0cm。

两块靴梁板承受的线荷载为：
$$qB = 8.28 \times 480 = 3974.4(\text{N/mm}) = 3974.4(\text{kN/m})$$

承受的最大弯矩：$M = \dfrac{1}{2}qBl^2 = \dfrac{1}{2} \times 3974.4 \times 0.14^2 = 38.949(\text{kN} \cdot \text{m})$
$$\sigma = \frac{M}{W} = \frac{6 \times 38.949 \times 10^6}{2 \times 10 \times 530^2} = 41.60(\text{N/mm}^2) < 215(\text{N/mm}^2)。$$

剪力：$\quad V = qBl = 3974.4 \times 140 = 556416(\text{N}) = 556.416(\text{kN})。$
$$\tau = 1.5\frac{V}{2h\delta} = 1.5 \times \frac{556416}{2 \times 530 \times 10} = 78.74(\text{N/mm}^2) < 125(\text{N/mm}^2)$$

靴梁板与底板的连接焊缝和柱身与底板的连接焊缝传递全部柱的压力（取 $h_f = 10\text{mm}$），焊缝的总长度应为：
$$\sum l_w = 2 \times (580 - 2 \times 10) + 4 \times (140 - 2 \times 10) + 2 \times (280 - 2 \times 10) = 2120(\text{mm})。$$

验算焊脚尺寸：
$$h_f = \frac{N}{1.22 \times 0.7 \sum l_w f_w^f} = \frac{2280 \times 10^3}{1.22 \times 0.7 \times 2120 \times 160} = 7.87(\text{mm}) < 10\text{mm}，满足要求。$$

柱脚与基础的连接按构造用直径为 20mm 的锚栓两个。

6.10.3 压弯柱的柱脚

压弯构件与基础的连接有铰接柱脚和刚接柱脚两种类型。铰接柱脚不受弯矩，它的构造和计算方法与轴心受压柱的柱脚基本相同。刚接柱脚因同时承受压力和弯矩，构造上要保证传力明确，柱脚与基础之间的连接要兼顾强度和刚度，并要便于制造和安装。无论铰接还是刚接，柱脚都要传递剪力。对于一般单层厂房来说，剪力通常不大，底板与基础之间的摩擦就足以胜任。

当作用于柱脚的压力和弯矩都比较小，而且在底板与基础之间只承受不均匀压力时，可采取如图 6-85(a) 和 (b) 所示的构造方案。图 6-85(a) 和轴心受压柱的柱脚构造类同,在锚栓连接处焊一角钢,以增强连接刚性。当弯矩作用较大而要求较高的连接刚性时,可以采取如图 6-85(b) 所示的构造,此时锚栓通过用肋加强的短槽钢将柱脚与基础牢牢固定住。在图 6-85(b) 中底板的宽度 B 根据构造要求决定,要求板的悬伸部分 C 不宜超过 $2\sim3$cm。决定了底板的宽度以后,可根据底板下基础的压应力不超过混凝土抗压强度设计值的要求决定底板的长度 L,即:

$$\sigma_{\max} = \frac{N}{BL} + \frac{6M}{BL^2} \leqslant \beta_c f_c \tag{6-61}$$

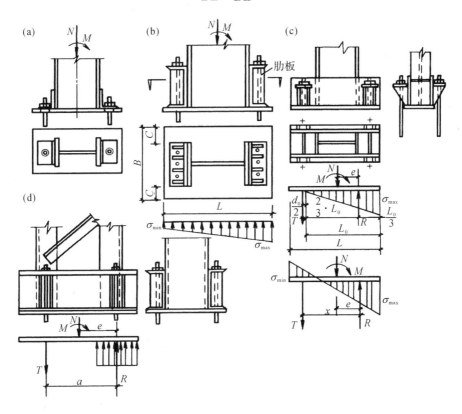

图 6-85　整体式柱脚

当作用于柱脚的压力和弯矩都比较大时,为使传到基础上的力分布开来和加强底板的抗弯能力,可采取如图 6-85(c) 和 (d) 带靴梁的构造方案。因为有弯矩作用,柱身与靴梁连接的两侧焊缝的受力是不相同的,但对于像图 6-85(c) 那样的构造方案,左右两侧的焊缝应用相同的焊脚尺寸,即按受力最大的右侧焊缝确定,以便于制作。

因为在底板和基础之间不能承受拉应力,当最小应力 $\sigma_{\min}$ 出现负值时,应由固定锚栓承担拉力。为保证柱脚嵌固于基础,固定锚栓的零件应有足够刚度。图 6-85(c) 和 (d) 分别是实腹式和格构式柱的刚性整体式柱脚。

当锚栓的拉力不很大时,需要的直径不会很大,这时锚栓的拉力可根据图 6-85(c) 所示的应力分布图确定:

$$T=\frac{M-Ne}{\frac{2L_0}{3}+\frac{d_0}{2}} \qquad (6\text{-}62)$$

式中：e——柱脚底板中心至受压区合力的距离；

$\quad d_0$——锚栓孔的直径；

$\quad L_0$——底板边缘至锚栓孔边缘的距离。

底板的长度 L 要根据最大压应力 σ_{max} 不大于混凝土的抗压强度设计值 f_c 确定。有了锚栓拉力后，就可得到底板受压区承受的总压力为 $R=N+T$。这样再根据底板下面的三角形应力分布图计算出最大压应力 σ_{max}，使其满足混凝土的抗压强度设计值。

另一种近似计算法是先把柱脚与基础之间看作能承受压应力和拉应力的弹性体，先算出在弯矩 M 与压力 N 共同作用下产生的最大压应力 σ_{max}，然后找出压应力区的合力点，该点至柱截面形心轴之间的距离为 e，至锚栓中心的距离为 x，根据力矩平衡条件：

$$T=\frac{M-Ne}{x} \qquad (6\text{-}63)$$

两种计算方法得到的锚栓拉力一般都偏大，得到的最大压应力 σ_{max} 都偏小，而后一种计算方法在轴线方向的力是不平衡的。

如果锚栓的拉力过大，则所需直径过粗。当锚栓直径大于 60mm 时，可根据底板受力的实际情况，采用如图 6-85(d) 所示的应力分布图，像计算钢筋混混凝土压弯构件中的钢筋一样确定锚栓的直径。锚栓的尺寸和其零件应符合附表 7-2 锚栓规格的要求。

底板的厚度原则上和轴心受压柱的柱脚底板一样确定。压弯构件底板各区格所承受的压应力虽然都不均匀，但在计算各区格底板的弯矩值时可以偏于安全地取该区格的最大压应力而不是它的平均应力。

对于肢间距离很大的格构柱，可在每个肢的端部设置如图 6-86 所示的独立柱脚，组成

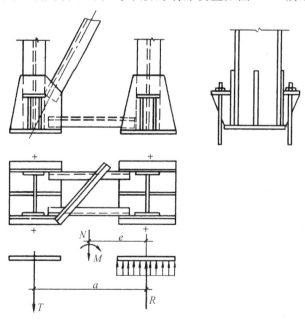

图 6-86　分离式柱脚

分离式柱脚。每个独立柱脚都根据分股可能产生的最大压力按轴心受压柱的柱脚设计,而锚栓的直径则根据分股可能产生的最大拉力确定。由于采用分离式柱脚,可节省钢材,制造也较简便。

为保证运输和安装时柱脚的整体刚性,可在分离柱脚的底板之间设置如图 6-86 所示的联系杆。

【例 6-14】 设计由两个 I25a 组成的缀条式结构柱的整体式柱脚。分股中心之间的距离为 220mm,作用于基础连接的压力设计值为 500kN,弯矩为 130kN·m,混凝土强度等级为 C25,锚栓用 Q235 钢,焊条为 E43 型。

【解】 柱脚的构造如图 6-87 所示。考虑了局部承压强度的提高后混凝土的抗压强度设计值 f_c 取 12.9N/mm^2。为了提高柱端的连接刚度,在两分肢的外侧用两根 [20a 的短槽钢与分肢和底板用角焊缝连接起来。底板上锚栓的孔径为 $d_0 = 60$mm。

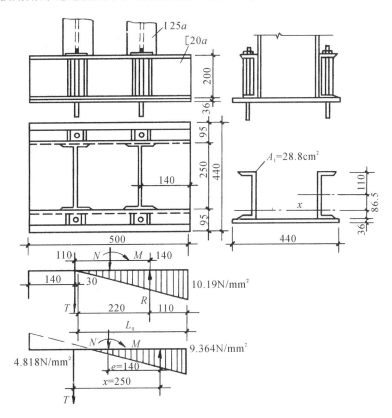

图 6-87　例 6-14 图

(1)确定底板的尺寸:

先确定底板的宽度 B,因为有两个槽钢,每个槽钢的宽度从附表 6-3 知为 73mm,每侧底板悬出 22mm,这样板宽 $B = 2 \times 95 + 250 = 440$(mm)。

根据基础的最大受压应力确定底板的长度 L。由 $\sigma_{max} = \dfrac{N}{A} + \dfrac{6M}{BL^2} = f_c$ 得:

$$\frac{500 \times 10^3}{440 \times L} + \frac{6 \times 130 \times 10^6}{440L^2} = 12.9,$$ 由此得到 $L = 384$mm,用 500mm。

先估计一下底板是否是全部受压：

$$\sigma_{max} = \frac{500 \times 10^3}{440 \times 500} + \frac{6 \times 130 \times 10^6}{440 \times 500^2} = 2.273 + 7.091 = 9.364 \, (\text{N/mm}^2)$$

$$\sigma_{min} = \frac{500 \times 10^3}{440 \times 500} - \frac{6 \times 130 \times 10^6}{440 \times 500^2} = 2.273 - 7.091 = -4.818 \, (\text{N/mm}^2)$$

σ_{min} 为负值，说明柱脚需要用锚栓来承担拉力。

(2) 确定锚栓直径：

先按照式(6-62)计算锚栓的拉力：

$$T = \frac{M - Ne}{\frac{2L_0}{3} + \frac{d_0}{2}} = \frac{130 \times 10^3 - 500 \times 140}{\frac{2}{3} \times 330 + \frac{60}{2}} = 240 \, (\text{kN})$$

所需锚栓的净面积 $A_n = \dfrac{T}{f_t^a} = \dfrac{240 \times 10^3}{140} = 1714 \, (\text{mm}^2) = 17.14 \, (\text{cm}^2)$

查附表 7-2，采用两个直径为 $d = 42\text{mm}$ 的锚栓，其有效截面积为 $2 \times 11.2 = 22.4\text{cm}^2$，符合受拉要求。

基础反力　　$R = N + T = 500 + 240 = 740 \, (\text{kN})$

受压区的最大压应力：

$$\sigma_{max} = \frac{R}{\frac{1}{2}BL_0} = \frac{740 \times 10^3}{\frac{1}{2} \times 440 \times 330} = 10.19 \, (\text{N/mm}^2) < 12.9\text{N/mm}^2$$

如用式(6-63)计算得到基础的受压长度应为：

$$L_0 = \frac{9.364}{9.364 + 4.818} \times 500 = 330.1 \, (\text{mm})$$

这样在本例题中用两种计算方法得到的 L_0 值是相同的，因此锚栓所受的拉力也一样，但是后一种方法却认为 $\sigma_{max} = 9.364\text{N/mm}^2$，显然是有出入的。

(3) 底板厚度：

在底板的三边支承部分因为基础所受压应力最大，边界条件较不利。因此这部分板所承受的弯矩最大。取 $q = 10.19\text{N/mm}^2$。由 $b_1 = 140\text{mm}$，$a_1 = 250\text{mm}$，查表 6-13 得到弯矩系数 $\beta = 0.066$，则单位板宽最大弯矩：

$$M = \beta q a_1^2 = 0.066 \times 10.19 \times 250^2 = 42034 \, (\text{N} \cdot \text{mm})$$

钢板的强度设计值取 $f = 205\text{N/mm}^2$，钢板厚度：

$$t = \sqrt{\frac{6M}{f}} = \sqrt{\frac{6 \times 42034}{205}} = 35.1 \, (\text{mm})$$

采用 36mm，厚度未超过 40mm。

(4) 验算靴梁强度：

靴梁的截面由两个槽钢和底板组成，先确定截面形心轴 x 的位置：

$$\bar{x} = \frac{440 \times 36 \times 118}{2 \times 2280 + 440 \times 36} = 86.5 \, (\text{mm})$$

靴梁截面的惯性矩为：

$$I_x = 2 \times 1780 \times 10^4 + 2 \times 2880 \times 86.5^2 + 440 \times 36 \times (13.5 + 18)^2 = 9442 \times 10^4 \, (\text{mm}^4)$$

靴梁承受的剪力偏于安全地取 $V = 10.19 \times 440 \times 140 = 627704 \, (\text{N})$

靴梁承受的弯矩偏于安全地取 $M=627704\times70=43939280(\text{N}\cdot\text{mm})$

靴梁的最大弯曲应力发生在截面上边缘，即：

$$\sigma=\frac{43939280\times186.5}{9442\times10^4}=86.79(\text{N/mm}^2)<215\text{N/mm}^2$$

（5）焊缝计算：

计算肢件与靴梁的连接焊缝，肢件承受的最大压力在右侧，即：

$$N_1=\frac{N}{2}+\frac{M}{220}=\frac{500}{2}+\frac{130\times10^3}{220}=840.9(\text{kN})$$

根据构造要求，取竖向焊缝的焊脚尺寸 $h_f=11\text{mm}$，则竖向焊缝的总长度为 $\sum l_f=4\times(200-22)=712(\text{mm})$，验算如下：

$$\tau_f=\frac{N_1}{0.7h_f\sum l_f}=\frac{840.9\times10^3}{0.7\times11\times712}=153.4(\text{N/mm}^2)<f_f^w=160\text{ N/mm}^2$$

槽钢与底板之间的连接焊缝承受剪力，但因剪力不大，焊脚尺寸可用 8mm。

6.11　梁柱节点

框架梁与柱的连接一般情况下采用刚性连接，其节点类型有柱贯通型和梁贯通型（见图 6-88）。为简化构造、方便施工，框架梁-柱节点采用柱贯通型。当主梁为箱形截面时，框架梁-柱节点宜采用梁贯通型。

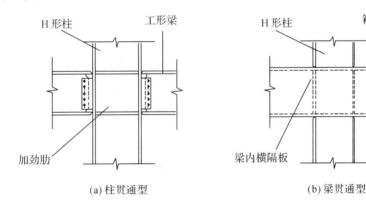

图 6-88　框架梁-柱节点类型

梁柱连接节点可采用栓焊混合连接、螺栓连接、焊接连接、端板连接、顶底角钢连接等构造。当框架梁与柱翼缘刚性连接时，梁翼缘与柱采用全熔透焊缝连接，梁腹板与柱采用高强度螺栓摩擦型连接（见图 6-89(a)），或悬臂梁段与柱采用全焊接连接（见图 6-89(b)）。

1. 构造要求

采用焊接连接或栓焊混合连接（梁翼缘与柱焊接，腹板与柱高强度螺栓连接）的梁柱刚接节点，其构造应符合下列规定：

（1）H 形钢柱腹板对应于梁翼缘部位宜设置横向加劲肋，箱形（钢管）柱对应于梁翼缘

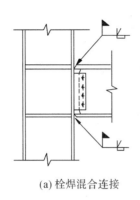
(a) 栓焊混合连接

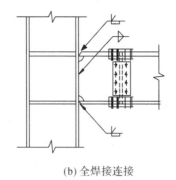
(b) 全焊接连接

图 6-89　框架梁与柱翼缘节点刚性连接

的位置宜设置水平隔板。

（2）梁柱节点宜采用柱贯通构造，当柱采用冷成型管截面或壁板厚度小于翼缘厚度较多时，梁柱节点宜采用隔板贯通式构造。

（3）节点采用隔板贯通式构造时，柱与贯通式隔板应采用全熔透坡口焊缝连接。贯通式隔板挑出长度 l 宜满足 $25\text{mm}\leqslant l\leqslant60\text{mm}$；隔板宜采用拘束度较小的焊接构造与工艺，其厚度不应小于梁翼缘厚度和柱壁板的厚度。当隔板厚度不小于 36mm 时，宜选用厚度方向钢板。

（4）梁柱节点区柱腹板加劲肋或隔板应符合下列规定：

①横向加劲肋的截面尺寸应经计算确定，其厚度不宜小于梁翼缘厚度；其宽度应符合传力、构造和板件宽厚比限值的要求。

②横向加劲肋的上表面宜与梁翼缘的上表面对齐，并以焊透的 T 形对接焊缝与柱翼缘连接。当梁与 H 形截面柱弱轴方向连接，即与腹板垂直相连形成刚接时，横向加劲肋与柱腹板的连接宜采用焊透对接焊缝。

③箱形柱中的横向隔板与柱翼缘的连接宜采用焊透的 T 形对接焊缝，对无法进行电弧焊的焊缝且柱壁板厚度不小于 16mm 的可采用熔化嘴电渣。

④当采用斜向加劲肋加强节点域时，加劲肋及其连接应能传递柱腹板所能承担剪力之外的剪力；其截面尺寸应符合传力和板件宽厚比限值的要求。

2. 节点域的计算

框架节点两侧梁端弯矩在重力荷载作用下，同为负弯矩，大体上能相互平衡，对节点域柱腹板基本上不产生水平剪力；但在水平荷载作用下，节点两侧梁端弯矩有较大的同方向的不平衡弯矩，使节点域的柱腹板承受较大的水平剪力。

（1）当梁柱采用刚性连接，对应于梁翼缘的柱腹板部位设置横向加劲肋时，节点域应符合下列规定：

①当横向加劲肋厚度不小于梁的翼缘板厚度时，节点域的受剪正则化宽厚比 $\lambda_{n,s}$ 不应大于 0.8；对单层和低层轻型建筑，$\lambda_{n,s}$ 不得大于 1.2。节点域的受剪正则化宽厚比 $\lambda_{n,s}$ 应按以下计算。

当 $h_c/h_b\geqslant1.0$ 时：

$$\lambda_{n,s} = \frac{h_b/t_w}{37\sqrt{5.34+4(h_b/h_c)^2}}\frac{1}{\varepsilon_k} \qquad (6\text{-}64\text{-}1)$$

当 $h_c/h_b < 1.0$ 时：

$$\lambda_{n,s} = \frac{h_b/t_w}{37\sqrt{4+5.34(h_b/h_c)^2}}\frac{1}{\varepsilon_k} \qquad (6\text{-}64\text{-}2)$$

式中：h_c、h_b——分别为节点域腹板的宽度和高度。

②节点域的承载力应满足下式要求：

$$\frac{M_{b1}+M_{b2}}{V_p} \leqslant f_{ps} \qquad (6\text{-}64\text{-}3)$$

H 形截面柱：

$$V_p = h_{b1}h_{c1}t_w \qquad (6\text{-}64\text{-}4)$$

箱形截面柱：

$$V_p = 1.8h_{b1}h_{c1}t_w \qquad (6\text{-}64\text{-}5)$$

圆管截面柱：

$$V_p = (\pi/2)h_{b1}d_ct_c \qquad (6\text{-}64\text{-}6)$$

式中：M_{b1}、M_{b2}——分别为节点域两侧梁端弯矩设计值；

V_p——节点域的体积；

h_{c1}——柱翼缘中心线之间的宽度和梁腹板高度；

h_{b1}——梁翼缘中心线之间的高度；

t_w——柱腹板节点域的厚度；

d_c——钢管直径线上管壁中心线之间的距离；

t_c——节点域钢管壁厚；

f_{ps}——节点域的抗剪强度。

③节点域的抗剪强度 f_{ps} 应据节点域受剪正则化宽厚比 $\lambda_{n,s}$ 按下列规定取值：

a. 当 $\lambda_{n,s} \leqslant 0.6$ 时，$f_{ps} = \frac{4}{3}f_v$；

b. 当 $0.6 < \lambda_{n,s} \leqslant 0.8$ 时，$f_{ps} = \frac{1}{3}(7-5\lambda_{n,s})f_v$；

c. 当 $0.8 < \lambda_{n,s} \leqslant 1.2$ 时，$f_{ps} = [1-0.75(\lambda_{n,s}-0.8)]f_v$；

d. 当轴压比 $\frac{N}{Af} > 0.4$ 时，受剪承载力 f_{ps} 应乘以修正系数，当 $\lambda_{n,s} \leqslant 0.8$ 时，修正系数可取为 $\sqrt{1-\left(\frac{N}{Af}\right)^2}$。

④当节点域厚度不满足式(6-64-3)的要求时，对 H 形截面柱节点域可采用下列补强措施：

a. 加厚节点域的柱腹板，腹板加厚的范围应伸出梁的上下翼缘外不小于 150mm；

b. 节点域处焊贴补强板加强，补强板与柱加劲肋和翼缘可采用角焊缝连接，与柱腹板采用塞焊连成整体，塞焊点之间的距离不应大于较薄焊件厚度的 $21\varepsilon_k$ 倍；

c. 设置节点域斜向加劲肋加强。

(2)梁柱刚性节点中当工字形梁翼缘采用焊透的 T 形对接焊缝与 H 形柱的翼缘焊接，

同时对应的柱腹板未设置水平加劲肋时,柱翼缘和腹板厚度应符合下列规定:

①在梁的受压翼缘处,柱腹板厚度 t_w 应同时满足:

$$t_w \geqslant \frac{A_{fb} f_b}{b_e f_c} \tag{6-65-1}$$

$$t_w \geqslant \frac{h_c}{30} \frac{1}{\varepsilon_{k,c}} \tag{6-65-2}$$

$$b_e = t_f + 5h_y \tag{6-65-3}$$

②在梁的受拉翼缘处,柱翼缘板的厚度 t_c 应满足下式要求:

$$t_c \geqslant 0.4 \sqrt{A_{ft} f_b / f_c} \tag{6-65-4}$$

式中:A_{fb}——梁受压翼缘的截面面积;

f_b、f_c——分别为梁和柱钢材抗拉、抗压强度设计值;

b_e——在垂直于柱翼缘的集中压力作用下,柱腹板计算高度边缘处压应力的假定分布长度;

h_y——自柱顶面至腹板计算高度上边缘的距离,对轧制型钢截面取柱翼缘边缘至内弧起点间的距离,对焊接截面取柱翼缘厚度;

t_f——梁受压翼缘厚度;

h_c——柱腹板的宽度;

$\varepsilon_{k,c}$——柱的钢号修正系数;

A_{ft}——梁受拉翼缘的截面面积。

思考题

6-1 简述钢结构连接的类型及特点。

6-2 角焊缝的尺寸有哪些要求? 为什么?

6-3 焊缝质量级别如何划分和应用?

6-4 对接焊缝如何计算? 在什么情况下对接焊缝可不必计算?

6-5 简述常用焊缝符号表示的意义。

6-6 焊接残余应力对结构性能有哪些影响?

6-7 通过哪些设计措施可以减小焊接残余应力和焊接残余变形?

6-8 受剪普通螺栓有哪几种可能的破坏形式? 如何防止?

6-9 简述普通螺栓连接与高强度螺栓摩擦型连接在弯矩作用下计算时的异同点。

6-10 高强度螺栓承压型和高强度螺栓摩擦型承受剪力作用时在传力和螺栓验算上有什么区别。

6-11 螺栓的排列有哪些形式和规定? 为何要规定螺栓排列的最大和最小间距要求?

6-12 影响高强度螺栓承载力的因素有哪些?

习 题

6-13 如图 6-90 所示的对接焊缝连接,钢材为 Q235,焊条为 E43 型,焊条电弧焊,焊缝质量为三级,施焊时加引弧板,已知:$f_t^w=185\text{N/mm}^2$,$f_c^w=215\text{N/mm}^2$,试求此连接能承受的最大荷载。

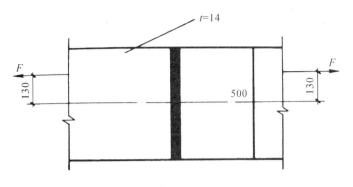

图 6-90　习题 6-13 图

6-14　如图 6-91 所示,双角钢(长肢相连)和节点板用直角角焊缝相连,采用三面围焊,钢材为 Q235,焊条电弧焊,焊条为 E43 型,已知:$h_f=8\text{mm}$,试求此连接能承担的最大静力 N。

6-15　图 6-92 所示角钢支托与柱用侧面角焊缝连接,焊脚尺寸 $h_f=10\text{mm}$,钢材为 Q345(Q355),焊条为 E50 型,焊条电弧焊。试计算焊缝所能承受的最大静力荷载设计值 F(焊缝有绕角,焊缝长度可以不减去 $2h_f$)。

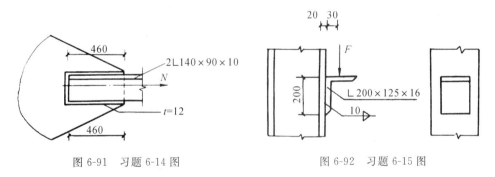

图 6-91　习题 6-14 图　　　　　　　图 6-92　习题 6-15 图

6-16　如图 6-93 所示的连接节点,斜杆承受轴向拉力设计值 $N=250\text{kN}$(静力荷载),钢材采用 Q235-BF,焊条为 E43 型,焊条电弧焊;螺栓连接为 M22C 级普通螺栓。试求:

(1)焊缝 A 的长度;

(2)当偏心距 $e_0=60\text{mm}$ 时,翼缘板与柱连接采用 10 个普通螺栓可否?

6-17　已知:连接承受静力荷载设计值 $P=300\text{kN}$,$N=240\text{kN}$,钢材为 Q235-BF,焊条为 E43 型,$f_f^w=160\text{N/mm}^2$,试计算图 6-94 所示角焊缝连接的焊脚尺寸。

6-18　两被连接钢板为—18×510,钢材为 Q235,承受轴心拉力 $N=1500\text{kN}$(设计值),对接处用双盖板并采用 M22 的 C 级普通螺栓拼接,试设计此连接。

6-19　按高强度螺栓摩擦型连接和承压型连接设计习题 6-18 中钢板的拼接,采用 8.8 级 M20($d_0=21.5\text{mm}$)的高强度螺栓,接触面采用喷砂处理。

(1)确定连接盖板的截面尺寸。

(2)计算需要的螺栓数目。如何布置?

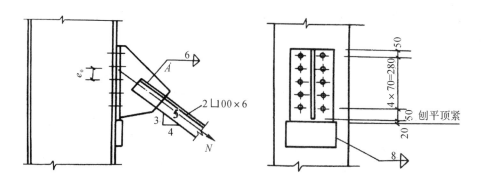

图 6-93　习题 6-16 图

（3）验算被连接钢板的强度。

6-20　试验算如图 6-95 所示的高强度螺栓摩擦型连接，钢材为 Q235，螺栓为 10.9 级，M20，连接接触面采用喷砂处理。

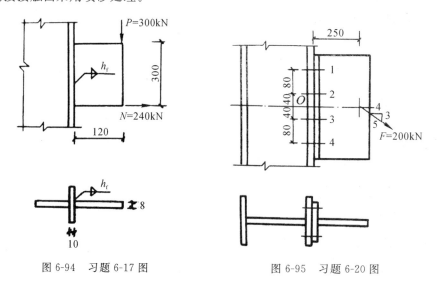

图 6-94　习题 6-17 图

图 6-95　习题 6-20 图

第7章 疲劳性能

7.1 疲劳破损概述

7.1.1 基本概念

脆性破坏的主要特征表现为断裂时伸长量极其微小（0.5%～0.6%），如果结构的最终破坏是由于其构件的脆性断裂导致的，则称结构发生了脆性破坏。对于脆性破坏的结构，几乎观察不到构件的塑性发展，因为没有预兆，脆性破坏的后果经常是灾难性的。脆性断裂破坏大致可分为如下五类：

（1）过载断裂

由于过载，强度不足而导致的断裂，这种断裂破坏发生的速度极高（可高达 2100m/s），后果极其严重。在钢结构中，过载断裂只出现在高强钢丝束、钢绞线和钢丝绳等脆性材料做成的构件。

（2）非过载断裂

塑性很好的钢构件在缺陷、低温等因素影响下突然呈脆性断裂。

（3）应力腐蚀断裂

在腐蚀性环境中承受静力或准静力荷载作用的结构，在远低于屈服极限的应力状态下发生的断裂称为应力腐蚀断裂。它是腐蚀和非过载断裂的综合结果。一般认为，强度越高对应力腐蚀断裂越敏感。其中，含碳量高的钢材尤其表现出对应力腐蚀断裂比较敏感。

（4）疲劳断裂与腐蚀疲劳断裂

在交变荷载作用下，裂纹的失稳扩展导致的断裂破坏称为疲劳断裂。疲劳断裂有高周和低周之分。循环周数在 105 以上者称为高周疲劳，属于钢结构中常见的情况。低周疲劳断裂前的周数只有几百或几十次，每次都有较大的非弹性变形。环境介质导致或加速疲劳裂纹的萌生和扩展称为腐蚀疲劳。

（5）氢脆断裂

氢脆断裂是氢在冶炼和焊接过程中侵入金属造成材料韧性降低而导致的断裂。

疲劳破损的过程本质是微裂纹的萌生、缓慢扩展和最终迅速断裂的过程，属脆性破坏。金属结构本体内不可避免的微小材质缺陷（包括分层之内的轧制缺陷）本身就是微裂纹或极易萌生微裂纹处。从这个意义上讲，钢结构疲劳破损的过程仅包括缓慢扩展及最终断裂。任何处于重复和交变应力场中的结构都可能发生疲劳破损。就土木工程结构而言，疲劳破损常见于桥梁和吊车梁的结构中。

7.1.2 一般规定

在低温下工作或制作安装的钢结构构件应进行防脆断设计。直接承受动力荷载重复作用的钢结构构件及其连接,当应力变化的循环次数 $n \geqslant 5 \times 10^4$ 时,应进行疲劳计算。疲劳计算应采用容许应力幅法,荷载采用标准值,应力按弹性状态计算,容许应力幅法按构件和连接类别、应力循环次数以及计算部位的板件厚度确定。对非焊接的构件和连接,其应力循环中不出现拉应力的部位可不计算疲劳强度。需计算疲劳的构件所用钢材应具有冲击韧性的合格保证,钢材质量等级应满足以下要求:

(1)焊接结构

需验算疲劳的焊接结构用钢材,当工作温度高于 0℃ 时其质量等级不应低于 B 级;当工作温度不高于 0℃ 但高于 -20℃ 时,Q235、Q345 钢不应低于 C 级,Q390、Q420 及 Q460 钢不应低于 D 级;当工作温度不高于 -20℃ 时,Q235 钢和 Q345 钢不应低于 D 级,Q390 钢、Q420 钢、Q460 钢应选用 E 级。

(2)非焊接结构

其钢材质量等级要求可较上述焊接结构降低一级但不应低于 B 级。吊车起重量不小于 50t 的中级工作制吊车梁,其质量等级要求应与需要验算疲劳的构件相同。

本章所讨论的结构构件极其连接的疲劳计算,不适用于下列情况:①构件表面温度高于 150℃;②处于海水腐蚀环境;③焊后经热处理消除残余应力;④构件处于低周-高应变疲劳状态。

7.2 疲劳计算

7.2.1 常幅疲劳

连续重复荷载之下应力往复变化一周叫作一个循环。应力循环特征常用应力比 ρ 来表示,其含义为绝对值最小与最大应力之比(拉应力取正值,压应力取负值)。图 7-1(a)所示的 $\rho = -1$,称为完全对称循环;图 7-1(b)所示的 $\rho = 0$,称为脉冲循环;图 7-1(c)、(d)所示的 ρ 在 0 与 -1 之间,称为不完全对称循环,但图 7-1(c)所示以拉应力为主,而图 7-1(d)所示则以压应力为主。

$\Delta\sigma$ 称为应力幅,表示构件某一点应力变化的幅度,是应力谱中最大应力与最小应力之差,即 $\Delta\sigma = \sigma_{max} - \sigma_{min}$,$\sigma_{max}$ 为每次应力循环中的最大拉应力(取正值),σ_{min} 为每次应力循环中的最小拉应力(取正值)或压应力(取负值)。如果重复作用的荷载数值不随时间变化,则在所有应力循环内的应力幅将保持常量,称为常幅疲劳。

7.2.2 疲劳强度 S-N 曲线

根据试验数据可以画出构件或连接的应力幅 $\Delta\sigma$ 或 $\Delta\tau$,与相应的致损循环次数 n(也称疲劳寿命)的关系曲线(见图 7-2)。目前国内外都常用双对数坐标轴的方法将曲线换算为

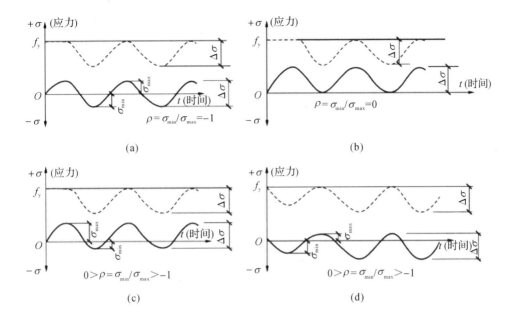

图 7-1　循环应力谱

直线以便于分析(见图 7-3)。在双对数坐标图中,疲劳直线方程为:

$$\lg n = b_1 - \beta \lg(\Delta\sigma) \tag{7-1}$$

或

$$n(\Delta\sigma)^\beta = 10^{b_1} = C_1 \tag{7-2}$$

式中:β——直线对纵坐标的斜率;

b_1——直线在横坐标轴上的截距;

n——循环次数。

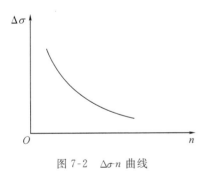

图 7-2　$\Delta\sigma$-n 曲线

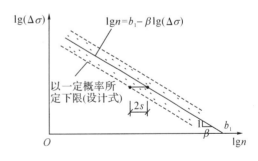

图 7-3　$\lg\Delta\sigma$-$\lg n$ 曲线

考虑到试验数据的离散性,取平均值减去 2 倍 $\lg n$ 的标准差($2s$)作为疲劳强度下限值(见图 7-3 中实线下方的虚线),如果 $\lg(\Delta\sigma)$ 为正态分布,则构件或连接抗力的保证率为 97.7%。下限值的直线方程为:

$$\lg n = b_1 - \beta \lg(\Delta\sigma) - 2s = b_2 - \beta \lg(\Delta\sigma)$$

或

$$n(\Delta\sigma)^\beta = 10^{b_2} = C \tag{7-3}$$

取此 $\Delta\sigma$ 作为容许应力幅:

$$[\Delta\sigma] = \left(\frac{C}{n}\right)^{\frac{1}{\beta}} \tag{7-4}$$

由于容许应力幅 $[\Delta\sigma]$ 随构件和连接形式不同而变化很大,《钢结构设计标准》(GB 50017)将正应力 σ 作用下构件和连接形式分为 14 类(Z1-Z14),剪应力幅 τ 作用下分为 3 类(J1-J3),详见表 7-1 至表 7-6。通过统计分析,得出各类连接下的 $\Delta\sigma$-n 曲线(见图 7-4)或 $\Delta\tau$-n 曲线(见图 7-5),也称疲劳强度 S-N 曲线,通过疲劳强度曲线(S-N 曲线)即可获得正应力 σ 或剪应力 τ 作用下,相应疲劳寿命下的容许应力幅 $[\Delta\sigma]$ 或 $[\Delta\tau]$。

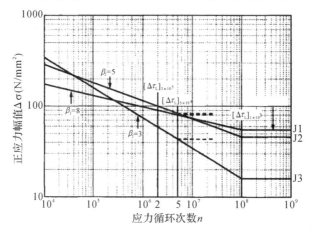

图 7-4　正应力幅疲劳强度 S-N 曲线

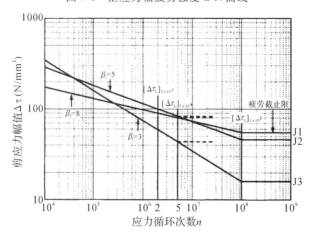

图 7-5　剪应力幅疲劳强度 S-N 曲线

疲劳计算的构件和连接分类(箭头表示计算应力幅的位置和方向)见表 7-1 至表 7-6。

表 7-1　非焊接的构件和连接分类

项次	构造细节	说明	类别
1		● 无连接处的母材轧制型钢	Z1

项次	构造细节	说明	类别
2		● 无连接处的母材 钢板 （1）两边为轧制边或刨边 （2）两侧为自动、半自动切割边 （切割质量标准应符合现行国家标准《钢结构工程施工质量验收规范》GB 50205）	Z1 Z2
3		● 连接螺栓和虚孔处的母材应力以净截面面积计算	Z4
4		● 螺栓连接处的母材 高强度螺栓摩擦型连接应力以毛截面面积计算；其他螺栓连接应力以净截面面积计算 ● 铆钉连接处的母材 连接应力以净截面面积计算	Z2 Z4
5		● 受拉螺栓的螺纹处母材 连接板件应有足够的刚度，保证不产生撬力。否则受拉正应力应考虑撬力及其他因素产生的全部附加应力 对于直径大于 30mm 螺栓，需要考虑尺寸效应对容许应力幅进行修正，修正系数 γ_t：$\gamma_t = \left(\dfrac{30}{d}\right)^{0.25}$ d——螺栓直径，单位为 mm	Z11

表 7-2　纵向传力焊缝的构件和连接分类

项次	构造细节	说明	类别
6		● 无垫板的纵向对接焊缝附近的母材焊缝符合二级焊缝标准	Z2
7		● 有连续垫板的纵向自动对接焊缝附近的母材 (1)无起弧、灭弧 (2)有起弧、灭弧	Z4 Z5
8		● 翼缘连接焊缝附近的母材 翼缘板与腹板的连接焊缝 自动焊,二级 T 形对接与角接组合焊缝 自动焊,角焊缝,外观质量标准符合二级 手工焊,角焊缝,外观质量标准符合二级 双层翼缘板之间的连接焊缝 自动焊,角焊缝,外观质量标准符合二级 手工焊,角焊缝,外观质量标准符合二级	Z2 Z4 Z5 Z4 Z5
9		● 仅单侧施焊的手工或自动对接焊缝附近的母材,焊缝符合二级焊缝标准,翼缘与腹板很好贴合	Z5
10		● 开工艺孔处焊缝符合二级焊缝标准的对接焊缝、焊缝外观质量符合二级焊缝标准的角焊缝等附近的母材	Z8

续表

项次	构造细节	说明	类别
11		● 节点板搭接的两侧面角焊缝端部的母材	Z10
		● 节点板搭接的三面围焊时两侧角焊缝端部的母材	Z8
		● 三面围焊或两侧面角焊缝的节点板母材（节点板计算宽度按应力扩散角 θ 等于 30°考虑）	Z8

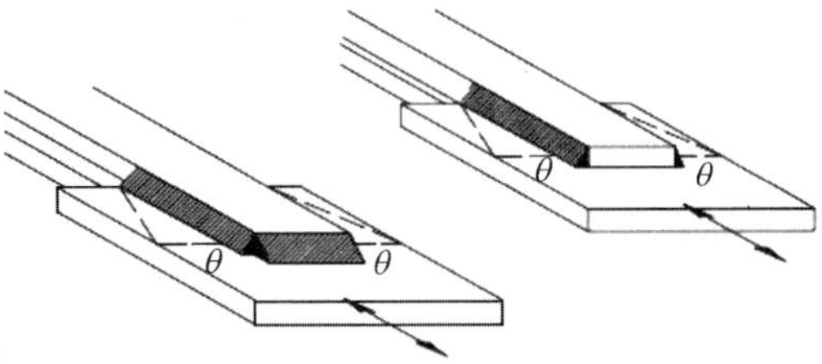

表 7-3　横向传力焊缝的构件和连接分类

项次	构造细节	说明	类别
12		● 横向对接焊缝附近的母材,轧制梁对接焊缝附近的母材 符合现行国家标准《钢结构工程施工质量验收规范》(GB 50205)的一级焊缝,且经加工、磨平	Z2
		符合现行国家标准《钢结构工程施工质量验收规范》(GB 50205)的一级焊缝	Z4
13		● 不同厚度（或宽度）横向对接焊缝附近的母材 符合现行国家标准《钢结构工程施工质量验收规范》(GB 50205)的一级焊缝,且经加工、磨平	Z2
		符合现行国家标准《钢结构工程施工质量验收规范》(GB 50205)的一级焊缝	Z4
14	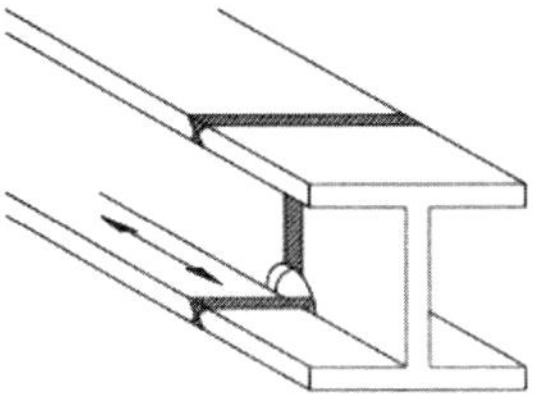	● 有工艺孔的轧制梁对接焊缝附近的母材,焊缝加工成平滑过渡并符合一级焊缝标准	Z6

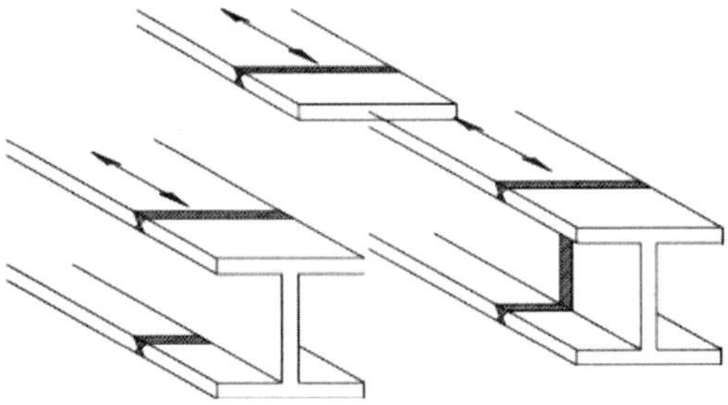

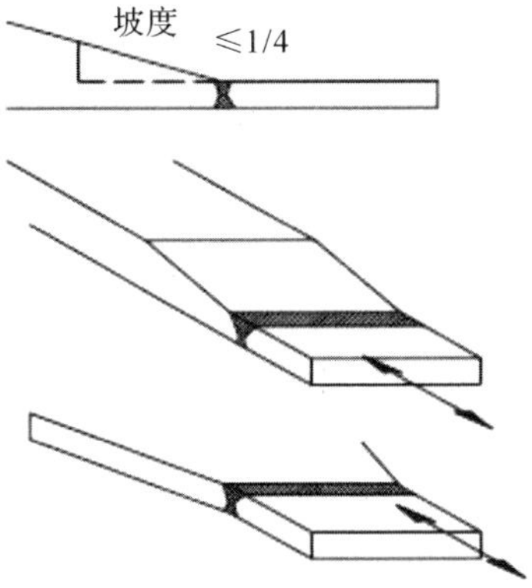

续表

项次	构造细节	说明	类别
15		● 带垫板的横向对接焊缝附近的母材 垫板端部超出母板距离 d 　　$d \geqslant 10\text{mm}$ 　　$d < 10\text{mm}$	Z8 Z11
16		● 节点板搭接的端面角焊缝的母材	Z7
17		● 不同厚度直接横向对接焊缝附近的母材,焊缝等级为一级,无偏心	Z8
18		● 翼缘盖板中断处的母材(板端有横向端焊缝)	Z8
19		● 十字形连接、T 形连接 (1)K 形坡口、T 形对接与角接组合焊缝处的母材,十字形连接两侧轴线偏离距离小于 $0.15t$,焊缝为二级,焊趾角 $\alpha \leqslant 45°$ (2)角焊缝处的母材,十字形连接两侧轴线偏离距离小于 $0.15t$	Z6 Z8

续表

项次	构造细节	说明	类别
20	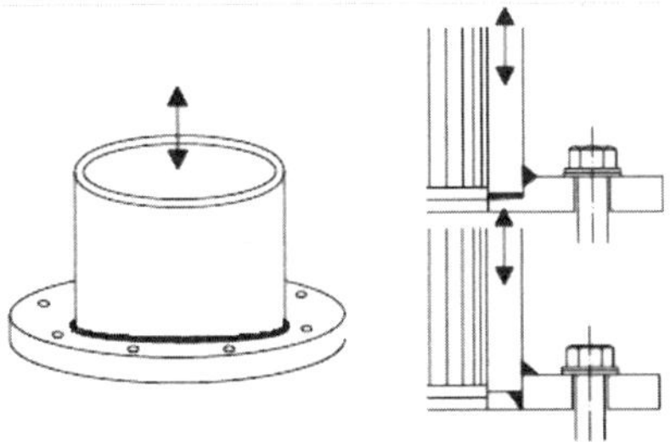	● 法兰焊缝连接附近的母材 (1)采用对接焊缝,焊缝为一级 (2)采用角焊缝	Z8 Z13

表 7-4　非传力焊缝的构件和连接分类

项次	构造细节	说明	类别
21	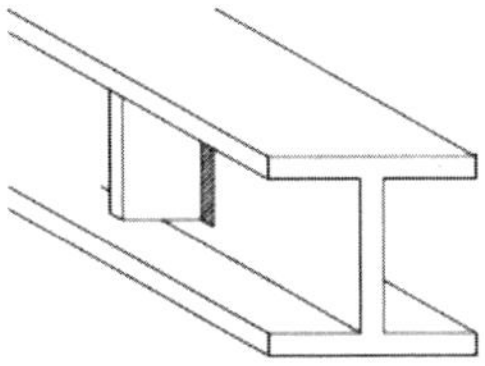	● 横向加劲肋端部附近的母材 肋端焊缝不断弧(采用回焊) 肋端焊缝断弧	Z5 Z6
22	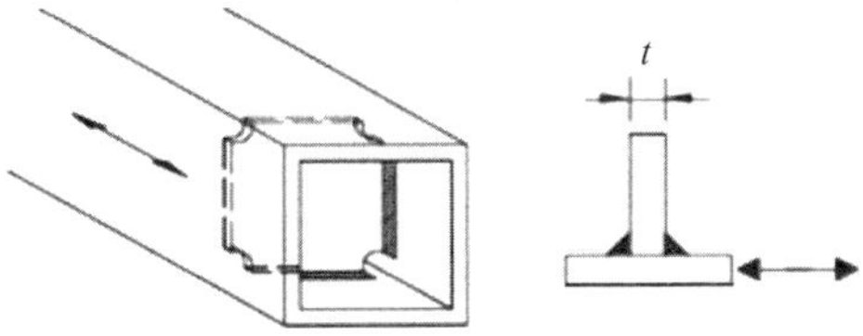	● 横向焊接附件附近的母材 (1) $t \leqslant 50mm$ (2) $50mm < t < 80mm$ t 为焊接附件的板厚	Z7 Z8
23	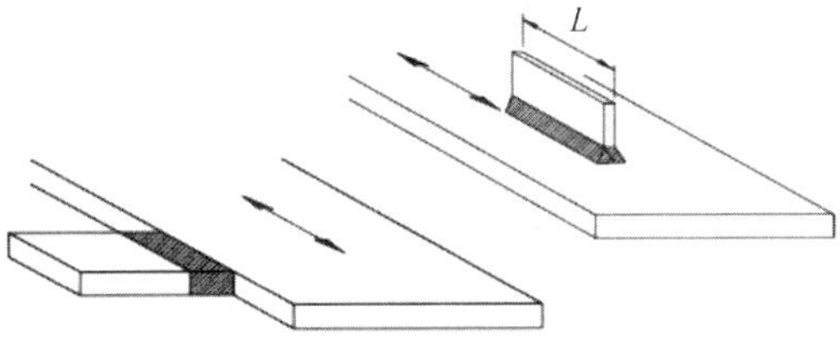	● 矩形节点板焊接于构件翼缘或腹板处的母材 (节点板焊缝方向的长度 $L >$ 150mm)	Z8
24	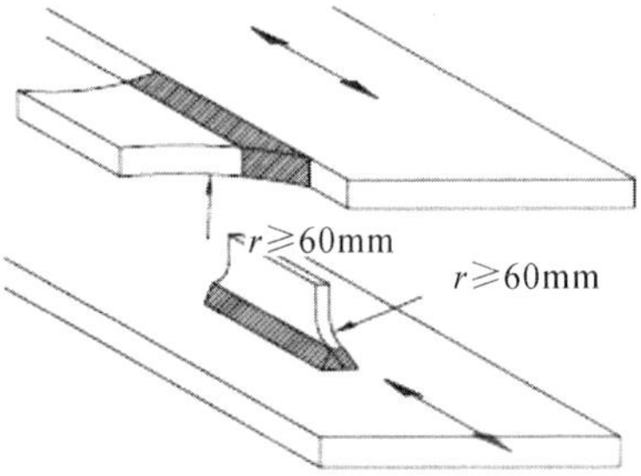	● 带圆弧的梯形节点板用对接焊缝焊于梁翼缘、腹板以及桁架构件处的母材,圆弧过渡处在焊后铲平、磨光、圆滑过渡,不得有焊接起弧、灭弧缺陷	Z6

续表

项次	构造细节	说明	类别
25	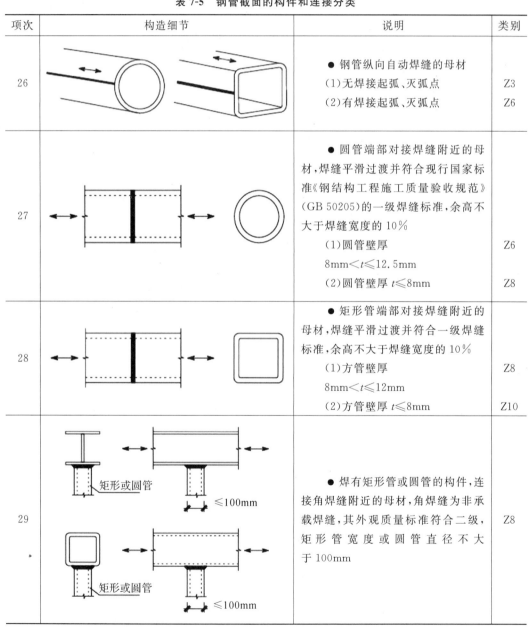	● 焊接剪力栓钉附近的钢板母材	Z7

表 7-5 钢管截面的构件和连接分类

项次	构造细节	说明	类别
26		● 钢管纵向自动焊缝的母材 (1)无焊接起弧、灭弧点 (2)有焊接起弧、灭弧点	Z3 Z6
27		● 圆管端部对接焊缝附近的母材,焊缝平滑过渡并符合现行国家标准《钢结构工程施工质量验收规范》(GB 50205)的一级焊缝标准,余高不大于焊缝宽度的 10% (1)圆管壁厚 8mm<t≤12.5mm (2)圆管壁厚 t≤8mm	Z6 Z8
28		● 矩形管端部对接焊缝附近的母材,焊缝平滑过渡并符合一级焊缝标准,余高不大于焊缝宽度的 10% (1)方管壁厚 8mm<t≤12mm (2)方管壁厚 t≤8mm	Z8 Z10
29		● 焊有矩形管或圆管的构件,连接角焊缝附近的母材,角焊缝为非承载焊缝,其外观质量标准符合二级,矩形管宽度或圆管直径不大于 100mm	Z8

项次	构造细节	说明	类别
30		● 通过端板采用对接焊缝拼接的圆管母材,焊缝符合一级质量标准 　(1)圆管壁厚 　$8\text{mm}<t\leqslant12.5\text{mm}$ 　(2)圆管壁厚 $t\leqslant8\text{mm}$	Z10 Z11
31		● 通过端板采用对接焊缝拼接的矩形管母材,焊缝符合一级质量标准 　(1)方管壁厚 　$8\text{mm}<t\leqslant12.5\text{mm}$ 　(2)方管壁厚 $t\leqslant8\text{mm}$	Z11 Z12
32		● 通过端板采用角焊缝拼接的圆管母材,焊缝外观质量标准符合二级,管壁厚度 $t\leqslant8\text{mm}$	Z13
33		● 通过端板采用角焊缝拼接的矩形管母材,焊缝外观质量标准符合二级,管壁厚度 $t\leqslant8\text{mm}$	Z14
34		● 钢管端部压扁与钢板对接焊缝连接(仅适用于直径小于 200mm 的钢管),计算时采用钢管的应力幅	Z8
35		● 钢管端部开设槽口与钢板角焊缝连接,槽口端部为圆弧,计算时采用钢管的应力幅 　(1)倾斜角 $\alpha\leqslant45°$ 　(2)倾斜角 $\alpha>45°$	Z8 Z9

表 7-6　剪应力作用下的构件和连接分类

项次	构造细节	说明	类别
36		● 各类受剪角焊缝剪应力按有效截面计算	J1
37		● 受剪力的普通螺栓采用螺杆截面的剪应力	J2
38		● 焊接剪力栓钉采用栓钉名义截面的剪应力	J3

7.2.3　变幅疲劳

实际结构大部分承受的是变幅循环应力的作用(见图 7-6 中实线),而不是常幅循环应力,比如吊车梁的受力就是变幅的,因为吊车不是每次都满载运行,吊车小车也不是总处于极限位置,此外吊车运行速度及吊车轨道偏移与维修情况也经常不同,所以每次循环的应力幅水平不是都达到最大值,实际上是时常处于欠载状态的变幅疲劳。如果按 $\sigma_{\max}$ 简化成常幅循环应力(图 7-6 中虚线)去验算则过于保守。

实用的方法是从随机谱中提出若干个应力谱 $\Delta\sigma_i$,并确定和它们相对应的频数 n_i,然后,按照线性累积损伤准则(亦称 Miner 规则或 Palmgren-Miner 规则),找出一个等效应力幅 $\Delta\sigma_e$(或 $\Delta\tau_e$),然后按常幅疲劳相同的方式来进行疲劳验算。Miner 规则的表达式是:

$$\sum \frac{n_i}{N_i} = \frac{n_1}{N_1} + \frac{n_2}{N_2} + \frac{n_3}{N_3} + \cdots + \frac{n_n}{N_n} = 1 \qquad (7-5)$$

式中:$n_i(i=1,2,\cdots,n)$ 为应力幅 $\Delta\sigma_i$ 作用的循环次数,N_i 为对应应力幅 $\Delta\sigma_i$ 的疲劳寿命,比值 $\dfrac{n_i}{N_i}$ 则为应力幅 $\Delta\sigma_i$ 所造成的损失率,当损失率之和达到 1 时构件发生疲劳破坏。

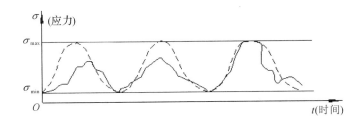

图 7-6　变幅疲劳的应力谱

7.2.4　疲劳验算

1. 在结构使用寿命期间,当常幅疲劳或变幅疲劳的最大应力幅符合下列公式时,疲劳强度满足要求。

(1)正应力疲劳计算:

$$\Delta\sigma < \gamma_t\left[\Delta\sigma_L\right]_{1\times10^8} \tag{7-6-1}$$

焊接部位:

$$\Delta\sigma = \sigma_{max} - \sigma_{min} \tag{7-6-2}$$

非焊接部位:

$$\Delta\sigma = \sigma_{max} - 0.7\sigma_{min} \tag{7-6-3}$$

(2)剪应力疲劳计算:

$$\Delta\tau < \left[\Delta\tau_L\right]_{1\times10^8} \tag{7-6-4}$$

焊接部位:

$$\Delta\tau = \tau_{max} - \tau_{min} \tag{7-6-5}$$

非焊接部位:

$$\Delta\tau = \tau_{max} - 0.7\tau_{min} \tag{7-6-6}$$

(3)板厚或直径修正系数 γ_t 应按下列规定采用:

①对于横向角焊缝连接和对接焊缝连接,当连接板厚 t 超过 25mm 时,应按下式计算:

$$\gamma_t = \left(\frac{25}{t}\right)^{0.25} \tag{7-6-7}$$

②对于螺栓轴向受拉连接,当螺栓的公称直径 d 大于 30mm 时,应按下式计算:

$$\gamma_t = \left(\frac{30}{d}\right)^{0.25} \tag{7-6-8}$$

③其余情况取 $\gamma_t = 1.0$。

式中:$\Delta\sigma$——构件或连接计算部位的正应力幅;

　　　σ_{max}——计算部位应力循环中的最大拉应力(取正值);

　　　σ_{min}——计算部位应力循环中的最小拉应力(取正值)或压应力(取负值);

　　　$\Delta\tau$——构件或连接计算部位的剪应力幅;

　　　τ_{max}——计算部位应力循环中的最大剪应力;

　　　τ_{min}——计算部位应力循环中的最小剪应力;

　　　$\left[\Delta\sigma_L\right]_{1\times10^8}$——正应力幅疲劳截止限,根据表 7-1 至表 7-5 规定的构件和连接类别按

表 7-7 采用；

$[\Delta\tau_L]_{1\times10^8}$——剪应力幅疲劳截止限，根据表 7-6 规定的构件和连接类别按表 7-8 采用。

表 7-7　正应力幅的疲劳计算参数

构件与连接类别	构件与连接相关系数		循环次数 n 为 2×10^6 次的容许正应力幅 $[\Delta\sigma]_{2\times10^6}$（N/mm²）	循环次数 n 为 5×10^6 次的容许正应力幅 $[\Delta\sigma]_{5\times10^6}$（N/mm²）	疲劳截止限 $[\Delta\sigma_L]_{1\times10^8}$（N/mm²）
	C_Z	β_Z			
Z1	1920×10^{12}	4	176	140	85
Z2	861×10^{12}	4	144	115	70
Z3	3.91×10^{12}	3	125	92	51
Z4	2.81×10^{12}	3	112	83	46
Z5	2.00×10^{12}	3	100	74	41
Z6	1.46×10^{12}	3	90	66	36
Z7	1.02×10^{12}	3	80	59	32
Z8	0.72×10^{12}	3	71	52	29
Z9	0.50×10^{12}	3	63	46	25
Z10	0.35×10^{12}	3	56	41	23
Z11	0.25×10^{12}	3	50	37	20
Z12	0.18×10^{12}	3	45	33	18
Z13	0.13×10^{12}	3	40	29	16
Z14	0.09×10^{12}	3	36	26	14

表 7-8　剪应力幅的疲劳计算参数

构件与连接类别	构件与连接相关系数		循环次数 n 为 2×10^6 次的容许剪应力幅 $[\Delta\tau]_{2\times10^6}$（N/mm²）	疲劳截止限 $[\Delta\tau_L]_{1\times10^8}$（N/mm²）
	C_J	β_J		
J1	4.10×10^{11}	3	59	16
J2	2.00×10^{16}	5	100	46
J3	8.61×10^{11}	8	90	55

2. 当常幅疲劳计算不能满足式(7-6-1)或式(7-6-4)要求时，应按下列规定进行计算：

(1)正应力幅的疲劳计算应符合下列公式规定：

$$\Delta\sigma\leqslant\gamma_t[\Delta\sigma] \tag{7-7-1}$$

当 $n\leqslant5\times10^6$ 时：

$$[\Delta\sigma]=\left(\frac{C_Z}{n}\right)^{\frac{1}{\beta_Z}} \tag{7-7-2}$$

当 $5\times10^6<n\leqslant1\times10^8$ 时：

$$[\Delta\sigma]=\left[([\Delta\sigma]_{5\times10^6})\frac{C_Z}{n}\right]^{\frac{1}{(\beta_Z+2)}} \tag{7-7-3}$$

当 $n > 1 \times 10^8$ 时：

$$[\Delta\sigma] = [\Delta\sigma_{\mathrm{L}}]_{1 \times 10^8} \tag{7-7-4}$$

（2）剪应力幅的疲劳计算应符合下列公式规定：

$$\Delta\tau \leqslant [\Delta\tau] \tag{7-7-5}$$

当 $n \leqslant 1 \times 10^8$ 时：

$$[\Delta\tau] = \left(\frac{C_{\mathrm{J}}}{n}\right)^{\frac{1}{\beta_{\mathrm{J}}}} \tag{7-7-6}$$

当 $n > 1 \times 10^8$ 时：

$$[\Delta\tau] = [\Delta\tau_{\mathrm{L}}]_{1 \times 10^8} \tag{7-7-7}$$

式中：$[\Delta\sigma]$——常幅疲劳的容许正应力幅；

　　n——应力循环次数；

　　C_{Z}、β_{Z}——构件和连接的相关参数，应根据表 7-1 至表 7-5 规定的构件和连接类别按表 7-7 采用；

　　$[\Delta\sigma]_{5 \times 10^6}$——循环次数 n 为 5×10^6 次的容许正应力幅，应根据表 7-1 至表 7-5 规定的构件和连接类别按表 7-7 采用；

　　$[\Delta\tau]$——常幅疲劳的容许剪应力幅；

　　C_{J}、β_{J}——构件和连接的相关参数，应根据表 7-6 规定的构件和连接类别按表 7-8 采用。

3. 当变幅疲劳的计算不能满足式（7-6-1）或式（7-6-4）要求时，可按下列公式规定计算：

（1）正应力幅的疲劳计算应符合下列公式规定：

$$\Delta\sigma_{\mathrm{e}} \leqslant \gamma_{\mathrm{t}} [\Delta\sigma]_{2 \times 10^6} \tag{7-8-1}$$

$$\Delta\sigma_{\mathrm{e}} = \left[\frac{\sum n_i (\Delta\sigma_i)^{\beta_{\mathrm{Z}}} + ([\Delta\sigma]_{5 \times 10^6})^{-2} \sum n_j (\Delta\sigma_j)^{\beta_{\mathrm{Z}}+2}}{2 \times 10^6}\right]^{\frac{1}{\beta_{\mathrm{Z}}}} \tag{7-8-2}$$

（2）剪应力幅的疲劳计算应符合下列公式规定：

$$\Delta\tau_{\mathrm{e}} \leqslant [\Delta\tau]_{2 \times 10^6} \tag{7-8-3}$$

$$\Delta\tau_{\mathrm{e}} = \left[\frac{\sum n_i (\Delta\tau_i)^{\beta_{\mathrm{J}}}}{2 \times 10^6}\right]^{\frac{1}{\beta_{\mathrm{J}}}} \tag{7-8-4}$$

式中：$\Delta\sigma_{\mathrm{e}}$——由变幅疲劳预期使用寿命（总循环次数 $n = \sum n_i + \sum n_j$）折算成循环次数 n 为 2×10^6 次的等效正应力幅；

　　$[\Delta\sigma]_{2 \times 10^6}$——循环次数 n 为 2×10^6 次的容许正应力幅，应根据表 7-1 至表 7-5 规定的构件和连接类别按表 7-7 采用；

　　$\Delta\sigma_i$、n_i——应力谱中在 $\Delta\sigma_i \geqslant [\Delta\sigma]_{5 \times 10^6}$ 范围内的正应力幅及其频次；

　　$\Delta\sigma_j$、n_j——应力谱中在 $[\Delta\sigma_{\mathrm{L}}]_{1 \times 10^8} \leqslant \Delta\sigma_j < [\Delta\sigma]_{5 \times 10^6}$ 范围内的正应力幅及其频次；

　　$\Delta\tau_{\mathrm{e}}$——由变幅疲劳预期使用寿命（总循环次数 $n = \sum n_i$）折算成循环次数 n 为 2×10^6 次的等效剪应力幅；

　　$[\Delta\tau]_{2 \times 10^6}$——循环次数 n 为 2×10^6 次的容许剪应力幅，应根据表 7-6 规定的构件和连接类别按表 7-8 采用；

$\Delta\tau_i$、n_i——应力谱中在 $\Delta\tau_i \geqslant [\Delta\tau_L]_{1\times10^8}$ 范围内的剪应力幅及其频次。

4. 重级工作制吊车梁和重级、中级工作制吊车桁架的变幅疲劳可取应力循环中最大的应力幅按下列公式计算：

(1)正应力幅的疲劳计算应符合下式要求：
$$\alpha_f\Delta\sigma\leqslant\gamma_t[\Delta\sigma]_{2\times10^6} \tag{7-9-1}$$

(2)剪应力幅的疲劳计算应符合下式要求：
$$\alpha_f\Delta\tau\leqslant[\Delta\tau]_{2\times10^6} \tag{7-9-2}$$

式中：α_f——欠载效应系数，按表 7-9 采用。

表 7-9　吊车梁和吊车桁架欠载效应系数 α_f

吊车类别	α_f
A6、A7、A8 工作级别(重级)的硬钩吊车	1.0
A6、A7 工作级别(重级)的软钩吊车	0.8
A4、A5 工作级别(中级)的吊车	0.5

5. 直接承受动力荷载重复作用的高强度螺栓连接,疲劳计算应符合下列原则：
①抗剪摩擦型连接可不进行疲劳验算,但其连接处开孔主体金属应进行疲劳计算；
②栓焊并用连接应按全部剪力由焊缝承担的原则,对焊缝进行疲劳计算。

【例 7-1】某连接节点,如图 7-7 所示,钢材为 Q235,预期疲劳寿命 $n=2\times10^6$,轴心受拉构件的最大拉力和最小拉力标准值为 $N_{max}=500kN$ 和 $N_{min}=350kN$,试对该节点进行常幅疲劳验算。

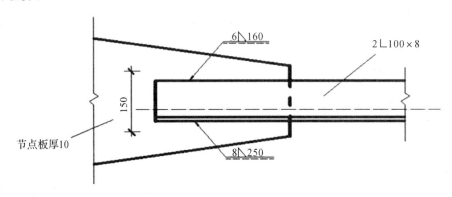

图 7-7　例 7-1 图

【解】(1)节点板疲劳校核：

查表 7-2 可知,该连接情况下,节点板母材验算类别为 Z8,查表 7-7,可得 $[\Delta\sigma_L]_{1\times10^8}=29N/mm^2$;疲劳校核截面位于距板边缘 160mm 处(偏于安全地假定角钢中的拉力在该处已完全传到节点板上),计及应力在节点板内的扩散角(30°),取 $\gamma_t=1.0$;先按式(7-6-1)进行验算：

$$\Delta\sigma=\frac{(500-350)\times10^3}{(150+2\times160\tan30°)\times10}=44.81(N/mm^2)\geqslant\gamma_t[\Delta\sigma_L]_{1\times10^8}\quad 不满足要求;$$

接下来,按式(7-7-1)进行验算。

由于预期疲劳寿命 $n=2\times10^6$,可由表 7-7,直接查得:$[\Delta\sigma]=71\mathrm{N/mm^2}$

故:$\Delta\sigma\leqslant\gamma_t[\Delta\sigma]$,满足要求。

(2)构件校核:查表 7-2 可知,该连接情况下,构件母材验算类别为 Z10,查表 7-7,可得 $[\Delta\sigma_L]_{1\times10^8}=23\mathrm{N/mm^2}$;两角钢截面积为 $2\times1564\mathrm{mm^2}$,先按式先按式(7-6-1)进行验算。

$$\Delta\sigma=\frac{(500-350)\times10^3}{2\times1564}=47.96(\mathrm{N/mm^2})\geqslant\gamma_t[\Delta\sigma_L]_{1\times10^8}\qquad 不满足要求;$$

接下来,按式(7-7-1)进行验算。

由于预期疲劳寿命 $n=2\times10^6$,可由表 7-7,直接查得:$[\Delta\sigma]=56\mathrm{N/mm^2}$

故:$\Delta\sigma\leqslant\gamma_t[\Delta\sigma]$,满足要求。

(3)连接焊缝疲劳校核:该焊缝承受剪力,查表 7-6 可知,该连接情况下,焊缝验算类别为 J1,查表 7-8,可得 $[\Delta\tau_L]_{1\times10^8}=16\mathrm{N/mm^2}$,先按式(7-6-4)进行验算。

$$肢背焊缝:\Delta\tau=\frac{0.7\times(500-350)\times10^3}{2\times0.7\times8\times(250-16)}=40.06(\mathrm{N/mm^2})\geqslant[\Delta\tau_L]_{1\times10^8}\qquad 不满足要求;$$

$$肢尖焊缝:\Delta\tau=\frac{0.3\times(500-350)\times10^3}{2\times0.7\times6\times(160-12)}=36.20(\mathrm{N/mm^2})\geqslant[\Delta\tau_L]_{1\times10^8}\qquad 不满足要求;$$

接下来,按式(7-7-5)进行验算。

由于预期疲劳寿命 $n=2\times10^6$,可由表 7-8,直接查得:$[\Delta\tau]=59\mathrm{N/mm^2}$

故:肢背焊缝 $\Delta\tau=40.06\mathrm{N/mm^2}\leqslant[\Delta\tau]$　满足要求;

　　肢尖焊缝 $\Delta\tau=36.20\mathrm{N/mm^2}\leqslant[\Delta\tau]$　满足要求。

7.3　改善结构疲劳性能的措施

改善结构疲劳性能应当从影响疲劳寿命的主要因素入手。一方面,钢材选择应满足《钢结构设计标准》(GB 50017)要求;另一方面,在设计中应采用合理的构造细节,减小应力集中程度,从而使结构的尺寸由静力(强度、稳定)计算而不是由疲劳计算来控制。除此之外,在施工过程中,要严格控制质量,并采用一些有效的工艺措施,减少初始裂纹的数量和尺寸。当然,无论是为了降低应力幅而增大截面尺寸,还是采用高韧性材料或加强施工质量控制,都会提高造价,应综合考虑,采用最佳方案。

7.3.1　抗疲劳的构造设计

(1)无论是从抗脆断还是从抗疲劳的角度出发,都要求设计者选择应力集中程度低的构造方案。应力集中通常出现于结构表面的凹凸处或截面的突变处。因此在板的拼接中,能采用对接焊缝时就应避免采用拼接板加角焊缝的方式。焊于构件的节点板宜有连续光滑的圆弧过渡段。

(2)要尽量避免多条焊缝相互交汇而导致过高残余拉应力的出现。尤其是三条在空间相互垂直的焊缝交于一点时,将造成三轴拉应力的不利状况。为此,如图 7-8(a)所示,在设计承受疲劳荷载的受弯构件时,常不将横向加劲肋与构件的受拉翼缘连接,而是保持一段距离,一般取 50~100mm。如果是重级工作制吊车梁,则要求通过对加劲肋端部进行疲劳校核来确定这段距离。对于连接横向支撑处的横向加劲肋,可以使横向加劲肋和受拉翼缘顶紧不焊。保持腹板与加劲肋 50～100mm 不焊,如图 7-8(b)所示。

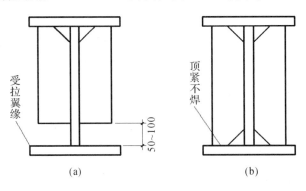

图 7-8　横向加劲肋端部处理

(3)当应力集中不可避免时,应尽可能将其设置于低应力区,这也是抗疲劳设计的措施之一。

7.3.2　改善结构疲劳性能的工艺措施

(1)除了冷热加工环节外,承受疲劳荷载的构件在运输、安装甚至临时堆放的每一个施工环节中,都可能由于操作不当而造成构件疲劳性能的损伤。例如,构件在长途运输中如果没有正确的支垫和固定,则由于振动可以诱发裂纹;安装现场,在构件的受拉区临时焊接小零件,也会增加构件的裂纹萌发源等。因此,在整个施工过程中,对承受疲劳荷载的构件做好严格的质重管理是很有意义的。另外,在承受疲劳荷载的构件加工完毕后,可以采取一些工艺措施来改善疲劳性能。这些措施包括缓和应力集中程度、消除切口以及在表层形成压缩残余应力。

(2)焊缝表面的光滑处理经常能有效地缓和应力集中,表面光滑处理最普通的方法是打磨。打磨掉对接焊缝的余高,在焊缝内部没有显著缺陷时,可使疲劳强度得到有效提高。打磨角焊缝焊趾,可以改善它的疲劳性能。要得到较好的效果,必须如图 7-9 所示 B 缝那样把板磨去一层,不仅磨去切口,还要磨去 0.5mm 以除去侵入的焊渣。这样做虽然使钢板截面稍有削弱,但影响并不大。如果只是像图中 A 缝那样磨去部分焊

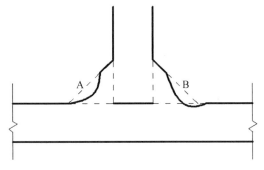

图 7-9　角焊缝打磨

缝,就得不到改善效果。图 7-9 所示是横向角焊缝,对于纵向受力角焊缝,则可打磨它的端部,使截面变化比较平和。打磨后的表面不应存在明显的刻痕。消除切口、焊渣等焊接缺陷,还可运用气体保护钨弧使角焊缝趾部重新熔化的方法。由于钨极弧焊不会在趾部产生焊渣侵入,只要使重新熔化的深度足够,原有切口、裂缝以及侵入的焊渣都可以消除,从而使疲劳性能得到改善。这种方法在不同应力幅情况下疲劳寿命都能同样提高。

(3)残余压应力是减缓裂纹扩展的有利因素。通过工艺措施,有意识地在焊缝和近旁金

属的表层形成压缩残余应力,是改善疲劳性能的一个有效手段。常用方法是锤击敲打和喷射金属丸粒。其机理是:被处理的金属表层在冲击性的敲打作用下趋于侧向扩张,但被周围的材料所约束,从而产生残余压应力。同时,敲击造成的冷作硬化也使疲劳强度提高,冲击性的敲打还使尖锐的切口得到缓减。梁的疲劳试验已经表明,这种工艺措施宜在构件安装就位后承受恒载工况下进行,否则,恒载产生的拉应力会抵消残余压应力,削弱敲打效果。

附　　录

附录 1　钢材和连接的强度设计值

附表 1-1　钢材和建筑结构用钢板的设计用强度指标(N/mm²)

钢材			强度设计值			屈服强度 f_y	抗拉强度 f_u
牌　号		厚度或直径 (mm)	抗拉、抗压、抗弯 f	抗剪 f_v	端面承压 (刨平顶紧)f_{ce}		
碳素 结构钢	Q235	≤16	215	125	320	235	370
		>16,≤40	205	120		225	
		>40,≤100	200	115		215	
低合金 高强度 结构钢	Q345 (Q355)	≤16	305	175	400	355	470
		>16,≤40	295	170		345	
		>40,≤63	290	165		335	
		>63,≤80	280	160		325	
		>80,≤100	270	155		315	
	Q390	≤16	345	200	415	390	490
		>16,≤40	330	190		370	
		>40,≤63	310	180		350	
		>63,≤100	295	170		330	
	Q420	≤16	375	215	440	420	520
		>16,≤40	355	205		400	
		>40,≤63	320	185		380	
		>63,≤100	305	175		360	
	Q460	≤16	410	235	470	460	550
		>16,≤40	390	225		440	
		>40,≤63	355	205		420	
		>63,≤100	340	195		400	
建筑结构 用钢板	Q345GJ	>16,≤50	325	190	415	345	490
		>50,≤100	300	175		335	

注:1. 表中直径指实心棒材直径,厚度系指计算点的钢材或钢管壁厚度,对轴心受拉和轴心受压构件系指截面中较厚板件的厚度。

　　2. 冷弯型材和冷弯钢管,其强度设计值按现行有关国家标准的规定采用。

　　3. 结构用无缝钢管和铸钢件对强度设计值参见国家现行《钢结构设计标准》。

附表 1-2　焊缝的强度设计值（N/mm²）

焊接方法和焊条型号	构件钢材		对接焊缝				角焊缝
	牌号	厚度或直径（mm）	抗压 f_c^w	焊缝质量为下列等级时，抗拉 f_t^w		抗剪 f_v^w	抗拉、抗压和抗剪 f_f^w
				一级、二级	三级		
自动焊、半自动焊和 E43 型焊条手工焊	Q235	≤16	215	215	185	125	160
		>16,≤40	205	205	175	120	
		>40,≤100	200	200	170	115	
自动焊、半自动焊和 E50、E55 型焊条手工焊	Q345（Q355）	≤16	305	305	260	175	200
		>16,≤40	295	295	250	170	
		>40,≤63	290	290	245	165	
		>63,≤80	280	280	240	160	
		>80,≤100	270	270	230	155	
	Q390	≤16	345	345	295	200	200（E50）220（E55）
		>16,≤40	330	330	280	190	
		>40,≤63	310	310	265	180	
		>63,≤100	295	295	250	170	
自动焊、半自动焊和 E55、E60 型焊条手工焊	Q420	≤16	375	375	320	215	220（E55）240（E60）
		>16,≤40	355	355	300	205	
		>40,≤63	320	320	270	185	
		>63,≤100	305	305	260	175	
自动焊、半自动焊和 E55、E60 型焊条手工焊	Q460	≤16	410	410	350	235	220（E55）240（E60）
		>16,≤40	390	390	330	225	
		>40,≤63	355	355	300	205	
		>63,≤100	340	340	290	195	
自动焊、半自动焊和 E50、E55 型焊条手工焊	Q345GJ	>16,≤35	310	310	265	180	200
		>35,≤50	290	290	245	170	
		>50,≤100	285	285	240	165	

注：1. 表中厚度系指计算点的钢材厚度，对轴心受力构件系指截面中较厚板件对厚度。

　　2. 手工焊用焊条、自动焊和半自动焊所采用的焊丝和焊剂，应保证其熔敷金属的力学性能不低于母材的性能。

　　3. 焊缝质量等级应符合国家标准《钢结构焊接规范》GB 50661 的规定，其检验方法应符合现行国家标准《钢结构工程施工质量验收规范》GB 50205 的规定。其中厚度小于 6mm 钢材的对接焊缝，不应采用超声波探伤确定焊缝质量等级。

　　4. 对接焊缝在受压区的抗弯强度设计值取 f_c^w，在受拉区的抗弯强度设计值取 f_t^w。

附表 1-3　螺栓连接的强度指标(N/mm²)

螺栓的性能等级、锚栓和构件的钢材牌号		强度设计值										高强度螺栓的抗拉强度 f_u^b
		普通螺栓						锚栓	承压型连接或网架用高强度螺栓			
		C 级螺柱			A 级、B 级螺栓							
		抗拉 f_t^b	抗剪 f_v^b	承压 f_c^b	抗拉 f_t^b	抗剪 f_v^b	承压 f_c^b	抗拉 f_t^a	抗拉 f_t^b	抗剪 f_v^b	承压 f_c^b	
普通螺栓	4.6 级、4.8 级	170	140	—	—	—	—	—	—	—	—	—
	5.6 级	—	—	—	210	190	—	—	—	—	—	—
	8.8 级	—	—	—	400	320	—	—	—	—	—	—
锚栓	Q235	—	—	—	—	—	—	140				—
	Q345(Q355)	—	—	—	—	—	—	180				—
	Q390	—	—	—	—	—	—	185				—
承压型连接高强度螺栓	8.8 级	—	—	—	—	—	—	—	400	250	—	830
	10.9 级	—	—	—	—	—	—	—	500	310	—	1040
螺栓球节点用高强度螺栓	9.8 级	—	—	—	—	—	—	—	385	—	—	—
	10.9 级	—	—	—	—	—	—	—	430	—	—	—
构件	Q235	—	—	305	—	—	405	—	—	—	470	—
	Q345(Q355)	—	—	385	—	—	510	—	—	—	590	—
	Q390	—	—	400	—	—	530	—	—	—	615	—
	Q420	—	—	425	—	—	560	—	—	—	655	—
	Q460	—	—	450	—	—	595	—	—	—	695	—
	Q345GJ	—	—	400	—	—	530	—	—	—	615	—

注:1. A 级螺栓用于 $d \leqslant 24mm$ 和 $L \leqslant 10d$ 或 $L \leqslant 150mm$(按较小值)的螺栓;B 级螺栓用于 $d > 24mm$ 或 $L > 10d$ 或 $L > 150mm$(按较小值)的螺栓;d 为公称直径,L 为螺杆公称长度。

2. A、B 级螺栓孔的精度和孔壁表面粗糙度,C 级螺栓孔的允许偏差和孔壁表面粗糙度,均应符合现行国家标准《钢结构工程施工质量验收规范》GB 50205 的要求。

3. 用于螺栓球节点网架的高强度螺栓,M12~M36 为 10.9 级,M39~M64 为 9.8 级。

附表 1-4 结构构件或连接设计强度的折减系数

项次	情况			折减系数
1	单面连接的单角钢	按轴心受力计算强度和连接		0.85
		按轴心受压计算稳定性	等边角钢	$0.6+0.0015\lambda$,但不大于 1.0
			短边相连的不等边角钢	$0.5+0.0025\lambda$,但不大于 1.0
			长边相连的不等边角钢	0.70
2	无垫板的单面施焊对接焊缝			0.85
3	施工条件较差的高空安装焊缝和铆钉连接			0.90
4	沉头和半沉头铆钉连接			0.80

注:1. λ 为长细比,对中间无联系的单角钢压杆,应按最小回转半径计算;当 $\lambda<20$ 时,取 =20。

2. 当几种情况同时存在时,其折减系数应连乘。

附录 2　受弯构件的挠度容许值

吊车梁、楼盖梁、屋盖梁、工作平台梁以及墙架构件的挠度不宜超过附表 2-1 所列的容许值。

附表 2-1　受弯构件的挠度容许值

项次	构件类别	挠度容许值	
		$[v_T]$	$[v_Q]$
1	吊车梁和吊车桁架(按自重和起重量最大的一台吊车计算挠度) (1)手动起重机和单梁起重机(含悬挂起重机) (2)轻级工作制桥式起重机 (3)中级工作制桥式起重机 (4)重级工作制桥式起重机	$l/500$ $l/750$ $l/900$ $l/1000$	—
2	手动或电动葫芦的轨道梁	$l/400$	
3	有重轨(重量等于或大于 38kg/m)轨道的工作平台梁 有轻轨(重量等于或小于 24kg/m)轨道的工作平台梁	1600 $l400$	
4	楼(屋)盖梁或桁架、工作平台梁(第 3 项除外)和平台板 (1)主梁或桁架(包括设有悬挂起重设备的梁和桁架) (2)仅支承压型金属板屋面和冷弯型钢檩条 (3)除支承压型金属板屋面和冷弯型钢檩条外,尚有吊顶 (4)抹灰顶棚的次梁 (5)除(1)~(4)款外的其他梁(包括楼梯梁) (6)屋盖檩条 支承压型金属板屋面者 支承其他屋面材料者 有吊顶 (7)平台板	$l400$ $l/180$ $l/240$ $l/250$ $l/250$ $l/150$ $l/200$ $l/240$ $l/150$	$l/500$ $l/350$ $l/300$ — — — —
5	墙架构件(风荷载不考虑阵风系数) (1)支柱(水平方向) (2)抗风桁架(作为连续支柱的支承时,水平位移) (3)砌体墙的横梁(水平方向) (4)支承压型金属板的横梁(水平方向) (5)支承其他墙面材料的横梁(水平方向) (6)带有玻璃窗的横梁(竖直和水平方向)	— — — — — $l/200$	$l/400$ $l/1000$ $l/300$ $l/100$ $l/200$ $l/200$

注:1. l 为受弯构件的跨度(对悬臂梁和伸臂梁为悬伸长度的 2 倍)。

　2. $[v_T]$ 为永久和可变荷载标准值产生的挠度(如有起拱应减去拱度)的容许值;$[v_Q]$ 为可变荷载标准值产生的挠度的容许值。

　3. 当吊车梁或吊车桁架跨度大于 12m 时,其挠度容许值 $[v_T]$ 应乘以 0.9 的系数。

　4. 当墙面采用延性材料或与结构采用柔性连接时,墙架构件的支柱水平位移容许值可采用 $l/300$,抗风桁架(作为连续支柱的支承时)水平位移容许值可采用 $l/800$。

冶金厂房或类似车间中设有工作级别为 A7、A8 级起重机的车间,其跨间每侧吊车梁或吊车桁架的制动结构,由一台最大起重机横向水平荷载(按荷载规范取值)所产生的挠度不宜超过制动结构跨度的 1/2200。

附录3　梁的整体稳定系数

附 3.1　等截面焊接工字形和轧制 H 型钢简支梁

等截面焊接工字形和轧制 H 型钢（见附图 3-1）简支梁的整体稳定系数 φ_b 应按下式计算：

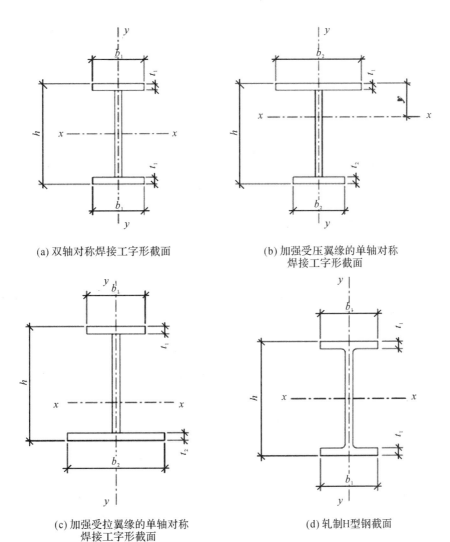

(a) 双轴对称焊接工字形截面

(b) 加强受压翼缘的单轴对称
焊接工字形截面

(c) 加强受拉翼缘的单轴对称
焊接工字形截面

(d) 轧制H型钢截面

附图 3-1　焊接工字形和轧制 H 型钢截面

$$\varphi_b = \beta_b \frac{4320}{\lambda_y^2} \cdot \frac{Ah}{W_x} \left[\sqrt{1 + \left(\frac{\lambda_y t_1}{4.4h} \right)^2} + \eta_b \right] \varepsilon_k^2 \qquad 附(3\text{-}1)$$

$$\lambda_y = \frac{l_1}{i_y} \qquad 附(3\text{-}2)$$

截面不对称影响系数 η_b 应按下列公式计算：

对双轴对称截面(见附图 3-1(a)、(d))：

$$\eta_b = 0 \qquad 附(3\text{-}3)$$

对单轴对称工字形截面(见附图 3-1(b)、(c))：

加强受压翼缘 $\qquad\qquad\qquad \eta_b = 0.8(2\alpha_b - 1) \qquad 附(3\text{-}4)$

加强受拉翼缘 $\qquad\qquad\qquad\qquad \eta_b = 2\alpha_b - 1 \qquad 附(3\text{-}5)$

$$\alpha_b = \frac{I_1}{I_1 + I_2} \qquad 附(3\text{-}6)$$

当按附式(3-1)算得的 φ_b 值大于 0.60 时，应用下式计算的 φ'_b 代替值 φ_b：

$$\varphi'_b = 1.07 - \frac{0.282}{\varphi_b} \leqslant 1.0 \qquad 附(3\text{-}7)$$

式中：β_b——梁整体稳定的等效弯矩系数，按附表 3-1 采用；

$\quad\quad\lambda_y$——梁在侧向支承点间对截面弱轴 y-y 的长细比；

$\quad\quad A$——梁的毛截面面积；

$\quad\quad h$、t_1——梁截面的全高和受压翼缘厚度；等截面铆接(或高强度螺栓连接)简支梁，其受压翼缘厚度 t_1 包括翼缘角钢厚度在内；

$\quad\quad l_1$——梁受压翼缘侧向支承点之间的距离；

$\quad\quad i_y$——梁毛截面对 y 轴的截面回转半径；

$\quad\quad I_1$ 和 I_2——受压翼缘和受拉翼缘对 y 轴的惯性矩。

附表 3-1　H 型钢和等截面工字形简支梁的系数 β_b

项次	侧向支撑	荷载		$\xi \leqslant 2.0$	$\xi > 2.0$	适用范围
1	跨中无侧向支撑	均布荷载作用在	上翼缘	$0.69 + 0.13\xi$	0.95	附图 3-1(a)、(b)和(d)的截面
2			下翼缘	$1.73 - 0.20\xi$	1.33	
3		集中荷载作用在	上翼缘	$0.73 + 0.18\xi$	1.09	
4			下翼缘	$2.23 - 0.28\xi$	1.67	
5	跨度中点有一个侧向支撑点	均布荷载作用在	上翼缘	1.15		附图 3-1 中的所有截面
6			下翼缘	1.40		
7		集中荷载作用在截面高度上任意位置		1.75		
8	跨中点有不少于两个等距离侧向支撑点	任意荷载作用在	上翼缘	1.20		
9			下翼缘	1.40		
10	梁端有弯矩，但跨中无荷载作用			$1.75 - 1.05\left(\dfrac{M_2}{M_1}\right)$ $+ 0.3\left(\dfrac{M_2}{M_1}\right)^2$，但 $\leqslant 2.3$		

注：1. $\xi = \dfrac{l_1 t_1}{b_1 h}$，其中 b_1 为受压翼缘的宽度。

　　2. M_1 和 M_2 为梁的端弯矩，使梁产生同向曲率时，M_1 和 M_2 取同号，产生反向曲率时，取异号，$|M_1| \geqslant |M_2|$。

3. 表中项次 3、4 和 7 的集中荷载是指一个或少数几个集中荷载位于跨中央附近的情况，对其他情况的集中荷载，应按表中项次 1、2、5、6 内的数值采用。

4. 表中项次 8、9 的 β_b，当集中荷载作用在侧向支承点处时，取 $\beta_b=1.20$。

5. 荷载作用在上翼缘系指荷载作用点在翼缘表面，方向指向截面形心；荷载作用在下翼缘系指荷载作用点在翼缘表面，方向背向截面形心。

6. 对 $\alpha_b>0.8$ 的加强受压翼缘工字形截面，下列情况的 β_b 值应乘以相应的系数：

项次 1：当 $\xi\leqslant1.0$ 时，乘以 0.95；

项次 3：当 $\xi\leqslant0.5$ 时，乘以 0.90；当 $0.5<\xi\leqslant1.0$ 时，乘以 0.95。

附 3.2　轧制普通工字钢简支梁

轧制普通工字钢简支梁整体稳定系数 φ_b 应按附表 3-2 采用，当所得的 φ_b 值大于 0.6 时，应按附式(3-7)算得相应的 φ'_b 代替 φ_b 值。

附表 3-2　轧制普通工字钢简支梁的 φ_b

项次	荷载情况			工字钢型号	自由长度 l_1(m)								
					2	3	4	5	6	7	8	9	10
1	跨中无侧向支承点的梁	集中荷载作用于	上翼缘	10～20	2.00	1.30	0.99	0.80	0.68	0.58	0.53	0.48	0.43
				22～32	2.40	1.48	1.09	0.86	0.72	0.62	0.54	0.49	0.45
				36～63	2.80	1.60	1.07	0.83	0.68	0.56	0.50	0.45	0.40
2			下翼缘	10～20	3.10	1.95	1.34	1.01	0.82	0.69	0.63	0.57	0.52
				22～40	5.50	2.80	1.84	1.37	1.07	0.86	0.73	0.64	0.56
				45～63	7.30	3.60	2.30	1.62	1.20	0.96	0.80	0.69	0.60
3		均布荷载作用于	上翼缘	10～20	1.70	1.12	0.84	0.68	0.57	0.50	0.45	0.41	0.37
				22～40	2.10	1.30	0.93	0.73	0.60	0.51	0.45	0.40	0.36
				45～63	2.60	1.45	0.97	0.73	0.59	0.50	0.44	0.38	0.35
4			下翼缘	10～20	2.50	1.55	1.08	0.83	0.68	0.56	0.52	0.47	0.42
				22～40	4.00	2.20	1.45	1.10	0.85	0.70	0.60	0.52	0.46
				45～63	5.60	2.80	1.80	1.25	0.95	0.78	0.65	0.55	0.49
5	跨中有侧向支承点的梁(不论荷载作用点在截面高度上的位置)			10～20	2.20	1.39	1.01	0.79	0.66	0.57	0.52	0.47	0.42
				22～40	3.00	1.80	1.24	0.96	0.76	0.65	0.56	0.49	0.43
				45～63	4.00	2.20	1.38	1.01	0.80	0.66	0.56	0.49	0.43

注：1. 同附表 3-1 的注 3、5。

　　2. 表中的 φ_b 适用于 Q235 钢。对其他钢号，表中数值应乘以 ε_k^2。

附 3.3　轧制槽钢简支梁

轧制槽钢简支梁的整体稳定系数，不论荷载形式和荷载作用点在截面高度上的位置均可按下式计算：

$$\varphi_b=\frac{570bt}{l_1h}\cdot\varepsilon_k^2 \qquad\qquad 附(3-8)$$

式中：h、b、t——槽钢截面的高度、翼缘宽度和平均厚度。

按附式(3-8)算得的 φ_b 值大于 0.6 时，应按附式(3-7)算得相应的 φ'_b 代替 φ_b 值。

附 3.4　双轴对称工字形等截面悬臂梁

双轴对称工字形等截面悬臂梁的整体稳定系数，可按附式(3-1)计算，但式中系 β_b 数应按附表 3-3 查得，$\lambda_y = l_1/i_y$（l_1 为悬臂梁的悬伸长度）。当求得的 φ_b 值大于 0.6 时，应按附式(3-7)算得相应的 φ'_b 代替 φ_b 值。

附表 3-3　双轴对称工字形等截面悬臂梁的系数 β_b

项次	荷载形式		$0.60 \leqslant \xi \leqslant 1.24$	$1.24 < \xi \leqslant 1.96$	$1.96 < \xi \leqslant 3.10$
1	自由端一个集中荷载作用在	上翼缘	$0.21+0.67\xi$	$0.72+0.26\xi$	$1.17+0.03\xi$
2		下翼缘	$2.94-0.65\xi$	$2.64-0.40\xi$	$2.15-0.15\xi$
3	均布荷载作用在上翼缘		$0.62+0.82\xi$	$1.25+0.31\xi$	$1.66+0.10\xi$

注：1. 本表是按支承端为固定的情况确定的，当用于由邻跨延伸出来的伸臂梁时，应在构造上采取措施加强支承处的抗扭能力。

　2. 表中 ξ 见附表 3-1 注 1。

附录 4　轴心受压构件的稳定系数

附 4.1　a 类截面轴心受压构件的稳定系数 φ 应按附表 4-1 取值。

附表 4-1　a 类截面轴心受压构件的稳定系数 φ

λ/ε_k	0	1	2	3	4	5	6	7	8	9
0	1.000	1.000	1.000	1.000	0.999	0.999	0.998	0.998	0.997	0.996
10	0.995	0.994	0.993	0.992	0.991	0.989	0.988	0.986	0.985	0.983
20	0.981	0.979	0.977	0.976	0.974	0.972	0.970	0.968	0.966	0.964
30	0.963	0.961	0.959	0.957	0.955	0.952	0.950	0.948	0.946	0.944
40	0.941	0.939	0.937	0.934	0.932	0.929	0.927	0.924	0.921	0.918
50	0.916	0.913	0.910	0.907	0.903	0.900	0.897	0.893	0.890	0.886
60	0.883	0.879	0.875	0.871	0.867	0.862	0.858	0.854	0.849	0.844
70	0.839	0.834	0.829	0.824	0.818	0.813	0.807	0.801	0.795	0.789
80	0.783	0.776	0.770	0.763	0.756	0.749	0.742	0.735	0.728	0.721
90	0.713	0.706	0.698	0.691	0.683	0.676	0.668	0.660	0.653	0.645
100	0.637	0.630	0.622	0.614	0.607	0.599	0.592	0.584	0.577	0.569
110	0.562	0.555	0.548	0.541	0.534	0.527	0.520	0.513	0.507	0.500
120	0.494	0.487	0.481	0.475	0.469	0.463	0.457	0.451	0.445	0.439
130	0.434	0.428	0.423	0.417	0.412	0.407	0.402	0.397	0.392	0.387
140	0.382	0.378	0.373	0.368	0.364	0.360	0.355	0.351	0.347	0.343
150	0.339	0.335	0.331	0.327	0.323	0.319	0.316	0.312	0.308	0.305
160	0.302	0.298	0.295	0.292	0.288	0.285	0.282	0.279	0.276	0.273
170	0.270	0.267	0.264	0.261	0.259	0.256	0.253	0.250	0.248	0.245
180	0.243	0.240	0.238	0.235	0.233	0.231	0.228	0.226	0.224	0.222
190	0.219	0.217	0.215	0.213	0.211	0.209	0.207	0.205	0.203	0.201
200	0.199	0.197	0.196	0.194	0.192	0.190	0.188	0.187	0.185	0.183
210	0.182	0.180	0.178	0.177	0.175	0.174	0.172	0.171	0.169	0.168
220	0.166	0.165	0.163	0.162	0.161	0.159	0.158	0.157	0.155	0.154
230	0.153	0.151	0.150	0.149	0.148	0.147	0.145	0.144	0.143	0.142
240	0.141	0.140	0.139	0.137	0.136	0.135	0.134	0.133	0.132	0.131

注:表中值系按附 4.5 中的公式计算而得。

附 4.2　b 类截面轴心受压构件的稳定系数 φ 应按附表 4-2 取值。

附表 4-2　b 类截面轴心受压构件的稳定系数 φ

λ/ε_k	0	1	2	3	4	5	6	7	8	9
0	1.000	1.000	1.000	0.999	0.999	0.998	0.997	0.996	0.995	0.994
10	0.992	0.991	0.989	0.987	0.985	0.983	0.981	0.978	0.976	0.973
20	0.970	0.967	0.963	0.960	0.957	0.953	0.950	0.946	0.943	0.939
30	0.936	0.932	0.929	0.925	0.921	0.918	0.914	0.910	0.906	0.903
40	0.899	0.895	0.891	0.886	0.882	0.878	0.874	0.870	0.865	0.861
50	0.856	0.852	0.847	0.842	0.837	0.833	0.828	0.823	0.818	0.812
60	0.807	0.802	0.796	0.791	0.785	0.780	0.774	0.768	0.762	0.757
70	0.751	0.745	0.738	0.732	0.726	0.720	0.713	0.707	0.701	0.694
80	0.687	0.681	0.674	0.668	0.661	0.654	0.648	0.641	0.634	0.628
90	0.621	0.614	0.607	0.601	0.594	0.587	0.581	0.574	0.568	0.561
100	0.555	0.548	0.542	0.535	0.529	0.523	0.517	0.511	0.504	0.498
110	0.492	0.487	0.481	0.475	0.469	0.464	0.458	0.453	0.447	0.442
120	0.436	0.431	0.426	0.421	0.416	0.411	0.406	0.401	0.396	0.392
130	0.387	0.383	0.378	0.374	0.369	0.365	0.361	0.357	0.352	0.348
140	0.344	0.340	0.337	0.333	0.329	0.325	0.322	0.318	0.314	0.311
150	0.308	0.304	0.301	0.297	0.294	0.291	0.288	0.285	0.282	0.279
160	0.276	0.273	0.270	0.267	0.264	0.262	0.259	0.256	0.253	0.251
170	0.248	0.246	0.243	0.241	0.238	0.236	0.234	0.231	0.229	0.227
180	0.225	0.222	0.220	0.218	0.216	0.214	0.212	0.210	0.208	0.206
190	0.204	0.202	0.200	0.198	0.196	0.195	0.193	0.191	0.189	0.188
200	0.186	0.184	0.183	0.181	0.179	0.178	0.176	0.175	0.173	0.172
210	0.170	0.169	0.167	0.166	0.164	0.163	0.162	0.160	0.159	0.158
220	0.156	0.155	0.154	0.152	0.151	0.150	0.149	0.147	0.146	0.145
230	0.144	0.143	0.142	0.141	0.139	0.138	0.137	0.136	0.135	0.134
240	0.133	0.132	0.131	0.130	0.129	0.128	0.127	0.126	0.125	0.124
250	0.123	—	—	—	—	—	—	—	—	—

注：表中值系按附 4.5 中的公式计算而得。

附 4.3 c 类截面轴心受压构件的稳定系数 φ 应按附表 4-3 取值。

附表 4-3 c 类截面轴心受压构件的稳定系数 φ

λ/ε_k	0	1	2	3	4	5	6	7	8	9
0	1.000	1.000	1.000	0.999	0.999	0.998	0.997	0.996	0.995	0.993
10	0.992	0.990	0.988	0.986	0.983	0.981	0.978	0.976	0.973	0.970
20	0.966	0.959	0.953	0.947	0.940	0.934	0.928	0.921	0.915	0.909
30	0.902	0.896	0.890	0.883	0.877	0.871	0.865	0.858	0.852	0.845
40	0.839	0.833	0.826	0.820	0.813	0.807	0.800	0.794	0.787	0.781
50	0.774	0.768	0.762	0.755	0.748	0.742	0.735	0.728	0.722	0.715
60	0.709	0.702	0.695	0.689	0.682	0.675	0.669	0.662	0.656	0.649
70	0.642	0.636	0.629	0.623	0.616	0.610	0.603	0.597	0.591	0.584
80	0.578	0.572	0.565	0.559	0.553	0.547	0.541	0.535	0.529	0.523
90	0.517	0.511	0.505	0.499	0.494	0.488	0.483	0.477	0.471	0.467
100	0.462	0.458	0.453	0.449	0.445	0.440	0.436	0.432	0.427	0.423
110	0.419	0.415	0.411	0.407	0.402	0.398	0.394	0.390	0.386	0.383
120	0.379	0.375	0.371	0.367	0.363	0.360	0.356	0.352	0.349	0.345
130	0.342	0.338	0.335	0.332	0.328	0.325	0.322	0.318	0.315	0.312
140	0.309	0.306	0.303	0.300	0.297	0.294	0.291	0.288	0.285	0.282
150	0.279	0.277	0.274	0.271	0.269	0.266	0.263	0.261	0.258	0.256
160	0.253	0.251	0.248	0.246	0.244	0.241	0.239	0.237	0.235	0.232
170	0.230	0.228	0.226	0.224	0.222	0.220	0.218	0.216	0.214	0.212
180	0.210	0.208	0.206	0.204	0.203	0.201	0.199	0.197	0.195	0.194
190	0.192	0.190	0.189	0.187	0.185	0.184	0.182	0.181	0.179	0.178
200	0.176	0.175	0.173	0.172	0.170	0.169	0.167	0.166	0.165	0.163
210	0.162	0.161	0.159	0.158	0.157	0.155	0.154	0.153	0.152	0.151
220	0.149	0.148	0.147	0.146	0.145	0.144	0.142	0.141	0.140	0.139
230	0.138	0.137	0.136	0.135	0.134	0.133	0.132	0.131	0.130	0.129
240	0.128	0.127	0.126	0.125	0.124	0.124	0.123	0.122	0.121	0.120
250	0.119	—	—	—	—	—	—	—	—	—

注:表中值系按附 4.5 中的公式计算而得。

附 4.4 d 类截面轴心受压构件的稳定系数 φ 应按附表 4-4 取值。

附表 **4-4** **d 类截面轴心受压构件的稳定系数** φ

λ/ε_k	0	1	2	3	4	5	6	7	8	9
0	1.000	1.000	0.999	0.999	0.998	0.996	0.994	0.992	0.990	0.987
10	0.984	0.981	0.978	0.974	0.969	0.965	0.960	0.955	0.949	0.944
20	0.937	0.927	0.918	0.909	0.900	0.891	0.883	0.874	0.865	0.857
30	0.848	0.840	0.831	0.823	0.815	0.807	0.798	0.790	0.782	0.774
40	0.766	0.758	0.751	0.743	0.735	0.727	0.720	0.712	0.705	0.697
50	0.690	0.683	0.675	0.668	0.660	0.653	0.646	0.639	0.632	0.625
60	0.618	0.611	0.605	0.598	0.591	0.585	0.578	0.572	0.565	0.559
70	0.552	0.546	0.540	0.534	0.528	0.521	0.516	0.510	0.504	0.498
80	0.493	0.487	0.481	0.476	0.470	0.465	0.459	0.454	0.449	0.444
90	0.439	0.434	0.429	0.424	0.419	0.414	0.410	0.405	0.401	0.397
100	0.393	0.390	0.386	0.383	0.380	0.376	0.373	0.369	0.366	0.363
110	0.359	0.356	0.353	0.350	0.346	0.343	0.340	0.337	0.334	0.331
120	0.328	0.325	0.322	0.319	0.316	0.313	0.310	0.307	0.304	0.301
130	0.298	0.296	0.293	0.290	0.288	0.285	0.282	0.280	0.277	0.275
140	0.272	0.270	0.267	0.265	0.262	0.260	0.257	0.255	0.253	0.250
150	0.248	0.246	0.244	0.242	0.239	0.237	0.235	0.233	0.231	0.229
160	0.227	0.225	0.223	0.221	0.219	0.217	0.215	0.213	0.211	0.210
170	0.208	0.206	0.204	0.202	0.201	0.199	0.197	0.196	0.194	0.192
180	0.191	0.189	0.187	0.186	0.184	0.183	0.181	0.180	0.178	0.177
190	0.175	0.174	0.173	0.171	0.170	0.168	0.167	0.166	0.164	0.163
200	0.162	—	—	—	—	—	—	—	—	—

注:表中值系按附 4.5 中的公式计算而得。

附 4.5 轴心受压构件稳定系数 φ 的计算公式。

当构件的 λ/ε_k 超出附表 4-1～附表 4-4 范围时,轴心受压构件的稳定系数应按下列公式计算:

当 $\lambda_n \leq 0.215$ 时:

$$\varphi = 1 - \alpha_1 \lambda_n^2 \qquad 附(4-1)$$

$$\lambda_n = \frac{\lambda}{\pi}\sqrt{\frac{f_y}{E}} \qquad 附(4-2)$$

当 $\lambda_n > 0.215$ 时:

$$\varphi = \frac{1}{2\lambda_n^2}\left[(\alpha_2 + \alpha_3\lambda_n + \lambda_n^2) - \sqrt{(\alpha_2 + \alpha_3\lambda_n + \lambda_n^2)^2 - 4\lambda_n^2}\right] \qquad 附(4-3)$$

式中:α_1、α_2、α_3——系数,应根据截面分类,按附表 4-5 采用。

附表 4-5　系数 α_1、α_2、α_3

截面类别		α_1	α_2	α_3
a 类		0.41	0.986	0.152
b 类		0.65	0.965	0.300
c 类	$\lambda_n \leqslant 1.05$	0.73	0.906	0.595
	$\lambda_n > 1.05$		1.216	0.302
d 类	$\lambda_n \leqslant 1.05$	1.35	0.868	0.915
	$\lambda_n > 1.05$		1.375	0.432

附录5　柱的计算长度系数

附表 5-1　有侧移框架柱的计算长度系数 μ

K_2	K_1												
	0	0.05	0.1	0.2	0.3	0.4	0.5	1	2	3	4	5	$\geqslant 10$
0	∞	6.02	4.46	3.42	3.01	2.78	2.64	2.33	2.17	2.11	2.08	2.07	2.03
0.05	6.02	4.16	3.47	2.86	2.58	2.42	2.31	2.07	1.94	1.90	1.87	1.86	1.83
0.1	4.46	3.47	3.01	2.56	2.33	2.20	2.11	1.90	1.79	1.75	1.73	1.72	1.70
0.2	3.42	2.86	2.56	2.23	2.05	1.94	1.87	1.70	1.60	1.57	1.55	1.54	1.52
0.3	3.01	2.58	2.33	2.05	1.90	1.80	1.74	1.58	1.49	1.46	1.45	1.44	1.42
0.4	2.78	2.42	2.20	1.94	1.80	1.71	1.65	1.50	1.42	1.39	1.37	1.37	1.35
0.5	2.64	2.31	2.11	1.87	1.74	1.65	1.59	1.45	1.37	1.34	1.32	1.32	1.30
1	2.33	2.07	1.90	1.70	1.58	1.50	1.45	1.32	1.24	1.21	1.20	1.19	1.17
2	2.17	1.94	1.79	1.60	1.49	1.42	1.37	1.24	1.16	1.14	1.12	1.12	1.10
3	2.11	1.90	1.75	1.57	1.46	1.39	1.34	1.21	1.14	1.11	1.10	1.09	1.07
4	2.08	1.87	1.73	1.55	1.45	1.37	1.32	1.20	1.12	1.10	1.08	1.08	1.06
5	2.07	1.86	1.72	1.54	1.44	1.37	1.32	1.19	1.12	1.09	1.08	1.07	1.05
$\geqslant 10$	2.03	1.83	1.70	1.52	1.42	1.35	1.30	1.17	1.10	1.07	1.06	1.05	1.03

注：1. 表中的计算长度系数 μ 值按下式算得：

$$\left[36K_1K_2 - \left(\frac{\pi}{\mu} \right)^2 \right] \sin \frac{\pi}{\mu} + 6(K_1 + K_2) \frac{\pi}{\mu} \cdot \cos \frac{\pi}{\mu} = 0$$

K_1、K_2——分别为相交于柱上端、柱下端的横梁线刚度之和与柱线刚度之和的比值。当横梁远端为铰接时，应将横梁线刚度乘以 0.5；当横梁远端为嵌固时，则应乘以 2/3。

2. 当横梁与柱铰接时，取横梁线刚度为零。

3. 对底层框架柱，当柱与基础铰接时，取 $K_2 = 0$（对平板支座可取 $K_2 = 0.1$）；当柱与基础刚接时，取 $K_2 = 10$。

4. 当与柱刚性连接的横梁所受轴心压力 N_b 较大时，横梁线刚度应乘以折减系数 α_N：

横梁远端与柱刚接时　　　　　　　　$\alpha_N = 1 - N_b / (4N_{Eb})$

横梁远端与柱铰接时　　　　　　　　$\alpha_N = 1 - N_b / N_{Eb}$

横梁远端嵌固时　　　　　　　　　　$\alpha_N = 1 - N_b / (2N_{Eb})$

式中：$N_{Eb} = \pi^2 EI_b / l^2$，$I_b$ 为横梁截面惯性矩；l 为横梁长度。

附表 5-2　无侧移框架柱的计算长度系数 μ

K_2	K_1												
	0	0.05	0.1	0.2	0.3	0.4	0.5	1	2	3	4	5	≥10
0	1.000	0.990	0.981	0.964	0.949	0.935	0.922	0.875	0.820	0.791	0.773	0.760	0.732
0.05	0.990	0.981	0.971	0.955	0.940	0.926	0.914	0.867	0.814	0.784	0.766	0.754	0.726
0.1	0.981	0.971	0.962	0.946	0.931	0.918	0.906	0.860	0.807	0.778	0.760	0.748	0.721
0.2	0.964	0.955	0.946	0.930	0.916	0.903	0.891	0.846	0.795	0.767	0.749	0.737	0.711
0.3	0.949	0.940	0.931	0.916	0.902	0.889	0.878	0.834	0.784	0.756	0.739	0.728	0.701
0.4	0.935	0.926	0.9t8	0.903	0.889	0.877	0.866	0.823	0.774	0.747	0.730	0.719	0.693
0.5	0.922	0.914	0.906	0.891	0.878	0.866	0.855	0.813	0.765	0.738	0.721	0.710	0.685
1	0.875	0.867	0.860	0.846	0.834	0.823	0.813	0.774	0.729	0.704	0.688	0.677	0.654
2	0.820	0.814	0.807	0.795	0.784	0.774	0.765	0.729	0.686	0.663	0.648	0.638	0.615
3	O.791	0.784	0.778	0.767	0.756	0.747	0.738	0.704	0.663	0.640	0.625	0.616	0.593
4	0.773	0.766	0.760	0.749	0.739	0.730	0.721	0.688	0.648	0.625	0.611	0.601	0.580
5	0.760	0.754	0.748	0.737	0.728	0.719	0.710	0.677	0.638	0.616	0.601	0.592	0.570
≥10	0.732	0.726	0.721	0.711	0.701	0.693	0.685	0.654	0.615	0.593	0.580	0.570	0.549

注：1. 表中的计算长度系数 μ 值按下式算得：

$$\left[\left(\frac{\pi}{\mu}\right)^2+2(K_1+K_2)-4K_1K_2\right]\frac{\pi}{\mu}\cdot\sin\frac{\pi}{\mu}-2\left[(K_1+K_2)\left(\frac{\pi}{\mu}\right)^2+4K_1K_2\right]\cos\frac{\pi}{\mu}+8K_1K_2=0$$

K_1、K_2——分别为相交于柱上端、柱下端的横梁线刚度之和与柱线刚度之和的比值。当横梁远端为铰接时，应将横梁线刚度乘以 1.5；当横梁远端为嵌固时，则将横梁线刚度乘以 2.0。

2. 当横梁与柱铰接时，取横梁线刚度为零。

3. 对底层框架柱，当柱与基础铰接时，取 $K_2=0$（对平板支座可取 $K_2=0.1$）；当柱与基础刚接时，取 $K_2=10$。

4. 当与柱刚性连接的横梁所受轴心压力 N_b 较大时，横梁线刚度应乘以折减系数 α_N：

横梁远端与柱刚接和横梁远端与柱铰接时　　　　$\alpha_N=1-N_b/N_{Eb}$

横梁远端嵌固时　　　　$\alpha_N=1-N_b/(2N_{Eb})$

N_{Eb} 的计算式见附表 5-1 注 4。

附表 5-3　柱上端为自由的单阶柱下段的计算长度系数 μ_2

简图：

$K_1 = \dfrac{I_1}{I_2} \cdot \dfrac{H_2}{H_1}$

$\eta = \dfrac{H_1}{H_2}\sqrt{\dfrac{N_1}{N_2} \cdot \dfrac{I_2}{I_1}}$

N_1——上段柱的轴心力

N_2——下段柱的轴心力

η	\multicolumn{18}{c}{K_1}
	0.06	0.08	0.1	0.12	0.14	0.16	0.18	0.20	0.22	0.24	0.26	0.28	0.3	0.4	0.5	0.6	0.7	0.8
0.2	2.00	2.01	2.01	2.01	2.01	2.01	2.01	2.02	2.02	2.02	2.02	2.02	2.02	2.03	2.04	2.05	2.06	2.07
0.3	2.01	2.02	2.02	2.02	2.03	2.03	2.03	2.04	2.04	2.05	2.05	2.05	2.06	2.08	2.10	2.12	2.13	2.15
0.4	2.02	2.03	2.04	2.04	2.05	2.06	2.07	2.07	2.08	2.09	2.09	2.10	2.11	2.14	2.18	2.21	2.25	2.28
0.5	2.04	2.05	2.06	2.07	2.08	2.10	2.11	2.12	2.13	2.15	2.16	2.17	2.18	2.24	2.29	2.35	2.40	2.45
0.6	2.06	2.08	2.10	2.12	2.14	2.16	2.18	2.19	2.21	2.23	2.25	2.26	2.28	2.36	2.44	2.52	2.59	2.66
0.7	2.10	2.13	2.16	2.18	2.21	2.24	2.26	2.29	2.31	2.34	2.36	2.38	2.41	2.52	2.62	2.72	2.81	2.90
0.8	2.15	2.20	2.24	2.27	2.31	2.34	2.38	2.41	2.44	2.47	2.50	2.53	2.56	2.70	2.82	2.94	3.06	3.16
0.9	2.24	2.29	2.35	2.39	2.44	2.48	2.52	2.56	2.60	2.63	2.67	2.71	2.74	2.90	3.05	3.19	3.32	3.44
1.0	2.36	2.43	2.48	2.54	2.59	2.64	2.69	2.73	2.77	2.82	2.86	2.90	2.94	3.12	3.29	3.45	3.59	3.74
1.2	2.69	2.76	2.83	2.89	2.95	3.01	3.07	3.12	3.17	3.22	3.27	3.32	3.37	3.59	3.80	3.99	4.17	4.34
1.4	3.07	3.14	3.22	3.29	3.36	3.42	3.48	3.55	3.61	3.66	3.72	3.78	3.83	4.09	4.33	4.56	4.77	4.97
1.6	3.47	3.55	3.63	3.71	3.78	3.85	3.92	3.99	4.07	4.12	4.18	4.25	4.31	4.61	4.88	5.14	5.38	5.62
1.8	3.88	3.97	4.05	4.13	4.21	4.29	4.37	4.44	4.52	4.59	4.66	4.73	4.80	5.13	5.44	5.73	6.00	6.26
2.0	4.29	4.39	4.48	4.57	4.65	4.73	4.82	4.90	4.99	5.07	5.14	5.22	5.30	5.66	6.00	6.32	6.63	6.92
2.2	4.71	4.81	4.91	5.00	5.10	5.19	5.28	5.37	5.46	5.54	5.63	5.71	5.80	6.19	6.57	6.92	7.26	7.58
2.4	5.13	5.24	5.34	5.44	5.54	5.64	5.74	5.84	5.93	6.03	6.12	6.21	6.30	6.73	7.14	7.52	7.89	8.24
2.6	5.55	5.66	5.77	5.88	5.99	6.10	6.20	6.31	6.41	6.51	6.61	6.71	6.80	7.27	7.71	8.13	8.52	8.90
2.8	5.97	6.09	6.21	6.33	6.44	6.55	6.67	6.78	6.89	6.99	7.10	7.21	7.31	7.81	8.28	8.73	9.16	9.57
3.0	6.39	6.52	6.64	6.77	6.89	7.01	7.13	7.25	7.37	7.48	7.59	7.71	7.82	8.35	8.86	9.34	9.80	10.24

注：表中的计算长度系数 μ_2 值系按下式算得：$\eta K_1 \cdot \operatorname{tg}\dfrac{\pi}{\mu_2} \cdot \operatorname{tg}\dfrac{\pi\eta}{\mu_2} - 1 = 0$

附表 5-4　柱上端可移动但不转动的单阶柱下段的计算长度系数 μ_2

简图	η	K_1																	
		0.06	0.08	0.1	0.12	0.14	0.16	0.18	0.20	0.22	0.24	0.26	0.28	0.3	0.4	0.5	0.6	0.7	0.8
	0.2	1.96	1.94	1.93	1.91	1.90	1.89	1.88	1.86	1.85	1.84	1.83	1.82	1.8l	1.76	1.72	1.68	1.65	1.62
	0.3	1.96	1.94	1.93	1.92	1.9l	1.89	1.88	1.87	1.86	1.85	1.84	1.83	1.82	1.77	1.73	1.70	1.66	1.63
	0.4	1.96	1.95	1.94	1.92	1.9l	1.90	1.89	1.88	1.87	1.86	1.85	1.84	1.83	1.79	1.75	1.72	1.68	1.66
	0.5	1.96	1.95	1.94	1.93	1.92	1.9l	1.90	1.89	1.88	1.87	1.86	1.85	1.85	1.8l	1.77	1.74	1.7l	1.69
	0.6	1.97	1.96	1.95	1.94	1.93	1.92	1.9l	1.90	1.90	1.89	1.88	1.87	1.87	1.83	1.80	1.78	1.75	1.73
	0.7	1.97	1.97	1.96	1.95	1.94	1.94	1.93	1.92	1.92	1.9l	1.90	1.90	1.89	1.86	1.84	1.82	1.80	1.78
	0.8	1.98	1.98	1.97	1.96	1.96	1.95	1.95	1.94	1.94	1.93	1.93	1.93	1.92	1.90	1.88	1.87	1.86	1.84
	0.9	1.99	1.99	1.98	1.98	1.98	1.97	1.97	1.97	1.97	1.96	1.96	1.96	1.96	1.95	1.94	1.93	1.92	1.92
	1.0	2.00	2.00	2.00	2.00	2.00	2.00	2.00	2.00	2.00	2.00	2.00	2.00	2.00	2.00	2.00	2.00	2.00	2.00
	1.2	2.03	2.04	2.04	2.05	2.06	2.07	2.07	2.08	2.08	2.09	2.10	2.10	2.11	2.13	2.15	2.17	2.18	2.20
	1.4	2.07	2.09	2.11	2.12	2.14	2.16	2.17	2.18	2.20	2.2l	2.22	2.23	2.24	2.29	2.33	2.37	2.40	2.42
	1.6	2.13	2.16	2.19	2.22	2.25	2.27	2.30	2.32	2.34	2.36	2.37	2.39	2.4l	2.48	2.54	2.59	2.63	2.67
	1.8	2.22	2.27	2.3l	2.35	2.39	2.42	2.45	2.48	2.50	2.53	2.55	2.57	2.59	2.69	2.76	2.83	2.88	2.93
	2.0	2.35	2.4l	2.46	2.50	2.55	2.59	2.62	2.66	2.69	2.72	2.75	2.77	2.80	2.9l	3.00	3.08	3.14	3.20
	2.2	2.5l	2.57	2.63	2.68	2.73	2.77	2.81	2.85	2.89	2.92	2.95	2.98	3.0l	3.14	3.25	3.33	3.4l	3.47
	2.4	2.68	2.75	2.8l	2.87	2.92	2.97	3.01	3.05	3.09	3.13	3.17	3.20	3.24	3.38	3.50	3.59	3.68	3.75
	2.6	2.87	2.94	3.00	3.06	3.12	3.17	3.22	3.27	3.3l	3.35	3.39	3.43	3.46	3.62	3.75	3.86	3.95	4.03
	2.8	3.06	3.14	3.20	3.27	3.33	3.38	3.43	3.48	3.53	3.58	3.62	3.66	3.70	3.87	4.0l	4.13	4.23	4.32
	3.0	3.26	3.34	3.4l	3.47	3.54	3.60	3.65	3.70	3.75	3.80	3.85	3.89	3.93	4.12	4.27	4.40	4.5l	4.61

简图：

$$K_1 = \frac{I_1}{I_2} \cdot \frac{H_2}{H_1}$$

$$\eta = \frac{H_1}{H_2} \sqrt{\frac{N_1}{N_2} \cdot \frac{I_2}{I_1}}$$

N_1——上段柱的轴心力

N_2——下段柱的轴心力

注：表中的计算长度系数 μ_2 值系按下式算得：$\mathrm{tg}\dfrac{\pi\eta}{\mu_2} + \eta K_1 \cdot \mathrm{tg}\dfrac{\pi}{\mu_2} = 0$

附录6　型钢表

附表6-1　普通工字钢

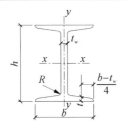

h-高度；
b-翼缘宽度；
t_w-腹板厚；
t-翼缘平均厚；
I-惯性矩；
W-截面模量；
R-圆角半径

i-回转半径；
S-半截面的净力矩；
长度：型号 10～18
长 5～19m
型号 20～63
长 6～19m

型号	尺寸					截面积 cm²	质量 kg/m	x-x				y-y轴		
	h	b	t_w	t	R			I_x	W_x	i_x	I_x/S_x	I_y	W_y	i_y
	mm							cm⁴	cm³	cm	cm	cm⁴	cm³	cm
10	100	68	4.5	7.6	6.5	14.3	11.2	245	49	4.14	8.69	33	9.6	1.51
12.6	126	74	5.0	8.4	7.0	18.1	14.2	488	77	5.19	11.0	47	12.7	1.61
14	140	80	5.5	9.1	7.5	21.5	16.9	712	102	5.75	12.2	64	16.1	1.73
16	160	88	6.0	9.9	8.0	26.1	20.5	1127	141	6.57	13.9	93	21.1	1.89
18	180	94	6.5	10.7	8.5	30.7	24.1	1699	185	7.37	15.4	123	26.2	2.00
20 a	200	100	7.0	11.4	9.0	35.5	27.9	2369	237	8.19	17.4	158	31.6	2.11
20 b	200	102	9.0	11.4	9.0	39.5	31.1	2502	250	7.95	17.1	169	33.1	2.07
22 a	220	110	7.5	12.3	9.5	42.1	33.0	3406	310	8.99	19.2	226	41.1	2.32
22 b	220	112	9.5	12.3	9.5	46.5	36.5	3583	326	8.78	18.9	240	42.9	2.27
25 a	250	116	8.0	13.0	10.0	48.5	38.1	5017	401	10.2	21.7	280	48.4	2.40
25 b	250	118	10.0	13.0	10.0	53.5	42.0	5278	422	9.93	21.4	297	50.4	2.36
28 a	280	122	8.5	13.7	10.5	55.4	43.5	7115	508	11.3	24.3	344	56.4	2.49
28 b	280	124	10.0	13.7	10.5	61.0	47.9	7481	534	11.1	24.0	364	58.7	2.44
32 a	320	130	9.5	15.0	11.5	67.1	52.7	11080	692	12.8	27.7	459	70.6	2.62
32 b	320	132	11.5	15.0	11.5	73.5	57.7	11626	727	12.6	27.3	484	73.3	2.57
32 c	320	134	13.5	15.0	11.5	79.9	62.7	12173	761	12.3	26.9	510	76.1	2.53
36 a	360	136	10.0	15.8	12.0	76.4	60.0	15796	878	14.4	31.0	555	81.6	2.69
36 b	360	138	12.0	15.8	12.0	83.6	65.6	16574	921	14.1	30.6	584	84.6	2.64
36 c	360	140	14.0	15.8	12.0	90.8	71.3	17351	964	13.8	30.2	614	87.7	2.60
40 a	400	142	10.5	16.5	12.5	86.1	67.6	21417	1086	15.9	34.4	660	92.9	2.77
40 b	400	144	12.5	16.5	12.5	94.1	73.8	22781	1139	15.6	33.9	693	96.2	2.71
40 c	400	146	14.5	16.5	12.5	102	80.1	23847	1192	15.3	33.5	727	99.7	2.67
45 a	450	150	11.5	18.0	13.5	102	80.4	32241	1433	17.7	38.5	855	114	2.89
45 b	450	152	13.5	18.0	13.5	111	87.4	33759	1500	17.4	38.1	895	118	2.84
45 c	450	154	15.5	18.0	13.5	120	94.5	35278	1568	17.1	37.6	938	122	2.79
50 a	500	158	12.0	20	14	119	93.6	46472	1859	19.7	42.9	1122	142	3.07
50 b	500	160	14.0	20	14	129	101	48556	1942	19.4	42.3	1171	146	3.01
50 c	500	162	16.0	20	14	139	109	50639	2026	19.1	41.9	1224	151	2.96
56 a	560	166	12.5	21	14.5	135	106	65576	2342	22.0	47.9	1366	165	3.18
56 b	560	168	14.5	21	14.5	147	115	68503	2447	21.6	47.3	1424	170	3.12
56 c	560	170	16.5	21	14.5	158	124	71430	2551	21.3	46.8	1485	175	3.07
63 a	630	176	13.0	22	15	155	122	94004	2984	24.7	53.8	1702	194	3.32
63 b	630	178	15.0	22	15	167	131	98171	3117	24.2	53.2	1771	199	3.25
63 c	630	180	17.0	22	15	180	141	102339	3249	23.9	52.6	1842	205	3.20

附表 6-2　H 型钢和 T 型钢

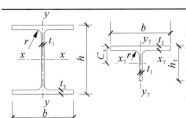

符号 h-H 型钢截面高度;b-翼缘宽度;t_1-腹板厚度;t_2-翼缘厚度;

W-截面模量;i-回转半径;S-半截面的静力矩;I-惯性矩

对 T 型钢:截面高度 h_T,截面面积 A_T,质量 q_T,惯性矩 I_{yT},等于相应 H 型钢的 1/2,HW、HM、HN 分别代表宽翼缘、中翼缘、窄翼缘 H 型钢;TW、TM、TN 分别代表各自 H 型钢剖分的 T 型钢。

类别	H 型钢规格 $(h \times b \times t_1 \times t_2)$ mm	截面积 A cm²	质量 q kg/m	I_x cm⁴	W_x cm³	i_x cm	I_y cm⁴	W_y cm³	i_y, i_{yT} cm	重心 C_x cm	I_{xT} cm⁴	i_{xT} cm	T 型钢规格 $(h_T \times b \times t_1 \times t_2)$ mm	类别
				x-x 轴			y-y 轴				x_T-x_T 轴			
HW	100×100×6×8	21.90	17.2	383	76.5	4.18	134	26.7	2.47	1.00	16.1	1.21	50×100×6×8	TW
	125×125×6.5×9	30.31	23.8	847	136	5.29	294	47.0	3.11	1.19	35.0	1.52	62.5×125×6.5×9	
	150×150×7×10	40.55	31.9	1660	221	6.39	564	75.1	3.73	1.37	66.4	1.81	75×150×7×10	
	175×175×7.5×11	51.43	40.3	2900	331	7.50	984	112	4.37	1.55	115	2.11	87.5×175×7.5×11	
	200×200×8×12	64.28	50.5	4770	477	8.61	1600	160	4.99	1.73	185	2.40	100×200×8×12	
	♯200×204×12×12	72.28	56.7	5030	503	8.35	1700	167	4.85	2.09	256	2.66	♯100×204×12×12	
	250×250×9×14	92.18	72.4	10800	867	10.8	3650	292	6.29	2.08	412	2.99	125×250×9×14	
	♯250×255×14×14	104.7	82.2	11500	919	10.5	3880	304	6.09	2.58	589	3.36	♯125×255×14×14	
	♯294×302×12×12	108.3	85.0	17000	1160	12.5	5520	365	7.14	2.83	858	3.98	♯147×302×12×12	
	300×300×10×15	120.4	94.5	20500	1370	13.1	6760	450	7.49	2.47	798	3.64	150×300×10×15	
	300×305×15×15	135.4	106	21600	1440	12.6	7100	466	7.24	3.02	1110	4.05	150×305×15×15	
	♯344×348×10×16	146.0	115	33300	1940	15.1	11200	646	8.78	2.67	1230	4.11	♯172×348×10×16	
	350×350×12×19	173.9	137	40300	2300	15.2	13600	776	8.84	2.86	1520	4.18	175×350×12×19	
	♯388×402×15×15	179.2	141	49200	2540	16.6	16300	809	9.52	3.69	2480	5.26	♯194×402×15×15	
	♯394×398×11×18	87.6	147	56400	2860	17.3	18900	951	10.0	3.01	2050	4.67	♯197×398×11×18	
	400×400×13×21	219.5	172	66900	3340	17.5	22400	1120	10.1	3.21	2480	4.75	200×400×13×21	
	♯400×408×21×21	251.5	197	71100	3560	16.8	23800	1170	9.73	4.07	3650	5.39	♯200×408×21×21	
	♯414×405×18×28	296.2	233	93000	4490	17.7	31000	1530	10.2	3.68	3620	4.95	♯207405×18×28	
	♯428×407×20×35	361.4	284	119000	5580	18.2	39400	1930	10.4	3.90	4380	4.92	♯214×407×20×35	
HM	148×100×6×9	27.25	21.4	1040	140	6.17	151	30.2	2.35	1.55	51.7	1.95	74×100×6×9	TM
	194×150×6×9	39.76	31.2	2740	283	8.30	508	67.7	3.57	1.78	125	2.50	97×150×6×9	
	244×175×7×11	56.24	44.1	6120	502	10.4	985	113	4.18	2.27	289	3.20	122×175×7×11	
	294×200×8×12	73.03	57.3	11400	779	12.5	1600	160	4.69	2.82	572	3.96	147×200×8×12	
	340×250×9×14	101.5	79.7	21700	1280	14.6	3650	292	6.00	3.09	1020	4.48	170×250×9×14	
	390×300×10×16	136.7	107	38900	2000	16.9	7210	481	7.26	3.40	1730	5.03	195×300×10×16	
	440×300×11×18	157.4	124	56100	2550	18.9	8110	541	7.18	4.05	2680	5.84	220×300×11×18	
	482×300×11×15	146.4	115	60800	2520	20.4	6770	451	6.80	4.90	3420	6.83	241×300×11×15	
	488×300×11×18	164.4	129	71400	2930	20.8	8120	541	7.03	4.65	3620	6.64	244×300×11×18	
	582×300×12×17	174.5	137	103000	3530	24.3	7670	511	6.63	6.39	6360	8.54	291×300×12×17	
	588×300×12×20	192.5	151	118000	4020	24.8	9020	601	6.85	6.08	6710	8.35	294×300×12×20	
	♯594×302×14×23	222.4	175	137000	4620	24.9	10600	701	6.90	6.33	7920	8.44	♯297×302×14×23	

类别	H型钢规格 ($h×b×t_1×t_2$) mm	截面积 A cm²	质量 q kg/m	x-x轴 I_x cm⁴	W_x cm³	i_x cm	y-y轴 I_y cm⁴	W_y cm³	i_y,i_{YT} cm	重心 C_x cm	x_T-x_T轴 I_{xT} cm⁴	i_{xT} cm	T型钢规格 ($h_T×b×t_1×t_2$) mm	类别
	100×50×5×7	12.16	9.5	192	38.5	3.98	14.9	5.96	1.11	1.27	11.9	1.40	50×50×5×7	
	125×60×6×8	17.01	13.3	417	66.8	4.95	29.3	9.75	1.31	1.63	27.5	1.80	62.5×120×6×8	
	150×75×5×7	18.16	14.3	679	90.6	6.12	49.6	13.2	1.65	1.78	42.7	2.17	75×75×5×7	
	175×90×5×8	23.21	18.2	1220	140	7.26	97.6	21.7	2.05	1.92	70.7	2.47	87.5×90×5×8	
	198×99×4.5×7	23.59	18.5	1610	163	8.27	114	23.0	2.20	2.13	94.0	2.82	99×99×4.5×7	
	200×100×5.5×8	27.5	21.7	1880	188	8.25	134	26.8	2.21	2.27	115	2.88	100×100×5.5×8	
	248×124×5×8	32.89	25.8	3560	287	10.4	255	41.1	2.78	2.62	208	3.56	124×124×5×8	
	250×125×6×9	37.87	29.7	4080	326	10.4	294	47.0	2.79	2.78	249	3.62	125×125×6×9	
	298×194×5.5×8	41.55	32.6	6460	433	12.4	443	59.4	3.26	3.22	395	4.36	149×149×5.5×8	
	300×150×6.5×9	47.53	37.3	7350	490	12.4	508	67.7	3.27	3.38	465	4.42	150×150×6.5×9	
	346×174×6×9	53.19	41.8	11200	649	14.5	792	91.0	3.86	3.68	618	5.06	173×174×6×9	
	350×175×7×11	63.66	50.0	13700	782	14.7	985	113	3.93	3.74	816	5.06	175×175×7×11	
	♯400×150×8×13	71.12	55.8	18800	942	16.3	734	97.9	3.21	—	—	—	—	
HN	396×199×7×11	72.16	56.7	20000	1010	16.7	1450	145	4.48	4.17	1190	5.76	198×199×7×11	TN
	400×200×8×13	84.12	66.0	23700	1190	16.8	1740	174	4.54	4.23	1400	5.76	200×200×8×13	
	♯450×150×9×14	83.41	65.5	27100	1200	18.0	793	106	3.08	—	—	—	—	
	446×199×8×12	84.95	66.7	29000	1300	18.5	1580	159	4.31	5.07	1880	6.65	223×199×8×12	
	450×200×9×14	97.41	76.5	33700	1500	18.6	1870	187	4.38	5.13	2160	6.66	225×200×9×14	
	♯500×150×10×16	98.23	77.1	38500	1540	19.8	907	121	3.04	—	—	—	—	
	496×199×9×14	101.3	79.5	41900	1690	20.3	1840	185	4.27	5.90	2840	7.49	248×199×9×14	
	500×200×10×16	114.2	89	47800	1910	20.5	2140	214	4.33	5.96	3210	7.50	250×200×10×16	
	♯506×201×11×19	131.3	103	56500	2230	20.8	2580	257	4.43	5.95	3670	7.48	♯253×201×11×19	
	596×199×10×15	121.2	95.1	69300	2330	23.9	1980	199	4.04	7.76	5200	9.27	298×199×10×15	
	600×200×11×17	135.2	106	78200	2610	24.1	2280	228	4.11	7.81	5802	9.28	300×200×11×17	
	♯606×201×12×20	153.3	120	91000	3000	24.4	2720	271	4.21	7.76	6580	9.26	♯303×201×12×20	
	♯692×300×13×20	211.5	166	172000	4980	26.8	9020	602	6.53	—	—	—	—	
	700×300×13×24	235.5	185	201000	5760	29.3	10800	722	6.18	—	—	—	—	

注:"♯"表示的规格为非常用规格。

251

附表 6-3　普通槽钢

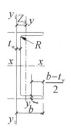

符号同普通工字型钢，
但 W_y 为对应于翼缘肢尖的截面模量

长度：型号 5~8，长 5~12m；
型号 10~18，长 5~19m；
型号 20~40，长 6~19m

| 型号 | 尺寸 | | | | | 截面积 | 质量 | x-x 轴 | | | y-y 轴 | | | y1-y1 轴 | z0 |
| | h | b | d | t | R | cm² | kg/m | I_x | W_x | i_x | I_y | W_y | i_y | I_{y1} | |
	mm							cm⁴	cm³	cm	cm⁴	cm³	cm	cm⁴	cm
5	50	37	4.5	7.0	7.0	6.92	5.44	26	10.4	1.94	8.3	3.5	1.10	20.9	1.35
6.3	63	40	4.8	7.5	7.5	8.45	6.63	51	16.3	2.46	11.9	4.6	1.19	28.3	1.39
8	80	43	5.0	8.0	8.0	10.24	8.04	101	25.3	3.14	16.6	5.8	1.27	37.4	1.42
10	100	48	5.3	8.5	8.5	12.74	10.00	198	39.7	3.94	25.6	7.8	1.42	54.9	1.52
12.6	126	53	5.5	9.0	9.0	15.69	12.31	389	61.7	4.98	38.0	10.3	1.56	77.8	1.59
a		58	6.0	9.5	9.5	18.51	14.53	564	80.5	5.52	53.2	13.0	1.70	107.2	1.71
14b	140	60	8.0	9.5	9.5	21.31	16.73	609	87.1	5.35	61.2	14.1	1.69	120.6	1.67
a		63	6.5	10.0	10.0	21.95	17.23	866	108.3	6.28	73.4	16.3	1.83	144.1	1.79
16b	160	65	8.5	10.0	10.0	25.15	19.75	935	116.8	6.10	83.4	17.6	1.82	160.8	1.75
a		68	7.0	10.5	10.5	25.69	20.17	1273	141.4	7.04	98.6	20.0	1.96	189.7	1.88
18b	180	70	9.0	10.5	10.5	29.29	22.99	1370	152.2	6.84	111.0	21.5	1.95	210.1	1.84
a		73	7.0	11.0	11.0	28.83	22.63	1780	178.0	7.86	128.0	24.2	2.11	244.0	2.01
20b	200	75	9.0	11.0	11.0	32.83	25.77	1914	191.4	7.64	143.6	25.9	2.09	268.4	1.95
a		77	7.0	11.5	11.5	31.84	24.99	2394	217.6	8.67	157.8	28.2	2.23	298.2	2.10
22b	220	79	9.O	11.5	11.5	36.24	28.45	2571	233.8	8.42	176.5	30.1	2.21	326.3	2.03
a		78	7.0	12.0	12.0	34.91	27.40	3359	268.7	9.81	175.9	30.7	2.24	324.8	2.07
25b	250	80	9.0	12.0	12.0	39.91	31.33	3619	289.6	9.52	196.4	32.7	2.22	355.1	1.99
c		82	11.0	12.0	12.0	44.91	35.25	3880	310.4	9.30	215.9	34.6	2.19	388.6	1.96
a		82	7.5	12.5	12.5	40.02	31.42	4753	339.5	10.90	217.9	35.7	2.33	393.3	2.09
28b	280	84	9.5	12.5	12.5	45.62	35.81	5118	365.6	10.59	241.5	37.9	2.30	428.5	2.02
c		86	11.5	12.5	12.5	51.22	40.21	5484	391.7	10.35	264.1	40.0	2.27	467.3	1.99
a		88	8.0	14.0	14.0	48.50	38.07	7511	469.4	12.44	304.7	46.4	2.51	547.5	2.24
32b	320	90	10.0	14.0	14.0	54.90	43.10	8057	503.5	12.11	335.6	49.1	2.47	592.9	2.16
c		92	12.0	14.0	14.0	61.30	48.12	8603	537.7	11.85	365.0	51.6	2.44	642.7	2.13
a		96	9.0	16.0	16.0	60.89	47.80	11874	659.7	13.96	455.0	63.6	2.73	818.5	2.44
36b	360	98	11.0	16.0	16.0	68.09	53.45	12652	702.9	13.63	496.7	66.9	2.70	880.5	2.37
c		100	13.0	16.0	16.0	75.29	59.10	13429	746.1	13.36	536.6	70.0	2.67	948.0	2.34
a		100	10.5	18.0	18.0	75.04	58.91	17578	878.9	15.30	592.0	78.8	2.81	1057.9	2.49
40b	400	102	12.5	18.0	18.0	83.04	65.19	18644	932.2	14.98	640.6	82.6	2.78	1135.8	2.44
c		104	14.5	18.0	18.0	91.04	71.47	19711	985.6	14.71	687.8	86.2	2.75	1220.3	2.42

附表 6-4　等边角钢

单角钢　　双角钢

角钢型号	厚度	圆角 R	重心矩 z0	截面积 A	质量	惯性矩 Ix	截面模量 Wx^max	Wx^min	ix	ix0	iy0	iy 当 a 为下列数值 6mm	8mm	10mm	12mm	14mm
		mm	mm	cm²	kg/m	cm⁴	cm³	cm³	cm	cm	cm	cm	cm	cm	cm	cm
20×4	3	3.5	6.0	1.13	0.89	0.40	0.66	0.29	0.59	0.75	0.39	1.08	1.17	1.25	1.34	1.43
	4		6.4	1.46	1.15	0.50	0.78	0.36	0.58	0.73	0.38	1.11	1.19	1.28	1.37	1.46
25×4	3	3.5	7.3	1.43	1.12	0.82	1.12	0.46	0.76	0.95	0.49	1.27	1.36	1.44	1.53	1.61
	4		7.6	1.86	1.46	1.03	1.34	0.59	0.74	0.93	0.48	1.30	1.38	1.47	1.55	1.64
30×4	3	4.5	8.5	1.75	1.37	1.46	1.72	0.68	0.91	1.15	0.59	1.47	1.55	1.63	1.71	1.80
	4		8.9	2.28	1.79	1.84	2.08	0.87	0.90	1.13	0.58	1.49	1.57	1.65	1.74	1.82
36×4	3	4.5	10.0	2.11	1.66	2.58	2.59	0.99	1.11	1.39	0.71	1.70	1.78	1.86	1.94	2.03
	4		10.4	2.76	2.16	3.29	3.18	1.28	1.09	1.38	0.70	1.73	1.80	1.89	1.97	2.05
	5		10.7	3.38	2.65	3.95	3.68	1.56	1.08	1.36	0.70	1.75	1.83	1.91	1.99	2.08
40×4	3	5	10.9	2.36	1.85	3.59	3.28	1.23	1.23	1.55	0.79	1.86	1.94	2.01	2.09	2.18
	4		11.3	3.09	2.42	4.60	4.05	1.60	1.22	1.54	0.?9	1.88	1.96	2.04	2.12	2.20
	5		11.7	3.79	2.98	5.53	4.72	1.96	1.21	1.52	0.78	1.90	1.98	2.06	2.14	2.23
45×5	3	5	12.2	2.66	2.09	5.17	4.25	1.58	1.39	1.76	0.90	2.06	2.14	2.21	2.29	2.37
	4		12.6	3.49	2.74	6.65	5.29	2.05	1.38	1.74	0.89	2.08	2.16	2.24	2.32	2.40
	5		13.0	4.29	3.37	8.04	6.20	2.51	1.37	1.72	0.88	2.10	2.18	2.26	2.34	2.42
	6		13.3	5.08	3.99	9.33	6.99	2.95	1.36	1.71	0.88	2.12	2.20	2.28	2.36	2.44
50×5	3	5.5	13.4	2.97	2.33	7.18	5.36	1.96	1.55	1.96	1.00	2.26	2.33	2.41	2.48	2.56
	4		13.8	3.90	3.06	9.26	6.70	2.56	1.54	1.94	0.99	2.28	2.36	2.43	2.51	2.59
	5		14.2	4.80	3.77	11.21	7.90	3.13	1.53	1.92	0.98	2.30	2.38	2.45	2.53	2.S1
	6		14.6	5.69	4.46	13.05	8.95	3.68	1.51	1.91	0.98	2.32	2.40	2.48	2.56	2.64
56×5	3	6	14.8	3.34	2.62	10.19	6.86	2.48	1.75	2.20	1.13	2.50	2.57	2.64	2.72	2.80
	4		15.3	4.39	3.45	13.18	8.63	3.24	1.73	2.18	1.11	2.52	2.59	2.67	2.74	2.82
	5		15.7	5.42	4.25	16.02	10.22	3.97	1.72	2.17	1.10	2.54	2.61	2.69	2.77	2.85
	8		16.8	8.37	6.57	23.63	14.06	6.03	1.68	2.11	1.09	2.60	2.67	2.75	2.83	2.91
63×6	4	7	17.0	4.98	3.91	19.03	11.22	4.13	1.96	2.46	1.26	2.79	2.87	2.94	3.02	3.09
	5		17.4	6.14	4.82	23.17	13.33	5.08	1.94	2.45	1.25	2.82	2.89	2.96	3.04	3.12
	6		17.8	7.29	5.72	27.12	15.26	6.00	1.93	2.43	1.24	2.83	2.91	2.98	3.06	3.14
	8		18.5	9.51	7.47	34.45	18.59	7.75	1.90	2.39	1.23	2.87	2.95	3.03	3.10	3.18
	10		19.3	11.66	9.15	41.09	21.34	9.39	1.88	2.36	1.22	2.91	2.99	3.07	3.15	3.23
70×6	4	8	18.6	5.57	4.37	26.39	4.16	5.14	2.18	2.74	1.40	3.07	3.14	3.21	3.29	3.36
	5		19.1	6.88	5.40	32.21	16.89	6.32	2.16	2.73	1.39	3.09	3.16	3.24	3.31	3.39
	6		19.5	8.16	6.41	37.77	19.39	7.48	2.15	2.71	1.38	3.11	3.18	3.26	3.33	3.41
	7		19.9	9.42	7.40	43.09	21.68	8.59	2.14	2.69	1.38	3.13	3.20	3.28	3.36	3.43
	8		20.3	10.67	8.37	48.17	23.79	9.68	2.13	2.68	1.37	3.15	3.22	3.30	3.38	3.46
75×7	5	9	20.3	7.41	5.82	39.96	19.73	7.30	2.32	2.92	1.50	3.29	3.36	3.43	3.50	3.58
	6		20.7	8.80	6.91	46.91	22.69	8.63	2.31	2.91	1.49	3.31	3.38	3.45	3.53	3.60
	7		21.1	10.16	7.98	53.57	25.42	9.93	2.30	2.89	1.48	3.33	3.40	3.47	3.55	3.63
	8		21.5	11.50	9.03	59.96	27.93	11.20	2.28	2.87	1.47	3.35	3.42	3.50	3.57	3.65
	10		22.2	14.13	11.09	71.98	32.40	13.64	2.26	2.84	1.46	3.38	3.46	3.54	3.61	3.69
80×7	5	9	21.5	7.91	6.21	48.79	22.70	8.34	2.48	3.13	1.60	3.49	3.56	3.63	3.71	3.78
	6		21.9	9.40	7.38	57.35	26.16	9.87	2.47	3.11	1.59	3.51	3.58	3.65	3.73	3.80
	7		22.3	10.86	8.53	65.58	29.38	11.37	2.46	3.10	1.58	3.53	3.60	3.67	3.75	3.83
	8		22.7	12.30	9.66	73.50	32.36	12.83	2.44	3.08	1.57	3.55	3.62	3.70	3.77	3.85
	10		23.5	15.13	11.87	88.43	37.68	15.64	2.42	3.04	1.56	3.58	3.66	3.74	3.81	3.89

续表

单角钢　　双角钢

角钢型号	圆角 R	重心矩 z_0	截面积 A	质量	惯性矩 I_x	截面模量					i_y,当 a 为下列数值:				
						W_x^{max}	W_x^{min}	i_x	i_{x0}	i_{y0}	6mm	8mm	10mm	12mm	14mm
	mm		cm²	kg/m	cm⁴	cm³		cm			cm				
6		24.4	10.64	8.35	82.77	33.99	12.61	2.79	3.51	1.80	3.91	3.98	4.05	4.12	4.20
7		24.8	12.30	9.66	94.83	38.28	14.54	2.78	3.50	1.78	3.93	4.00	4.07	4.14	4.Z4
90×8	10	25.2	13.94	10.95	106.5	42.30	16.42	2.?6	3.48	1.78	3.95	4.02	4.09	4.17	4.28
10		25.9	17.17	13.48	128.6	49.57	20.07	2.74	3.45	1.76	3.98	4.06	4.13	4.21	4.32
12		26.7	20.31	15.94	149.2	55.93	23.57	2.71	3.41	1.75	4.02	4.09	4.17	4.25	
6		26.7	11.93	9.37	115.0	43.04	15.68	3.10	3.91	2.00	4.30	4.37	4.44	4.51	4.58
7		27.1	13.80	10.83	131.9	48.57	18.10	3.09	3.89	1.99	4.32	4.39	4.46	4.53	4.61
8		27.6	15.64	12.28	148.2	53.78	20.47	3.08	3.88	1.98	4.34	4.41	4.48	4.55	4.63
100×10	12	28.4	19.26	15.12	179.5	63.29	25.06	3.05	3.84	1.96	4.38	4.45	4.52	4.60	4.67
12		29.1	22.80	17.90	208.9	71 72	29.47	3.03	3.81	1.95	4.41	4.49	4.56	4.64	4.71
14		29.9	26.26	20.61	236.5	79.19	33.73	3.00	3.77	1.94	4.45	4.53	4.60	4.68	4.75
16		30.6	29.63	23.26	262.5	85.81	37.82	2.98	3.74	1.93	4.49	4.56	4.64	4.72	4.80
7		29.6	15.20	11.93	177.2	59.78	22.05	3.41	4.30	2.20	4.72	4.79	4.86	4.94	5.01
8		30.1	17.24	13.53	199.5	66.36	24.95	3.40	4.28	2.19	4.74	4.81	4.88	4.96	5.03
110×10	12	30.9	21.26	16.69	242.2	78.48	30.60	3.38	4.25	2.17	4.78	4.85	4.92	5.00	5.07
12		31.6	25.20	19.?8	282.6	89.34	36.05	3.35	4.22	2.15	4.82	4.89	4.96	5.04	5.11
14		32.4	29.06	22.81	320.7	99.07	41.31	3.32	4.18	2.14	4.85	4.93	5.00	5.08	5.15
8		33.7	19.75	15.50	297.0	88.20	32.52	3.88	4.88	2.50	5.34	5.41	5.48	5.55	5.62
10		34.5	24.37	19.13	361.7	104.8	39.97	3.85	4.85	2.48	5.38	5.45	5.52	5.59	5.66
125×12	14	35.3	28.91	22.70	423.2	119.9	47.17	3.83	4.82	2.46	5.41	5.48	5.56	5.63	5.70
14		36.1	33.37	26.19	481.7	133.6	54.16	3.80	4.78	2.45	5.45	5.52	5.59	5.67	5.74
10		38.2	27.37	1.49	514.7	134.6	0.58	4.34	5.46	2.78	5.98	6.05	6.12	6.20	6.27
12		39.0	32.51	25.52	603.7	154.6	59.80	4.31	5.43	2.77	6.02	6.09	6.16	6.23	6.31
140×14	14	39.8	37.57	29.49	688.8	173.0	68.?5	4.28	5.40	2.75	6.06	6.13	6.20	6.27	6.34
16		40.6	42.54	33.39	770.2	189.9	77.46	4.26	5.36	2.74	6.09	6.16	6.23	6.31	6.38
10		43.1	31.50	24.73	779.5	180.8	66.70	4.97	6.27	3.20	6.78	6.85	6.92	6.99	7.OS
12		43.9	37.44	29.39	916.6	208.6	78.98	4.95	6.24	3.18	6.82	6.89	6.96	7.03	7.10
160×14	16	44.7	43.30	33.99	1048	234.4	90.95	4.92	6.20	3.16	6.86	6.93	7.00	7.07	7.14
16		45.5	49.07	38.52	1175	258.3	102.6	4.89	6.17	3.14	6.89	6.96	7.03	7.10	7.18
12		48.9	42.24	33.16	1321	270.0	100.8	5.59	7.05	3.58	7.63	7.70	7.77	7.84	7.91
14		49.7	48.90	38.38	1514	304.6	116.3	5.57	7.02	3.57	7.67	7.74	7.81	7.88	7.95
180×16	16	50.5	55.47	43.54	1701	336.9	131.4	5.54	6.98	3.55	7.70	7.77	7.84	7.91	7.98
18		51.3	61.95	48.63	1881	367.1	146.1	5.51	6.94	3.53	7.73	7.80	7.87	7.95	8.02
14		54.6	54.64	42.89	2104	385.1	144.7	6.20	7.82	3.98	8.47	8.54	8.61	8.67	8.75
16		55.4	62.01	48.68	2366	427.0	163.7	6.18	7.79	3.96	8.50	8.57	8.S4	8.71	8.78
200×18	18	56.2	69.30	54.40	2621	466.5	182.2	6.15	7.75	3.94	8.53	8.60	8.67	8.75	8.82
20		56.9	76.50	60.06	2867	503.6	200.4	6.12	7.72	3.93	8.57	8.64	8.71	8.78	8.85
24		58.4	90.66	71.17	3338	571.5	235.8	6.07	7.64	3.90	8.63	8.71	8.78	8.85	8.92

附表 6-5　不等边角钢

角钢型号 B×b×t	圆角 R	重心矩 Z_x	重心矩 Z_y	截面积 A	质量	回转半径 i_x	回转半径 i_y	回转半径 i_{y0}	i_{y1},当 a 为下列数值: 6mm	8mm	10mm	12mm	i_{y2},当 a 为下列数值: 6mm	8mm	10mm	12mm
	mm	mm	mm	cm²	kg/m	cm	cm	cm	cm				cm			
25×16×3		4.2	8.6	1.16	0.91	0.44	0.78	0.34	0.84	0.93	1.02	1.11	1.40	1.48	1.57	1.66
4		4.6	9.0	1.50	1.18	0.43	0.77	0.34	0.87	0.96	1.05	1.14	1.42	1.51	1.60	·1.68
3	3.5	4.9	10.8	1.49	1.17	0.55	1.01	0.43	0.97	1.05	1.14	1.23	1.71	1.79	1.88	1.96
32×20×4		5.3	11.2	1.94	1.52	0.54	1.00	0.43	0.99	1.08	1.16	1.25	1.74	1.82	1.90	1.99
40×25×3	4	5.9	13.2	1.89	1.48	0.70	1.28	0.54	1.13	1.21	1.30	1.38	2.07	2.14	2.23	2.31
4		6.3	13.7	2.47	1.94	0.69	1.26	0.54	1.16	1.24	1.32	1.41	2.09	2.17	2.25	2.34
3	5	6.4	14.7	2.15	1.69	0.79	1.44	0.61	1.23	1.31	1.39	1.47	2.28	2.36	2.44	2.52
45×28×4		6.8	15.1	2.81	2.20	0.78	1.43	0.60	1.25	1.33	1.41	1.50	2.31	2.39	2.47	2.55
3	5.5	7.3	16.0	2.43	1.91	0.91	1.60	0.70	1.37	1.45	1.53	1.61	2.49	2.56	2.64	2.72
50×32×4		7.7	16.5	3.18	2.49	0.90	1.59	0.69	1.40	1.47	1.55	1.64	2.51	2.59	2.67	2.75
3	6	8.0	17.8	2.74	2.15	1.03	1.80	0.79	1.51	1.59	1.66	1.74	2.75	2.82	2.90	2.98
56×36×4		8.5	18.2	3.59	2.82	1.02	1.79	0.78	1.53	1.61	1.69	1.77	2.77	2.85	2.93	3.01
5		8.8	18.7	4.42	3.47	1.01	1.77	0.78	1.56	1.63	1.71	1.79	2.80	2.88	2.96	3.04
4	7	9.2	20.4	4.06	3.19	1.14	2.02	0.88	1.66	1.74	1.81	1.89	3.09	3.16	3.24	3.32
63×40×5		9.5	20.8	4.99	3.92	1.12	2.00	0.87	1.68	1.76	1.84	1.92	3.11	3.19	3.27	3.35
6		9.9	21.2	5.91	4.64	1.11	1.99	0.86	1.71	1.78	1.86	1.94	3.13	3.21	3.29	3.37
7		10.3	21.6	6.80	5.34	1.10	1.97	0.86	1.73	1.81	1.89	1.97	3.16	3.24	3.32	3.40
4	7.5	10.2	22.3	4.55	3.57	1.29	2.25	0.99	1.84	1.91	1.99	2.07	3.39	3.46	3.54	3.62
5		10.6	22.8	5.61	4.40	1.28	2.23	0.98	1.86	1.94	2.01	2.09	3.41	3.49	3.57	3.64
70×45×6		11.0	23.2	6.64	5.22	1.26	2.22	0.97	1.88	1.96	2.04	2.11	3.44	3.51	3.59	3.67
7		11.3	23.6	7.66	6.01	1.25	2.20	0.97	1.90	1.98	2.06	2.14	3.46	3.54	3.61	3.69
5	8	11.7	24.O	6.13	4.81	1.43	2.39	1.09	2.06	2.13	2.20	2.28	3.60	3.68	3.7S	3.83
6		12.1	24.4	7.26	5.70	1.42	2.38	1.08	2.08	2.15	2.23	2.30	3.63	3.70	3.78	3.86
75×50×8		12.9	25.2	9.47	7.43	1.40	2.35	1.07	2.12	2.19	2.27	2.35	3.67	3.75	3.83	3.91
10		13.6	26.0	11.6	9.10	1.38	2.33	1.06	2.16	2.24	2.31	2.40	3.71	3.79	3.87	3.95
5	8	11.4	26.0	6.38	5.00	1.42	2.57	1.10	2.02	2.09	2.17	2.24	3.88	3.95	4.03	4.10
6		11.8	26.5	7.56	5.93	1.41	2.55	1.09	2.04	2.11	2.19	2.27	3.90	3.98	4.05	4.13
80×50×7		12.1	26.9	8.72	6.85	1.39	2.54	1.08	2.06	2.13	2.21	2.29	3.92	4.00	4.08	4.16
8		12.5	27.3	9.87	7.75	1.38	2.52	1.07	2.08	2.15	2.23	2.31	3.94	4.02	4.10	4.18
5	9	12.5	29.1	7.21	5.66	1.59	2.90	1.23	2.22	2.29	2.36	2.44	4.32	4.39	4.47	4.55
6		12.9	29.5	8.56	6.72	1.58	2.88	1.22	2.24	2.31	2.39	2.46	4.34	4.42	4.50	4.57
90×56×7		13.3	30.0	9.88	7.76	1.57	2.87	1.22	2.26	2.33	2.41	2.49	4.37	4.44	4.52	4.60
8		13.6	30.4	11.2	8.78	1.56	2.85	1.21	2.28	2.35	2.43	2.51	4.39	4.47	4.54	4.62

续表

角钢型号 B×b×t	圆角 R	重心矩 Z_x	重心矩 Z_y	截面积 A	质量	回转半径 i_x	回转半径 i_y	回转半径 i_{y0}	i_{y1}，当a为下列数值： 6mm	8mm	10mm	12mm	i_{y2}，当a为下列数值： 6mm	8mm	10mm	12mm
	mm	mm	mm	cm²	kg/m	cm	cm	cm	cm				cm			
00×63×7　　6		14.3	32.4	9.62	7.55	1.79	3.21	1.38	2.49	2.56	2.63	2.71	4.77	4.85	4.92	5.00
7		14.7	32.8	11.1	8.72	1.78	3.20	1.37	2.51	2.58	2.65	2.73	4.80	4.87	4.95	5.03
8		15.0	33.2	12.6	9.88	1.77	3.18	1.37	2.53	2.60	2.67	2.75	4.82	4.90	4.97	5.05
10		15.8	34.0	15.5	12.1	1.75	3.15	1.35	2.57	2.64	2.72	2.79	4.86	4.94	5.02	5.10
100×80×7　　6	0	19.7	29.5	10.6	8.35	2.40	3.17	1.73	3.31	3.38	3.45	3.52	4.54	4.62	4.69	4.76
7		20.1	30.0	12.3	9.66	2.39	3.16	1.71	3.32	3.39	3.47	3.54	4.57	4.64	4.71	4.79
8		20.5	30.4	13.9	10.9	2.37	3.15	1.71	3.34	3.41	3.49	3.56	4.59	4.66	4.73	4.81
10		21.3	31.2	17.2	13.5	2.35	3.12	1.69	3.38	3.45	3.53	3.60	4.63	4.70	4.78	4.85
110×70×7　　6		15.7	35.3	10.6	8.35	2.01	3.54	1.54	2.74	2.81	2.88	2.96	5.21	5.29	5.36	5.44
7		16.1	35.7	12.3	9.66	2.00	3.53	1.53	2.76	2.83	2.90	2.98	5.24	5.31	5.39	5.46
8		16.5	36.2	13.9	10.9	1.98	3.51	1.53	2.78	2.85	2.92	3.00	5.26	5.34	5.41	5.49
10		17.2	37.0	17.2	13.5	1.96	3.48	1.51	2.82	2.89	2.96	3.04	5.30	5.38	5.46	5.53
125×80×8　　7	11	18.0	40.1	14.1	11.1	2.30	4.02	1.76	3.13	3.18	3.25	3.33	5.90	5.97	6.04	6.12
8		18.4	40.6	16.0	12.6	2.29	4.01	1.75	3.13	3.20	3.27	3.35	5.92	5.99	6.07	6.14
10		19.2	41.4	19.7	15.5	2.26	3.98	1.74	3.17	3.24	3.31	3.39	5.96	6.04	6.11	6.19
12		20.0	42.2	23.4	18.3	2.24	3.95	1.72	3.20	3.28	3.35	3.43	6.00	6.08	6.16	6.23
140×90×12　　8	12	20.4	45.0	18.0	14.2	2.59	4.50	1.98	3.49	3.56	3.63	3.70	6.58	6.65	6.73	6.80
10		21.2	45.8	22.3	17.5	2.56	4.47	1.96	3.52	3.59	3.66	3.73	6.62	6.70	6.77	6.85
12		21.9	46.6	26.4	20.7	2.54	4.44	1.95	3.56	3.63	3.70	3.77	6.66	6.74	6.81	6.89
14		22.7	47.4	30.5	23.9	2.51	4.42	1.94	3.59	3.66	3.74	3.81	6.70	6.78	6.86	6.93
160×100×14　　10	13	22.8	52.4	25.3	19.9	2.85	5.14	2.19	3.84	3.91	3.98	4.05	7.55	7.63	7.70	7.78
12		23.6	53.2	30.1	23.6	2.82	5.11	2.18	3.87	3.94	4.01	4.09	7.60	7.67	7.75	7.82
14		24.3	54.0	34.7	27.2	2.80	5.08	2.16	3.91	3.98	4.05	4.12	7.64	7.71	7.79	7.86
16		25.1	54.8	39.3	30.8	2.77	5.05	2.15	3.94	4.02	4.09	4.16	7.68	7.75	7.83	7.90
180×110×14　　10	14	24.4	58.9	28.4	22.3	3.13	5.81	2.42	4.16	4.23	4.30	4.36	8.49	8.56	8.63	8.71
12		25.2	59.8	33.7	26.5	3.10	5.78	2.40	4.19	4.26	4.33	4.40	8.53	8.60	8.68	8.75
14		25.9	60.6	39.0	30.6	3.08	5.75	2.39	4.23	4.30	4.37	4.44	8.57	8.64	8.72	8.79
16		26.7	61.4	44.1	34.6	3.05	5.72	2.37	4.26	4.33	4.40	4.47	8.61	8.68	8.76	8.84
200×125×16　　12	14	28.3	65.4	37.9	29.8	3.57	6.44	2.75	4.75	4.82	4.88	4.95	9.39	9.47	9.54	9.62
14		29.1	66.2	43.9	34.4	3.54	6.41	2.73	4.78	4.85	4.92	4.99	9.43	9.51	9.58	9.66
16		29.9	67.0	49.7	39.0	3.52	6.38	2.71	4.81	4.88	4.95	5.02	9.47	9.55	9.62	9.70
18		30.6	67.8	55.5	43.6	3.49	6.35	2.70	4.85	4.92	4.99	5.06	9.51	9.59	9.66	9.74

注：一个角钢的惯性矩 $I_x = A i_x^2$，$I_y = A i_y^2$；

　　一个角钢的截面模量 $W_x^{max} = I_x / z_x$，$W_x^{min} = I_x / (b - z_x)$，$W_y^{max} = I_y / z_y$，$W_y^{min} = I_y / (b - z_y)$。

附表6-6 热轧无缝钢管

I-截面惯性矩
W-截面模量
i-截面回转半径

尺寸(mm) d	t	截面面积A cm²	每米重量 kg/m	I cm⁴	W cm³	i cm
32	2.5	2.32	1.82	2.54	1.59	1.05
	3.0	2.73	2.15	2.90	1.82	1.03
	3.5	3.13	2.46	3.23	2.02	1.02
	4.0	3.52	2.76	3.52	2.20	1.00
38	2.5	2.79	2.19	4.41	2.32	1.26
	3.0	3.30	2.59	5.09	2.68	1.24
	3.5	3.79	2.98	5.70	3.00	1.23
	4.0	4.27	3.35	6.26	3.29	1.21
42	2.5	3.10	2.44	6.07	2.89	1.40
	3.0	3.68	2.89	7.03	3.35	1.38
	3.5	4.23	3.32	7.91	3.77	1.37
	4.0	4.78	3.75	8.71	4.15	1.35
45	2.5	3.34	2.62	7.56	3.36	1.51
	3.0	3.96	3.11	8.77	3.90	1.49
	3.5	4.56	3.58	9.89	4.40	1.47
	4.0	5.15	4.04	10.93	4.86	1.46
50	2.5	3.73	2.93	10.55	4.22	1.68
	3.0	4.43	3.48	12.28	4.91	1.67
	3.5	5.11	4.01	13.90	5.56	1.65
	4.0	5.?8	4.54	15.41	6.16	1.63
	4.5	6.43	5.05	16.81	6.72	1.62
	5.0	7.07	5.55	18.11	7.25	1.60
54	3.0	4.81	3.77	15.68	5.81	1.81
	3.5	5.55	4.36	17.79	6.59	1.79
	4.0	6.28	4.93	19.76	7.32	1.77
	4.5	7.00	5.49	21.61	8.00	1.?6
	5.0	7.70	6.04	23.34	8.64	1.74
	5.5	8.38	6.58	24.96	9.24	1.73
	6.0	9.05	7.10	26.46	9.80	1.71
57	3.0	5.09	4.00	18.61	6.53	1.91
	3.5	5.88	4.62	21.14	7.42	1.90
	4.0	6.66	5.23	23.52	8.25	1.88
	4.5	7.42	5.83	25.76	9.04	1.86
	5.0	8.17	6.41	27.86	9.78	1.85
	5.5	8.90	6.99	29.84	10.47	1.83
	6.0	9.61	7.55	31.69	11.12	1.82
60	3.0	5.37	4.22	21.88	7.29	2.02
	3.5	6.21	4.88	24.88	8.29	2.00
	4.0	7.04	5.52	27.73	9.24	1.98
	4.5	7.85	6.16	30.41	10.14	1.97
	5.0	8.64	6.78	32.94	10.98	1.95
	5.5	9.42	7.39	35.32	11.77	1.94
	6.0	10.18	7.99	37.56	12.52	1.92

尺寸(mm) d	t	截面面积A cm²	每米重量 kg/m	I cm⁴	W cm³	i cm
63.5	3.0	5.70	4.48	26.15	8.24	2.14
	3.5	6.60	5.18	29.79	9.38	2.12
	4.0	7.48	5.87	33.24	10.47	2.11
	4.5	8.34	6.55	36.50	11.50	2.09
	5.0	9.19	7.21	39.60	12.47	2.08
	5.5	10.02	7.87	42.52	13.39	2.06
	6.0	10.84	8.51	45.28	14.26	2.04
68	3.0	6.13	4.81	32.42	9.54	2.30
	3.5	7.09	5.57	36.99	10.88	2.28
	4.0	8.04	6.31	41.47	12.16	2.27
	4.5	8.98	7.05	45.47	13.37	2.25
	5.0	9.90	7.77	49.41	14.53	2.23
	5.5	10.80	8.48	53.14	15.63	2.22
	6.0	11.69	9.17	5S.68	16.67	2.20
70	3.0	6.31	4.96	35.50	10.14	2.37
	3.5	7.31	5.74	40.53	11.58	2.35
	4.0	8.29	6.51	45.33	12.95	2.34
	4.5	9.26	7.27	49.89	14.26	2.32
	5.0	10.21	8.01	54.24	15.50	2.30
	5.5	11.14	8.75	58.38	16.68	2.29
	6.0	12.06	9.47	62.31	17.80	2.27
73	3.0	6.60	5.18	40.48	11.09	2.48
	3.5	7.64	S.00	46.26	12.67	2.46
	4.0	8.67	6.81	51.78	14.19	2.44
	4.5	9.68	7.60	57.04	15.63	2.43
	5.0	10.68	8.38	62.07	17.01	2.41
	5.5	11.66	9.16	66.87	18.32	2.39
	6.0	12.63	9.91	71.43	19.57	2.38
76	3.0	6.88	5.40	45.91	12.08	2.58
	3.5	7.97	6.26	52.50	13.82	2.57
	4.0	9.05	7.10	58.81	15.48	2.55
	4.5	10.11	7.93	64.85	17.07	2.53
	5.0	11.15	8.75	70.62	18.59	2.52
	5.5	12.18	9.56	76.14	20.04	2.50
	6.0	13.19	10.36	81.41	21.42	2.48
83	3.5	8.74	6.86	69.19	16.67	2.81
	4.0	9.93	7.79	77.64	18.71	2.80
	4.5	11.10	8.71	85.76	20.67	2.78
	5.0	12.25	9.62	93.56	22.54	2.76
	5.5	13.39	10.51	101.04	24.35	2.75
	6.0	14.51	11.39	108.22	26.08	2.73
	6.5	15.62	12.26	115.10	27.74	2.71
	7.0	16.71	13.12	121.69	29.32	2.70

续表

尺寸(mm)		截面面积A	每米重量	截面特性		
d	t	cm²	kg/m	I (cm⁴)	W (cm³)	i (cm)
89	3.5	9.40	7.38	86.05	19.34	3.03
	4.0	10.68	8.38	96.68	21.73	3.01
	4.5	11.95	9.38	106.92	24.03	2.99
	5.0	13.19	10.36	116.79	26.24	2.98
	5.5	14.43	11.33	126.29	28.38	2.96
	6.0	15.65	12.28	135.43	30.43	2.94
	6.5	16.85	13.22	144.22	32.41	2.93
	7.0	18.03	14.16	152.67	34.31	2.91
95	3.5	10.06	7.90	105.45	22.20	3.24
	4.0	11.44	8.98	118.60	24.97	3.22
	4.5	12.79	10.04	131.31	27.64	3.20
	5.0	14.14	11.10	143.58	30.23	3.19
	5.5	15.46	12.14	155.43	32.72	3.17
	6.0	16.78	13.17	166.86	35.13	3.15
	6.5	18.07	14.19	177.89	37.45	3.14
	7.0	19.35	15.19	188.51	39.69	3.12
102	3.5	10.83	8.50	131.52	25.79	3.48
	4.0	12.32	9.67	148.09	29.04	3.47
	4.5	13.78	10.82	164.14	32.18	3.45
	5.0	15.24	11.96	179.68	35.23	3.43
	5.5	16.67	13.09	194.72	38.18	3.42
	6.0	18.10	14.21	209.28	41.03	3.40
	6.5	19.50	15.31	223.35	43.79	3.38
	7.0	20.89	16.40	236.96	46.46	3.37
114	4.0	13.82	10.85	209.35	36.73	3.89
	4.5	15.48	12.15	232.41	40.77	3.87
	5.0	17.12	13.44	254.81	44.70	3.86
	5.5	18.75	14.72	276.58	48.52	3.84
	6.0	20.36	15.98	297.73	52.23	3.82
	6.5	21.95	17.23	318.26	55.84	3.81
	7.0	23.53	18.47	338.19	59.33	3.79
	7.5	25.09	19.70	357.58	62.73	3.77
	8.0	26.64	20.91	376.30	66.02	3.76
121	4.0	14.70	11.54	251.87	41.63	4.14
	4.5	16.47	12.93	279.83	46.25	4.12
	5.0	18.22	14.30	307.05	50.75	4.11
	5.5	19.96	15.67	333.54	55.13	4.09
	6.0	21.68	17.02	359.32	59.39	4.07
	6.5	23.38	18.35	384.40	63.54	4.05
	7.0	25.07	19.68	408.80	67.57	4.04
	7.5	26.74	20.99	432.51	71.49	4.02
	8.0	28.40	22.29	455.57	75.30	4.01
127	4.0	15.46	12.13	292.61	46.08	4.35
	4.5	17.32	13.59	325.29	51.23	4.33
	5.0	19.16	15.04	357.14	56.24	4.32
	5.5	20.99	16.48	388.19	61.13	4.30
	6.0	22.81	17.90	418.44	65.90	4.28
	6.5	24.61	19.32	447.92	70.54	4.27
	7.0	26.39	20.72	476.63	75.06	4.25
	7.5	28.16	22.10	504.58	79.46	4.23
	8.0	29.91	23.48	531.80	83.75	4.22

尺寸(mm)		截面面积A	每米重量	截面特性		
d	t	cm²	kg/m	I (cm⁴)	W (cm³)	i (cm)
133	4.0	16.21	12.73	337.53	50.76	4.56
	4.5	18.17	14.26	375.42	56.45	4.55
	5.0	20.11	15.78	412.40	62.02	4.53
	5.5	22.03	17.29	448.50	67.44	4.51
	6.0	23.94	18.79	483.72	72.74	4.50
	6.5	25.83	20.28	518.07	77.91	4.48
	7.0	27.71	21.75	551.58	82.94	4.46
	7.5	29.57	23.21	584.25	87.86	4.45
	8.0	31.42	24.66	616.11	92.65	4.43
140	4.5	19.16	15.04	440.12	62.87	4.79
	5.0	21.21	16.65	483.76	69.11	4.78
	5.5	23.24	18.24	526.40	75.20	4.76
	6.0	25.26	19.83	568.06	81.15	4.74
	6.5	27.26	21.40	608.76	86.97	4.73
	7.0	29.25	22.96	648.51	92.64	4.71
	7.5	31.22	24.51	687.32	98.19	4.69
	8.0	33.18	26.04	725.21	103.60	4.68
	9.0	37.04	29.08	798.29	114.04	4.64
	10	40.84	32.06	867.86	123.98	4.61
146	4.5	20.00	15.70	501.16	68.65	5.01
	5.0	22.15	17.39	551.10	75.49	4.99
	5.5	24.28	19.06	599.95	82.19	4.97
	6.0	26.39	20.72	647.73	88.73	4.95
	6.5	28.49	22.36	694.44	95.13	4.94
	7.0	30.57	24.00	740.12	101.39	4.92
	7.5	32.63	25.62	784.77	107.50	4.90
	8.0	34.68	27.23	828.41	113.48	4.89
	9.0	38.74	30.41	912.71	125.03	4.85
	10	42.73	33.54	993.16	136.05	4.82
152	4.5	20.85	16.37	567.61	74.69	5.22
	5.0	23.09	18.13	624.43	82.16	5.20
	5.5	25.31	19.87	680.06	89.48	5.18
	6.0	27.52	21.60	734.52	96.65	5.17
	6.5	29.71	23.32	787.82	103.66	5.15
	7.0	31.89	25.03	839.99	110.52	5.13
	7.5	34.05	26.73	891.03	117.24	5.12
	8.0	36.19	28.41	940.97	123.81	5.10
	9.0	40.43	31.74	1037.59	136.53	5.07
	10	44.61	35.02	1129.99	148.68	5.03
159	4.5	21.84	17.15	652.27	82.05	5.46
	5.0	24.19	18.99	717.88	90.30	5.45
	5.5	26.52	20.82	782.18	98.39	5.43
	6.0	28.84	22.64	845.19	106.31	5.41
	6.5	31.14	24.45	906.92	114.08	5.40
	7.0	33.43	26.24	967.41	121.69	5.38
	7.5	35.70	28.02	1026.65	129.14	5.36
	8.0	37.95	29.79	1084.67	136.44	5.35
	9.0	42.41	33.29	1197.12	150.58	5.31
	10	46.81	36.75	1304.88	164.14	5.28

附表 6-7　电焊钢管

I-截面惯性矩
W-截面模量
i-截面回转半径

尺寸(mm) d	t	截面面积A cm²	每米重量 kg/m	I cm⁴	W cm³	i cm	尺寸(mm) d	t	截面面积A cm²	每米重量 kg/m	I cm⁴	W cm³	i cm
32	2.0	1.88	1.48	2.13	1.33	1.06		2.0	5.47	4.29	51.75	11.63	3.08
	2.5	2.32	1.82	2.54	1.59	1.05		2.5	6.79	5.33	63.59	14.29	3.06
38	2.0	2.26	1.78	3.68	1.93	1.27	89	3.0	8.11	6.36	75.02	16.86	3.04
	2.5	2.79	2.19	4.41	2.32	1.26		3.5	9.40	7.38	86.05	19.34	3.03
40	2.0	2.39	1.87	4.32	2.16	1.35		4.0	10.68	8.38	96.68	21.73	3.01
	2.5	2.95	2.31	5.20	2.60	1.33		4.5	11.95	9.38	106.92	24.03	2.99
42	2.0	2.51	1.97	5.04	2.40	1.42		2.0	5.84	4.59	63.20	13.31	3.29
	2.5	3.10	2.44	6.07	2.89	1.40	95	2.5	7.26	5.70	77.76	16.37	3.27
45	2.0	2.70	2.12	6.26	2.78	1.52		3.0	8.67	6.81	91.83	19.33	3.25
	2.5	3.34	2.62	7.56	3.36	1.51		3.5	10.06	7.90	105.45	22.20	3.24
	3.0	3.96	3.11	8.77	3.90	1.49		2.0	6.28	4.93	78.57	15.41	3.54
51	2.0	3.08	2.42	9.26	3.63	1.73		2.5	7.81	6.13	96.77	18.97	3.52
	2.5	3.81	2.99	11.23	4.40	1.72		3.0	9.33	7.32	114.42	22.43	3.50
	3.0	4.52	3.55	13.08	5.13	1.70	102	3.5	10.83	8.50	131.52	25.79	3.48
	3.5	5.22	4.10	14.81	5.81	1.68		4.0	12.32	9.67	148.09	29.04	3.47
53	2.0	3.20	2.52	10.43	3.94	1.80		4.5	13.78	10.82	164.14	32.18	3.45
	2.5	3.97	3.11	12.67	4.78	1.79		5.0	15.24	11.96	179.68	35.23	3.43
	3.0	4.71	3.70	14.78	5.58	1.77		3.0	9.90	7.77	136.49	25.28	3.71
	3.5	5.44	4.27	16.?5	6.32	1.75	108	3.5	11.49	9.02	157.02	29.08	3.70
57	2.0	3.46	2.71	13.08	4.59	1.95		4.0	13.07	10.26	176.95	32.77	3.68
	2.5	4.28	3.36	15.93	5.59	1.93		3.0	10.46	8.21	161.24	28.29	3.93
	3.0	5.09	4.00	18.61	6.53	1.91		3.5	12.15	9.54	185.63	32.57	3.91
	3.5	5.88	4.62	21.14	7.42	1.90	114	4.0	13.82	10.85	209.35	36.73	3.89
60	2.0	3.64	2.86	15.34	5.11	2.05		4.5	15.48	12.15	232.41	40.77	3.87
	2.5	4.52	3.55	18.70	6.23	2.03		5.0	17.12	13.44	254.81	44.70	3.86
	3.0	5.37	4.22	21.88	7.29	2.02		3.0	11.12	8.73	193.69	32.01	4.17
	3.5	6.21	4.88	24.88	8.29	2.00	121	3.5	12.92	10.14	223.17	36.89	4.16
63.5	2.0	3.86	3.03	18.29	5.?6	2.18		4.0	14.?0	11.54	251.87	41.63	4.14
	2.5	4.79	3.76	22.32	7.03	2.16		3.0	11.69	9.17	224.75	35.39	4.39
	3.0	5.70	4.48	26.15	8.24	2.14		3.5	13.58	10.66	259.11	40.80	4.37
	3.5	6.60	5.18	29.79	9.38	2.12	127	4.0	15.46	12.13	292.61	46.08	4.35
70	2.0	4.27	3.35	24.72	7.06	2.41		4.5	17.32	13.59	325.29	51.23	4.33
	2.5	5.30	4.16	30.23	8.64	2.39		5.0	19.16	15.04	357.14	56.24	4.32
	3.0	6.31	4.96	35.50	10.14	2.37		3.5	14.24	11.18	298.71	44.92	4.58
	3.5	7.31	5.74	40.53	11.58	2.35	133	4.0	16.21	12.73	337.53	50.76	4.56
	4.5	9.26	7.27	49.89	14.26	2.32		4.5	18.17	14.26	375.42	56.45	4.55
76	2.0	4.65	3.65	31.85	8.38	2.62		5.0	20.11	15.78	412.40	62.02	4.53
	2.5	5.77	4.53	39.03	10.27	2.60		3.5	15.01	11.78	349.79	49.97	4.83
	3.0	6.88	5.40	45.91	12.08	2.58		4.0	17.09	13.42	395.47	56.50	4.81
	3.5	7.97	6.26	52.50	13.82	2.57	140	4.5	19.16	15.04	440.12	62.87	4.79
	4.0	9.05	7.10	58.81	15.48	2.55		5.0	21.21	16.65	483.76	69.11	4.78
	4.5	10.11	7.93	64.85	17.07	2.53		5.5	23.24	18.24	526.40	75.20	4.76
83	2.0	5.09	4.00	41.?6	10.06	2.86		3.5	16.33	12.82	450.35	59.26	5.25
	2.5	6.32	4.96	51.26	12.35	2.85		4.0	18.60	14.60	509.59	67.05	5.23
	3.0	7.54	5.92	60.40	14.56	2.83	152	4.5	20.85	16.37	567.61	74.69	5.22
	3.5	8.74	6.86	69.19	16.67	2.81		5.0	23.09	18.13	624.43	82.16	5.20
	4.0	9.93	7.79	77.64	18.71	2.80		5.5	25.31	19.87	680.06	89.48	5.18
	4.5	11.10	8.71	85.76	20.67	2.78							

续表

尺寸(mm)		截面面积A	每米重量	截面特性			尺寸(mm)		截面面积A	每米重量	截面特性		
d	t			I	W	i	d	t			I	W	i
		cm²	kg/m	cm⁴	cm³	cm			cm²	kg/m	cm⁴	cm³	cm
168	4.5	23.11	18.14	772.96	92.02	5.78	219	9.0	59.38	46.61	3279.12	299.46	7.43
	5.0	25.60	20.10	851.14	101.33	5.77		10	65.66	51.54	3593.29	328.15	7.40
	5.5	28.08	22.04	927.85	110.46	5.75		12	78.04	61.26	4193.81	383.00	7.33
	6.0	30.54	23.97	1003.12	119.42	5.73		14	90.16	70.78	4758.50	434.57	7.26
	6.5	32.98	25.89	1076.95	128.21	5.71		16	102.04	80.10	5288.81	483.00	7.20
	7.0	35.41	27.79	1149.36	136.83	5.70	245	6.5	48.70	38.23	3465.46	282.89	8.44
	7.5	37.82	29.69	1220.38	145.28	5.68		7.0	52.34	41.08	3709.06	302.78	8.42
	8.0	40.21	31.57	1290.01	153.57	5.66		7.5	55.96	43.93	3949.52	322.41	8.40
	9.0	44.96	35.29	1425.22	169.67	5.63		8.0	59.56	46.76	4186.87	341.79	8.38
	10	49.64	38.97	1555.13	185.13	5.60		9.0	66.73	52.38	4652.32	379.78	8.35
180	5.0	27.49	21.58	1053.17	117.02	6.19		10	73.83	57.95	5105.63	416.79	8.32
	5.5	30.15	23.67	1148.79	127.64	6.17		12	87.84	68.95	5976.67	487.89	8.25
	6.0	32.80	25.75	1242.72	138.08	6.16		14	101.60	79.76	6801.68	555.24	8.18
	6.5	35.43	27.81	1335.00	148.33	6.14		16	115.11	90.36	7582.30	618.96	8.12
	7.0	38.04	29.87	1425.63	158.40	6.12	273	6.5	54.42	42.72	4834.18	354.15	9.42
	7.5	40.64	31.91	1514.64	168.29	6.10		7.0	58.50	45.92	5177.30	379.29	9.41
	8.0	43.23	33.93	1602.04	178.00	6.09		7.5	62.56	49.11	5516.47	404.14	9.39
	9.0	48.35	37.95	1772.12	196.90	6.05		8.0	66.60	52.28	5851.71	428.70	9.37
	10	53.41	41.92	1936.01	215.11	6.02		9.0	74.64	58.60	6510.56	476.96	9.34
	12	63.33	49.72	2245.84	249.54	5.95		10	82.62	64.86	7154.09	524.11	9.31
194	5.0	29.69	23.31	1326.54	136.76	6.68		12	98.39	77.24	8396.14	615.10	9.24
	5.5	32.57	25.57	1447.86	149.26	6.67		14	113.91	89.42	9579.75	701.81	9.17
	6.0	35.44	27.82	1567.21	161.57	6.65		16	129.18	101.41	10706.79	784.38	9.10
	6.5	38.29	30.06	1684.61	173.67	6.63	299	7.5	68.68	53.92	7300.02	488.30	10.31
	7.0	41.12	32.28	1800.08	185.57	6.62		8.0	73.14	57.41	7747.42	518.22	10.29
	7.5	43.94	34.50	1913.64	197.28	6.60		9.0	82.00	64.37	8628.09	577.13	10.26
	8.0	46.75	36.70	2025.31	208.79	6.58		10	90.79	71.27	9490.15	634.79	10.22
	9.0	52.31	41.06	2243.08	231.25	6.55		12	108.20	84.93	11159.52	746.46	10.16
	10	57.81	45.38	2453.55	252.94	6.51		14	125.35	98.40	12757.61	853.35	10.09
	12	68.61	53.86	2853.25	294.15	6.45		16	142.25	111.67	14286.48	955.62	10.02
203	6.0	37.13	29.15	1803.07	177.64	6.97	325	7.5	74.81	58.73	9431.80	580.42	11.23
	6.5	40.13	31.50	1938.81	191.02	6.95		8.0	79.67	62.54	10013.92	616.24	11.21
	7.0	43.10	33.84	2072.43	204.18	6.93		9.0	89.35	70.14	11161.33	686.85	11.18
	7.5	46.06	36.16	2203.94	217.14	6.92		10	98.96	77.68	12286.52	756.09	11.14
	8.0	49.01	38.47	2333.37	229.89	6.90		12	118.00	92.63	14471.45	890.55	11.07
	9.0	54.85	43.06	2586.08	254.79	6.87		14	136.78	107.38	16570.98	1019.75	11.01
	10	60.63	47.60	2830.72	278.89	6.83		16	155.32	121.93	18587.38	1143.84	10.94
	12	72.01	56.52	3296.49	324.78	6.77	351	8.0	86.21	67.67	12684.36	722.76	12.13
	14	83.13	65.25	3732.07	367.69	6.70		9.0	96.70	75.91	14147.55	806.13	12.10
	16	94.00	73.79	4138.78	407.76	6.64		10	107.13	84.10	15584.62	888.01	12.06
219	6.0	40.15	31.52	2278.74	208.10	7.53		12	127.80	100.32	18381.63	1047.39	11.99
	6.5	43.39	34.06	2451.64	223.89	7.52		14	148.22	116.35	21077.86	1201.02	11.93
	7.0	46.62	36.60	2622.04	239.46	7.50		16	168.39	132.19	23675.75	1349.05	11.86
	7.5	49.83	39.12	2789.96	254.79	7.48							
	8.0	53.03	41.63	2955.43	269.90	7.47							

附录7　螺栓和锚栓规格

附表 7-1　螺栓螺纹处的有效截面面积

螺栓直径 d(mm)	螺距 p(mm)	螺栓有效直径 d_e(mm)	螺栓有效面积 A_e(mm²)	螺栓直径 d(mm)	螺距 p(mm)	螺栓有效直径 d_e(mm)	螺栓有效面积 A_e(mm²)
16	2	14.1236	156.7	52	5	47.3090	1758
18	2.5	15.6545	192.5	56	5.5	50.8399	2030
20	2.5	17.6545	244.8	60	5.5	54.8399	2362
22	2.5	19.6545	303.4	64	6	58.3708	2676
24	3	21.1854	352.5	68	6	62.3708	3055
27	3	24.1854	459.4	72	6	66.3708	3460
30	3.5	26.7163	560.6	76	6	70.3708	3889
33	3.5	29.7163	693.6	80	6	74.3708	4344
36	4	32.2472	816.7	85	6	79.3708	4948
39	4	35.2472	975.8	90	6	84.3708	5591
42	4.5	37.7781	1121	95	6	89.3708	6273
45	4.5	40.7781	1306	100	6	94.3708	6995
48	5	43.3090	1473				

附表 7-2　锚栓规格

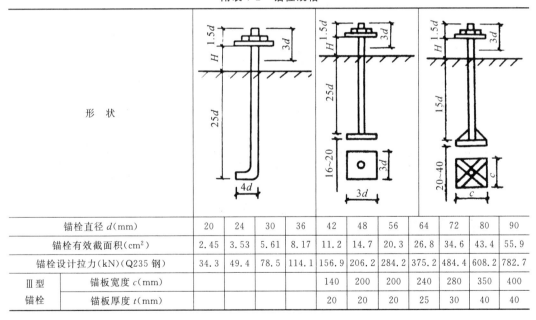

锚栓直径 d(mm)		20	24	30	36	42	48	56	64	72	80	90
锚栓有效截面积(cm²)		2.45	3.53	5.61	8.17	11.2	14.7	20.3	26.8	34.6	43.4	55.9
锚栓设计拉力(kN)(Q235 钢)		34.3	49.4	78.5	114.1	156.9	206.2	284.2	375.2	484.4	608.2	782.7
Ⅲ型锚栓	锚板宽度 c(mm)					140	200	200	240	280	350	400
	锚板厚度 t(mm)					20	20	20	25	30	40	40

附录8　各种截面回转半径的近似值

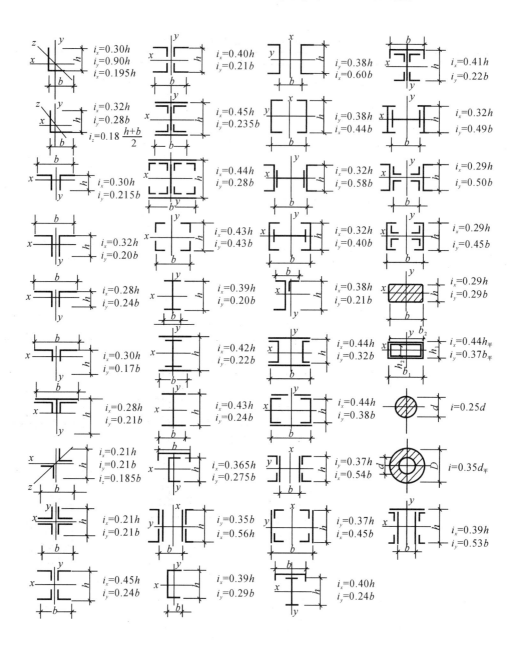

参考文献

［1］ GB 50017—2017 钢结构设计标准［S］.北京:中国建筑工业出版社,2017.

［2］ GB 50017—2017 钢结构设计标准条文说明［S］.北京:中国建筑工业出版
社,2017.

［3］ GB 50068—2018 建筑结构可靠性设计统一标准［S］.北京:中国建筑工业出版
社,2019.

［4］ GB 50009—2012 建筑结构荷载规范［S］.北京:中国建筑工业出版社,2012.

［5］ 赵根田,孙德发.钢结构［M］.北京:机械工业出版社,2010.

［6］ 戴国欣.钢结构［M］.武汉:武汉理工大学出版社,2019.

［7］ 陈绍蕃,顾强.钢结构(上册)—钢结构基础［M］.北京:中国建筑工业出版社,2014.

［8］ 沈祖炎,陈以一等.钢结构基本原理［M］.北京:中国建筑工业出版社,2018.

［9］ 董军.钢结构基本原理［M］.重庆:重庆大学出版社,2017.

［10］ 孙德发.冷弯薄壁卷边槽钢檩条的有效截面分析［J］.工业建筑,2015,45(2):
131-135.